아인슈타인의 베일
− 양자물리학의 새로운 세계

Text copyright © Verlag C.H. Beck oHG, München 2004

Original edition first published under the title of
EINSTEINS SCHLEIER
Korean translation copyright © 2007 by Seung San Publishers
This edition was published by arrangement with Verlag C.H. Beck
through Orange Agency, Seoul.

이 책의 한국어판 저작권은 Orange Agency를 통한 Verlag C.H. Beck 사와의 독점계약으로
도서출판 승산이 소유합니다.
저작권법에 의하여 한국 내에서 보호를 받는 저작물이므로 무단 전재와 무단 복제를 금합니다.

아인슈타인의 베일
− 양자물리학의 새로운 세계

안톤 차일링거 지음 | 전대호 옮김

승산

"세계가 그렇게 엉터리일 리는 없다고 아인슈타인은 말했다.
오늘날 우리는 세계가 아주 엉터리라는 것을 알고 있다."

― 그린버거 Daniel M. Greenberger

내가 1963년에 빈 대학에서 물리학 공부를 시작했을 때 물리학과의 교과과정은 최소한에 불과했다. 필수적으로 들어야 하는 수업이 거의 없었다. 따라서 나는 대학 시절 내내 양자물리학 과목을 전혀 수강하지 않았다. 그 결함을 보완하기 위해 피츠만 교수를 시험관으로 해서 치른 졸업시험에서 나는 양자물리학Quantenmechanik을 주요 과목의 하나로 선택했다. 그러므로 양자물리학을 처음부터 책으로 배워야 했다. 처음 순간부터 양자물리학은 나를 사로잡았다.

그 후 물리학자로서 나의 삶 전체의 좌우명은, 단순한 입자들과 개별적인 계들의 행동에 관한 양자물리학의 놀라운 예측들을 최대한 직접적으로 실험을 통해 관찰하는 것이 되었다. 그 과정에서 얻은 다양한 응용 성과들은 당연히 매우 환영할 만한 것들이지만, 큰 목표에 비하면 부수적인 산물에 불과하다.

이 책의 목적은 양자물리학에서 내가 느낀 매력을 가능한 한 많은 사람들과 공유하는 것이다. 나는 우리 물리학자들이 양자물리학에 그토록 빠져드는 이유를 모든 사람이 이해할 수 있다고 믿는다.
　무엇보다 중요한 것은 양자물리학이 우리에게 실재론적 세계관의 한계를 보여준다는 것이다. 간단히 말해서 우리가 합리적이라고 믿는 것들, 혹은 세계가 따라야 할 합리적인 행동 방식이라 믿는 것들 중 많은 부분이 양자역학에 의해 부정되었다. 양자역학의 이런 귀결들은 파급효과가 매우 크고 흥미롭다. 양자물리학이 의미하는 것은 지금까지 우리에게 친숙했던 세계관의 변화이다. 나는 이 점을 전적으로 확신한다.
　이 책은 또한 매우 많은 사람들이 토로하는 바람을 충족시키는 것도 목적으로 한다. 나는 많은 사람들로부터 양자물리학의 가장 중요한 근본 명제들과 귀결들을 일반인의 수준에서 서술한 책을 쓰라는 부탁을 받았다.

내가 최소한 부분적으로나마 그 부탁을 이행했기를 진심으로 바란다. 또한 이 책의 분량이 제한적이기 때문에 모든 주제들을 충분히 다루는 것이 불가능했음을 독자들이 양해해 주길 바란다.

  많은 사람들, 특히 나의 아내 엘리자베트와 가족들의 끊임없는 격려가 없었다면 이 책은 만들어질 수 없었을 것이다. 또한 쉬지 않고 그러나 참을성 있게 독촉하여 내가 이 책을 착수하고 완성하도록 이끈 벡 출판사의 마이어 박사에게 특별한 감사의 말을 전한다.

  원고를 쓰는 과정에서 나는 끝이 없는 과제를 맡았다는 느낌을 받았다. 그때마다 내 원고를 정서하면서 내가 내 생각보다 많이 전진했음을 재차 일깨워 준 아글리부터에게 이 자리를 빌려 감사의 뜻을 전한다.

  삽화를 그린 블라스코비치와 조판 작업을 도와준 페츠니카에게도 감사한다.

이 책에서 논의한 실험들과 근본적인 관련 연구들은 빈과 인스부르크를 비롯한 여러 곳에서 활동하는 많은 동료들—특히 젊은 동료들—이 없었다면 불가능했을 것이다.

  양자물리학의 기반에 관해서는 이미 많은 토론과 격렬한 논쟁이 있었다. 그러므로 이 책에 제시한 발상들과 개념들을 모든 사람이 수용하지는 않을 것이 확실하다. 그러나 나는 그것들이 최소한 흥미롭고 토론의 가치가 있다고 평가되기를 희망한다. 그런 의미에서 독자들이 이 책을 즐기기를 기원한다.

2003년 1월, 오스트리아 빈에서

안톤 차일링거

차례

서문 • 4

Ⅰ. 모든 것은 어떻게 시작되었는가
1. 이상적인 빛 • 13
2. 친숙한 것들과의 결별 • 24
3. 실험실에서 벌어지는 일, 혹은 '축구공은 어디에 있을까?' • 33
4. 파동…… • 39
5. ……혹은 입자? 우연의 발견 • 48

Ⅱ. 새로운 실험, 새로운 불확실성, 새로운 질문
1. 입자에서 쌍둥이로 • 63
2. 얽힘과 개연성 • 84
3. 벨의 발견 • 94
4. 폭군과 신탁 • 104
5. 양자 세계의 한계와 프랑스 왕자 • 118
6. 우리가 존재하는 이유 • 131

Ⅲ. 쓸모없는 것이 주는 이득
1. 줄리엣에게 보내는 로미오의 비밀 편지 • 141
2. 앨리스와 봅 • 154
3. 완전히 새로운 세대 • 162

Ⅳ. 아인슈타인의 베일

1. 기호와 실재 •171

2. 양자물리학의 해석 모형들 •184

3. 코펜하겐 해석 •203

4. 거짓된 진실과 심오한 진실 •215

5. 아인슈타인의 오류 •219

6. 확률 파동 •229

7. 고감도 폭탄 제거 •247

8. 과거에서 온 빛 •252

Ⅴ. 정보로서의 세계

1. 정말 그렇게 복잡해야 할까? •262

2. 스무고개 •267

3. 정보와 실재 •270

4. 베일 너머 – 가능성의 세계 •285

역자후기 •296

찾아보기 •300

I 모든 것은 어떻게 시작되었는가

"오늘 나는 뉴턴의 발견만큼 중요한 발견을 했다." —플랑크

1 이상적인 빛

 최근 들어 우리는 새롭고 획기적인 양자물리학 실험들에 관한 기사를 자주 접하게 되었다. 그 기사들 속에는 양자 순간이동, 양자컴퓨터, 양자 철학 등의 핵심 단어가 있다. 우리는 과거에 소개된 핵심 단어들을 기억한다. 그것들 중 일부는 학교에서 배운 적도 있다. 하이젠베르크의 불확정성원리가 있었고, 누구보다도 정치가들과 경제 전문가들이 즐겨 거론했던 양자 도약도 있었다. 그 모든 용어들은 도대체 무슨 뜻일까? '**양자**'라는 말의 의미는 과연 무엇일까? 언제부터, 그리고 왜 우리가 그 말을 사용할 수밖에 없게 된 것일까?

 사람들은 그 용어들을 이해하려는 노력을 쉽게 포기하곤 한다. 어림없는 짓이라고, 그것들을 이해하려면 몇 년 동안 물리학을 전공하고 매우 난해한 수학을 익혀야 한다고 사람들은 말한다. 보통 사람들은 양자물리학에 대해 감도 잡을 수 없다고 말이다.

그러나 보통 사람들도 양자물리학을 이해할 수 있지 않을까? 양자물리학에는 무언가 아주 재미있는 것이 들어 있음이 분명하다. 왜 아인슈타인처럼 진지하고 유명한 물리학자가 '아무도 바라보지 않을 때에도 달이 거기 있는가'라는 질문을 논했을까? 그런 어리석은 질문이 있을 수 있다니! 우리가 바라보든 바라보지 않든 달은 전혀 상관이 없지 않은가? 그런데도 우리가 바라보는지 여부에 따라서 성질과 존재 여부가 달라지는 것들이 있다고 주장하는 사람들이 있다. 물론 그것들은 아주, 아주 작다고 한다. 하지만 아무리 그래도 어떻게…….

양자는 도대체 무엇이고, 언제부터 우리가 그 개념을 붙잡고 씨름하게 되었을까? 잠시 역사를 살펴보자.

19세기 말경, 산업화된 국가들에서는 거리를 조명하는 방식을 놓고 격렬한 논쟁이 벌어졌다. 가스등이 더 좋을까, 아니면 당시 막 개발된 전기등을 쓰는 것이 더 좋을까? 안전성이나 고장 가능성 따위의 기준은 일단 접어 두고, 어떤 조명이 같은 비용에 더 많은 빛을 제공할 수 있는지를 정확히 판정할 필요가 있었다. 그래서 가스등과 전기등을 비교하는 매우 정밀한 물리학적 측정을 수행해야 했다. 각자의 주관적인 느낌에 의존해서는 정확한 판단을 내릴 수 없기 때문이다. 주관적인 느낌은 개인에 따라 매우 다를 수 있고, 한 사람의 주관적인 느낌 역시 상황에 따라 바뀔 수 있다. 그런 물리학적 측정은 당연히 실험실에서 이루어져야 했지만, 19세기 말 독일에는 적당한 실험실이 없었다. 결국 공업경영인인 지멘스에게 적당한 실험실을 세우는 계획이 맡겨졌다. 그 실험실은 공업적인 관심에 영향을 받지 않고 독립적으로 측정을 수행해야 했으므로 국가 권력의 보호

하에 놓이게 되었다. 그리하여 1887년 베를린에 제국 물리학 공학 연구소가 세워졌다. 연구소의 임무는 정확히 다음과 같았다: 정확한 공학적 비교를 수행할 것, 특히 서로 다른 조명 방식을 비교할 것.

어떤 광원이 더 우수한지 알려면 어떻게 해야 할까? 두 광원을 직접 비교하는 간단한 방법을 생각해 볼 수 있다. 그러나 그 방법에는 매우 큰 난점들이 있다. 왜냐하면 어떤 빛이 방출되는가는 매우 다양한 조건들에 의해 결정되기 때문이다. 전기등의 경우 그 조건들은 필라멘트의 성질과 형태, 흘려보낸 전류의 양, 전구 속에 들어 있는 기체 등이다. 가스등의 경우도 마찬가지이다. 그러므로 두 광원을 직접 비교하는 대신에, 이상적인 광원 하나를 이용해서 비교하는 것이 더 유리하다. 이상적인 광원이란 위에서 나열한 변수들의 영향을 받지 않고 '이상적인 빛'을 산출하는 광원이다. 흥미롭게도 당시 물리학자들은 그런 이상적인 광원을 발견한 상태였다. 그것은 빈 공간이었다. 사람들은 매우 심오한 탐구를 통해서, 빈 공간 내부의 빛이 오직 벽의 온도에 의해서만 결정되고, 그 공간을 둘러싼 벽을 이루는 물질의 성질과는 무관하다는 것을 발견했다.

우리는 뜨거워진 물체가 빛을 낸다는 것을 안다. 예를 들어 쇠꼬챙이를 난롯불에 넣으면 처음에는 검은색이었던 쇠꼬챙이가 붉은색으로 빛나고, 뜨거워질수록 더 밝게 빛난다. 이때, 방출되는 빛은 세기만 변하는 것이 아니라 색도 변한다. 쇠꼬챙이의 색은 매우 어두운 붉은색에서 노란색을 지나 극단적인 경우에는 흰색으로까지 변한다.

그렇다면 빛의 세기와 색은 무엇에 의해 결정될까? 당연히 온도가 영향을 미친다. 하지만 물체 표면의 성질도 영향을 미친다. 이제 쇠꼬챙이 속에 작은 빈 공간이 있다고 생각해 보자. 예를 들어 쇠꼬챙이를 주조하는 과정에서 우연히 공기 방울이 들어갔다고 생각해 보자. 그 빈 공간 속으로도 빛이 방출될 것이다. 왜냐하면 그 공간의 벽도 뜨겁게 달구어졌기 때문이다. 이때 그렇게 닫힌 빈 공간 속의 빛의 세기와 색은 오직 벽의 온도에 의해서만 결정되고, 벽이 무엇으로 되어 있는지(쇠나 돌로 되어 있든, 혹은 그 밖에 어떤 물질로 되어 있든 상관없이)와는 무관하다는 것이 밝혀졌다.

이 놀라운 결과는 원리적으로 쉽게 이해된다. 빈 공간의 벽들이 달구어지면 벽들은 빛을 방출한다. 다른 한편 벽들은 빛을 흡수할 수도 있다. 모든 표면이(예를 들어 우리 앞에 있는 책의 표면이 그 표면 위로 떨어지는 빛을 흡수하고 그중 일부를 다시 방출하듯이) 그렇기 때문에 우리가 물체를 볼 수 있다. 빈 공간의 벽들도 이와 똑같이 행동한다. 그러므로 빈 공간 속에 있는 빛의 양은 벽들이 방출하는 만큼 증가하고, 벽들이 흡수하는 만큼 감소할 것이다. 그러므로 자동적으로 평형상태에 도달할 것이다. 즉, 벽이 방출하는 빛의 양과 흡수하는 빛의 양이 같아질 때 평형상태에 도달하게 된다. 그리고 평형에 도달한 공간 속에 있는 빛의 양은 당연히 온도에 의해 결정된다. 주변의 벽이 더 뜨거울수록 더 많은 빛이 빈 공간 속에 있게 된다. 이때 빛의 양은 벽의 성질과 무관하다. 왜냐하면 언급한 평형상태에 도달한 후에는 일정한 온도에서 표면이 방출하는 빛의 양과 흡수하는 빛의 양 사이의 비율이 모든 물체에서 동일하기 때문이다. 그러므로 **빈 공간은 이상적인 광원이다.** 다시 말해 다른 광원과 비교하기 위한 기준으로 삼을 수 있는 이상적인 광원은 다름 아닌 빈 공간인 것이다.

하지만 현실적으로 빈 공간을 어떻게 이용할 수 있을까? 우리가 언급한 빈 공간은 닫힌 공간이므로 그 속을 들여다볼 수 없다. 그러나 해법은 매우 간단하다. 아주 큰 빈 공간을 만들고 아주 작은 슬릿을 뚫으면 된다. 그 슬릿을 통해 각각의 온도에서 빛이 밖으로 나올 것이다. 이때 그 슬릿은 매우 작아서 그리로 나오는 빛의 양이 빈 공간 속 빛의 양에 비교할 때 무시할 수 있을 만큼 작아야 한다. 그렇다면 슬릿이 빈 공간 속에 있는 빛의 본성에 실질적으로 아무 영향도 미치지 않을 것이다. 그 슬릿을 통해 밖으로 나오는 빛을 흑체복사라 부른다. 한편 빈 공간은 흑체라고 부른다. '이상적인 빛'은 바로 그 흑체복사이다. 흑체복사는 가스등과 전기등을 비교하는 기준으로 이용될 수 있다.

  가스등과 전기등의 경쟁은 오늘날 명백하게 판가름이 났다. 최종적인 결정을 내린 것은 시장의 힘이었다. 그런데 베를린에 있는 제국 물리학 공학 연구소에서 이상적인 빛을 이용해서 수행한 실험들은 아무도 예상하지 못한 결과를 산출했다. 빈 공간 속의 빛의 색이 온도에 의해서만 결정된다는 것은 근본적인 탐구에 의해 분명히 밝혀진 사실이었지만, 물리학자들은 오랜 세월 동안 그 사실을 이론적으로 설명할 수 없었다. 모든 자연현상을 가능한 한 단순하게 설명하는 것이 물리학의 목표라는 것을 생각할 때 그것은 매우 불만스러운 상황이었다. 문제는 양적으로 정확히 계산할 수 없다는 것이었다. 즉, 이상적인 빛에 관해 이야기할 때 사람들은 빈 공간에서 어떤 색의 빛이 얼마나 많이 방출되는지 정확히 수학적으로 말할 수 있기를 바란다. 그런데 물리학적으로 볼 때 색이란 무엇일까?

  우선 빛은 파동 현상이다. 다시 말해서 빛은 파동으로, 즉 전기장과 자기장의 파동으로 전파된다. 이는 물론 매우 추상적인 개념들이지만, 지금 우리에게 중요한 것은 다만, 모든 파동과 마찬가지로 빛도 파장과 진동수를 가진다는 것뿐이다. 우리가 물결 파동을 보면 솟아오른 마루와 꺼진 골을 볼 수 있다. 파장은 두 마루 사이의 거리이다. 한편 진동수는 수면의 특정한 지점이 1초 동안 얼마나 많이 상하로 진동하는지를 말한다. 빛도 이와 똑같은 방식으로 파장과 진동수를 가진다. 다만 빛의 진동수와 파장은 일상적인 경험을 훨씬 벗어나는 크기라는 점만 다르다. 가시적인 빛의 파장은 매우 짧다. 그 파장은 1,000분의 1밀리미터의 0.4배에서 0.7배 정도로, 사람의 머리카락 굵기의 약 100분의 1이다. 또 가시적인 빛의 진동수는 매우 높다. 1초에 약 500조 번 진동한다. 500조를 십진법으로 표기하려면 5 뒤에 0을 14개 붙여야 한다. 즉, 500조 = 500,000,000,000,000이다.

빛의 색은 파장에 따라 결정된다. 가시광선 중에서 파장이 가장 긴 것은 붉은색이다. 파장이 점점 짧아지면, 빛의 색은 노란색과 녹색을 지나 파란색이 된다. 사람이 볼 수 있는 가장 짧은 파장의 빛은 보라색이다. 빛이 여러 파장들로 이루어졌을 때에도 우리는 한 가지 색을 본다. 그 색은 우리의 뇌가 감각 인상들로부터 조합한 혼합색이다. 따라서 녹색은 단 한 개의 파장을 가진 빛일 수도 있고, 노란색 빛과 파란색 빛의 혼합일 수도 있다.

빛나는 광원은 한 가지 색, 한 개의 파장을 가진 빛을 방출하는 것이 아니라 다양한 파장을 가진 수많은 빛들을 방출한다. 그 빛들을 **스펙트럼**이라 부른다. 흑체에서 나오는 빛의 스펙트럼은 온도에 의해서만 결정된다. 독일의 물리학자 키르히호프Gustav Kirchhoff는 1859년에 그 스펙트럼이 오직 하나의 변수, 온도에 의해서만 결정된다는 흥미로운 사실을 간파했다. 그는 거기에 매우 중요한 법칙이 숨어 있을 것이라고 추측했다. 파셴 Friedrich Paschen은 그 법칙을 발견하는 사람을 독일의 대학에 교수로 임명해도 좋다고 할 정도로 그것을 중요시했다. 교수로 임명되는 것은 당시나 지금이나 학자로서 매우 멋진 일이지만, 흔히 큰 대가를 치르는 일이기도 하다. 왜냐하면 교수직에는 많은 행정적인 업무가 결부되어 있어서, 물리학을 연구할 시간이 없는 형편에 놓인 신임 교수들이 흔히 있기 때문이다. 그러니까 파셴은 흑체복사의 비밀을 풀기 위해 얼마나 많은 연구가 필요할지 짐작하고 있었는지도 모른다. 그러나 그의 생각은 빗나갔다. 훗날 수수께끼를 해결한 사람은 독일 대학의 교수였다.

이미 언급했듯이, 흑체복사의 스펙트럼이 오직 온도에 의해서만 결정되고 따라서 매우 단순한 형태일 수밖에 없다는 것은 이미 오래 전부터 명백한 사실로 믿어져 왔다. 그러나 그 형태가 어떠할지는 알려져 있지 않았고, 실험으로 밝혀내야 했다. 제국 물리학 공학 연구소에서 수행된 실험들이 바로 그 형태를 밝히는 실험이었다. 처음에 나온 결과들은 실험 물리학에서 늘 그렇듯이 매우 불투명했다. 실험을 거듭 개량하고 점차 더 정확히 수행해야만 비로소 자연의 실마리에 도달하고 실제로 있는 것을 측정할 수 있다. 그 일련의 실험들은 주로 물리학자 루벤스 Heinrich Rubens 와 쿨바움 Ferdinand Kurlbaum 에 의해 수행되었다. 그러나 스펙트럼의 정확한 형태가 밝혀지자 사람들은 당시의 물리학으로는 설명할 수 없는 수수께끼에 직면하게 되었다.

그 수수께끼에 대한 해답은 1900년, 당시 42세로 이론물리학자로서는 비교적 연로한 플랑크가 제시했다. 그는 베를린 훔볼트 대학의 교수였다. 그는 교수 임명 심사에서 최고 점수를 받은 후보자가 아니었다. 지금과 마찬가지로 당시에도 대학은 새 교수를 임명할 때 대개 세 후보자를 심사했다. 베를린 대학은 얼마 전 전자기파를 발견하여 명성을 얻고 세계적인 실험물리학자의 반열에 오른 헤르츠Heinrich Hertz에게 최고 점수를 주었다. 그러나 헤르츠는 본 대학의 임용 제안을 선택했고, 따라서 플랑크가 베를린에 입성하게 되었다.

물리학을 공부할지 여부를 놓고 고민하던 시절에 플랑크는 뮌헨 대학의 물리학 교수 욜리Philipp von Jolly에게 자문을 구했다. 욜리는 플랑크에게 물리학에서는 모든 본질적인 것들이 이미 연구되었고 남은 것은 약간의 세부 사항을 설명하는 것뿐이라고 말했다. 물리학을 공부하기에는 플랑크의 재능이 너무 아깝다고 욜리는 생각했다. 오늘날 우리의 입장에서는 욜리의 생각을 비웃지 않을 수 없다. 그러나 그의 생각이 우리에게 훌륭한 교훈을 주는 측면도 있다. 오늘날에도 우리가 모든 것을 설명할 수 있는 수준에 곧 도달할 것이라고 주장하는 물리학자들이 있기 때문이다. 당시나 지금이나 그런 태도는 다만 인간의 환상이 얼마나 좁고 근시안적일 수 있는지를 보여줄 뿐이다.

플랑크가 베를린에 입성한 것은 매우 큰 행운이었다. 이미 1894년에 플랑크는 흑체복사 문제를 주목했다. "이것은…… 그러므로 무언가 절대적인 것이다. 절대적인 것을 탐구하는 일은 내게 항상 가장 아름다운 연구 과제로 여겨졌으므로, 나는 그것을 열심히 연구했다." 플랑크가 베를린에 입성한 일이 행운이었던 이유는, 그가 베를린에서 루벤스를 비롯한 실험물리학자들을 지속적으로 직접 만날 수 있었기 때문이다. 그러므로 플랑크는 흑체복사에 관한 엄밀한 실험 결과들을 세부까지 정확히 알 수 있었고, 흑체복사를 이론적으로 설명하는 다양한 시도들을 항상 실험과 직접 비교할 수 있었다.

뿐만 아니라 플랑크는 가족들에게 불평을 사면서까지 물리학자들을 자주 집으로 초대하여 활발한 토론을 했다. 그는 시도와 오류를 거쳐 수학적으로 옳은 법칙을 1900년 10월 중순에 얻었고, 10월 19일에 베를린 물리학회에 발표했다. 플랑크는 스스로 이렇게 썼다. "이튿날 아침 동료인 루벤스가 나를 찾아와, 회의가 끝난 날 밤에 나의 공식을 자신의 실험 자료와 비교했으며 전체적으로 만족스럽게 일치한다는 것을 발견했다고 말했다." 새로운 이론적인 제안이 그렇게 곧바로 시험되고 같은 날 밤에 입증된 것은 물리학에서는 매우 예외적인 일이다. 용기를 얻은 플랑크는 그때까지 단지 수학적인 제안에 불과했던 자신의 공식을 이론물리학적으로 설명하는 시도를 감행했고 이번에도 역시 성공했다. 그는 1900년 12월 14일에 열린 베를린 물리학회의 역사적인 모임에서 흑체복사에 관한 생각들을 발표했다. 일반적으로 학자들은 그것이 **양자물리학이 탄생한 순간**이었다고 이야기한다.

플랑크는 흑체복사를 설명하기 위해 오랫동안 빛을 파동으로 보는 통상적인 이론을 바탕에 놓고 애썼지만, 그 방식으로는 해결점에 전혀 접근할 수 없었다. 그가 스스로 말했듯이 그런 '절망적인 몸부림' 끝에 그는 비로소 해답에 도달했다. 그는 빛이 흑체의 벽들로부터 파동으로 방출되는 것이 아니라 분할할 수 없는 개별적인 알갱이들로, 이른바 양자들로 방출된다고 가정할 수밖에 없었고, 그것을 **양자가설**이라 명명했다. 광자라고 불리는 그 빛의 양자는 오직 빛의 진동수, 즉 색과 **플랑크 작용양자**라는 완전히 새로운 물리량에 의해서만 결정되는 고정된 에너지를 가진다. 광자의 에너지와 관련해서 다음과 같은 유명한 공식이 성립한다: E = hf. 이 수학적 표현이 의미하는 것은, 광자의 에너지 E는 플랑크 작용양자 h와 빛의 진동수 f의 곱과 같다는 것이다.

오늘날 우리는 플랑크 작용양자 h가 보편적인 자연 상수라는 것을 안다. 다시 말해서 h의 값은 외적인 조건과 무관하게 확정되어 있다. h의 값은 우리 주변에서나 먼 은하계에서나 동일하며, 시간이 흘러도 변하지 않는다. h의 값은 4백만 년 전에도 오늘날과 똑같았다(h = 6.626×10^{-34} Joule·sec). 그런 보편적인 자연 상수들은 우리가 세계를 물리학적으로 기술하는 데 중요한 의미를 가진다. 다른 보편적인 자연 상수로 빛의 속도 c가 있다. 자연 상수들이 시간에 따라 변하지 않고, 매우 먼 곳에서도 우리 곁에서와 마찬가지로 동일한 값을 가진다는 사실을 우리는 정확한 실험적인 관찰을 통해 알게 되었다. 예컨대 먼 별들과 은하계들에서 오는 빛의 스펙트럼을 정확히 측정함으로써 그 사실을 확인할 수 있었다.

독자들은 어쩌면 빛이 분할할 수 없는 광자들로 이루어졌다는 사실이 왜 더 일찍 발견되지 않았는지 의아하게 생각할지도 모른다. 그 이유는 플랑크 작용양자가 극도로 작다는 것에 있다. 플랑크 작용양자가 실제로 얼마나 작은지는, 예를 들어 일반적인 전구가 1초에 약 3×10^{20}개의 광자를 방출한다는 사실에서 가늠할 수 있을 것이다.

플랑크의 제안은 대부분의 동시대인들에게 무시당했고 극소수에게는 반박되었다. 플랑크 자신도 흑체복사를 작용양자 없이 다시 설명하려고 오랫동안 노력했다. 그 노력은 당연히 수포로 돌아갔다. 유일하게 아인슈타인만 양자를 진지하게 받아들였다. 1905년의 물리학계는 흥미로운 물리적 현상 하나를 주목하고 있었다. 얼마 전에 특히 헬름홀츠Hermann von Helmholtz의 실험을 통해 빛이 금속판에서 대전된 작은 입자인 전자를 떼어 낼 수 있다는 사실이 알려졌다. 사람들은 그것이 어떻게 가능한지 이해하려 노력하고 있었다. 당시 통용되던 파동이론에 따르면 입사되는 빛의 파동이 금속 안의 전자를 점점 더 흔들어서 결국 금속판 밖으로 튀어나오게 만들어야 했다. 그런 일이 일어나려면 어느 정도 시간이 필요하다. 이는 마치 그네를 점점 강하게 흔들어 줄이 끊어지게 만들려면 어느 정도 시간이 필요한 것과 같다. **아인슈타인은 플랑크의 발상을 채택하여 빛이 광자들로 이루어졌고 개별 광자가 금속에서 전자를 곧바로 떼어 낸다고 가정함으로써 문제를 해결했다.** 이로써 아인슈타인은 빛을 비출 때 전자가 금속판에서 곧바로 튀어나오는 것을 설명했을 뿐 아니라, 특정 진동수의 빛을 금속판에 비출 때 튀어나오는 전자가 가지는 에너지도 정확히 설명할 수 있었다. 흥미롭게도 아인슈타인은 이 광전효과 설명으로 1922년에 노벨상을 받았다. 노벨상 선정 위원회는 끝까지 상대성이론의 가치를 인정하지 않았던 것이다.

2 친숙한 것들과의 결별

 우리가 지금까지 논한 내용을 다시 한번 숙고해 보자. 플랑크의 양자가설은 1905년 당시까지 이해할 수 없었던 두 현상을 매우 잘 설명할 수 있었다. 그 두 현상은 광전효과와 흑체복사, 즉 빛나는 물체의 색이었다. 두 현상은 양자가설에 의해 단순하고 말끔하게 설명된다. 그런데 왜 물리학자들은 그 설명에 만족하지 못했을까? 무언가 문제가 있었던 것일까? 왜 모든 물리학자들이 즉시 열광적으로 양자역학을 수용하지 않았던 것일까? 근본적인 문제는 분명, 수학적인 서술이 난해하다는 점이 결코 아니었다. 양자가설은 오히려 수학적으로 매우 명료하게 서술되었다. 걸림돌은 오히려 세계관의 문제, 이해의 문제였다. 양자가설 자체가 더 깊은 차원에서 무엇을 의미하는지가 문제였던 것이다. 이는 지금도 여전히 그러하다.
 방금 전에 우리는 플랑크 자신이 양자가설을 동원하지 않은 다른 설명을 추구했다고 언급했다. 그의 노력은 당연히 허사였다. 또한 우리가 아는 바로는, 처음 공개적으로 양자역학이 야기하는 문제들을 지적한 사람은 아인슈타인이었다. 그것은 1909년 오스트리아의 잘츠부르크에서 열린 81차 독일 자연과학자 및 의학자 연례 모임에서였다. 아인슈타인은 초빙 강연자로 그 모임에 참석하여 처음으로 특수상대성이론에 관한 강연을 했다. 관객들 중에는 루벤스, 플랑크, 그리고 마이트너$_{Lise\ Meitner}$가 있었다. 아인슈타인은 또한 그 기회를 이용해서 새로운 양자물리학에서 우연이 담당하는 역할에 대한 불만을 표출했다. 생각해 보면, 물리학은 이제 매우 특이한 상황에 처하게 되었다. 한편으로 모든 과정들이 연속적으로 진행되며 인과 원리가 제한 없는 타당성을 지닌다고 말하는 통상적인 이론, 고전물리학이 있었다. 고전물리학에 따르면 모든 각각의 결과에 대해 원인이 있어야 하며, 명확히 정의된 원인은 다양한 결과들이 아닌 오직 하나의 결과만을 일으켜야 한다.

인과적인 생각, 즉 원인과 결과를 틀로 하는 생각은 우리의 일상적인 세계관 속에도 확고하게 자리 잡았다. 예를 들어 비행기 사고가 일어났을 때 우리는 원인을 찾는다. 왜냐하면 우리의 이른바 건전한 상식에 따르면 원인 없이 일어나는 일은 없기 때문이다.

그런데 플랑크 작용양자는 그 생각에 커다란 제한을 가했다. 자연은 갑자기 더 이상 연속적이지 않게 되었다. 왜냐하면 작용양자는 분할될 수 없기 때문이다. 작용양자는 보편적인 자연 상수다. 더 나아가 작용양자는 우리의 인과적인 세계 서술이 넘어설 수 없는 한계이다.

그러나 양자를 정확히 서술하는 이론이 완성되기까지는 아인슈타인의 광전효과 설명이 있은 후 20년이 더 지나야 했다. 그 새로운 양자 이론은 서로 다른 두 형태로 1925년 하이젠베르크Werner Heisenberg와 1926년 슈뢰딩거Erwin Schrödinger에 의해 제시되었다. 하이젠베르크의 이론은 추상적인 수학적 양인 행렬을 핵심 요소로 이용하기 때문에 행렬역학이라 명명되었다. 슈뢰딩거의 이론은 파동역학이라 불린다. 슈뢰딩거 이론의 핵심적인 직관은 모든 것을 파동으로 기술할 수 있다는 것이다. 우리는 그 파동의 본성에 관해 나중에 다시 논하게 될 것이다. 새로운 양자 이론이 서로 다른 두 형태를 가진다는 것 때문에 사람들은 처음에 상당히 골머리를 앓았다. 그러나 그 두 형태—행렬역학과 파동역학—가 수학적으로는 다르지만 물리학적으로는 동일하다는 것을 슈뢰딩거가 밝혀내면서 문제는 제거되었다. 즉, 한 형태를 다른 형태로 변환하는 것이 가능하다. 그러므로 오늘날 우리가 언급하는 양자 이론, 혹은 양자물리학은 하이젠베르크와 슈뢰딩거의 형태 둘 다를 가리킨다고 할 수 있다. 그 두 형태가 동등하게 옳기 때문이다.

양자 이론은 자연의 매우 다양한 현상들에 대한 새롭고 포괄적인 이해 방식을 가져왔다. 우리는 여기에서 몇 가지 예를 언급하려 한다. 양자 이론을 이용해 흑체에서 나오는 빛의 색을 계산할 수 있을 뿐 아니라 특정한 원자가 어떤 빛을 방출하는지도 계산할 수 있다. 우리는 양자 이론을 통해 심지어 원자의 형태도 설명할 수 있다.

자연과학이 얻은 가장 중요한 지식 가운데 하나는, 모든 물질적인 대상이 원자로 구성되어 있다는 사실이다. 그 발견은 19세기 후반기에 이루어졌다. 원자는 상상할 수 없을 정도로 작다. 원자 하나의 지름은 약 10^{-8}센티미터, 즉 0.00000001센티미터이다. 그것은 1센티미터의 100만분의 1의 백분의 1이다. 일상 속에 있는 모든 대상은, 예컨대 독자들 앞에 있는 이 책도 무수히 많은 원자들로 이루어졌다 — 약 $10^{25} = 10,000,000,000,000,000,000,000,000$개의 원자들로 이루어졌다. 다양한 원자들이 있으며, 각각의 화학적 원소에 대응하는 특정한 종류의 원자가 있다. 그러나 원자들은 한 가지 공통점을 가지고 있는데, 그것은 모든 원자가 원자 전체의 10만분의 1 크기인 원자핵과 전자의 구름으로 이루어졌다는 사실이다. 원자의 지름은 그 전자구름의 지름이다. 전자들은 음의 전하를 가지고 있기 때문에 원자핵에 붙들려 있다. 원자핵이 양으로 대전되어 있기 때문에 전자와 원자핵이 서로 끌어당기는 것이다.

새로운 양자 이론은 원자에 관한 많은 질문들을 일거에 해결할 수 있었다. 원자핵이 잡아당기는 전자가 왜 결국 원자핵으로 끌려들지 않는가라는 질문도, 다시 말해 원자의 안정성 문제도 그중 하나였다. 또한 양자물리학은 원자들이 서로 결합하는 이유를, 즉 원자들 간에 화학결합이 일어나는 방식을 정확하게 서술했다.

또 하나의 매우 중요한 결론은 모든 화학적 과정에 대한 양자물리학적 설명이었다. 양자 이론에 의해 화학은 마침내 물리학적으로 설명할 수 있는 기반 위에 올라섰다. 더 나아가 양자물리학은 강체(剛體), 특히 반도체에 관한 많은 지식을 제공했다. 반도체는 전류를 사실상 전달하지 않는 부도체와 전류를 매우 잘 전달하는 금속의 중간에 해당하는 물질로, 모든 현대적인 전기 스위치를 이루는 핵심적인 요소이다. 양자물리학은 또한 원자핵 내부의 과정들을 이해하고, 이를 통해 핵분열과 핵융합, 그리고 별

내부에서의 에너지 생성과 우주가 탄생할 당시의 중요한 현상들 등 다양한 것들을 이해할 수 있게 해 주었다.

그러므로 오늘날 양자물리학은 많은 첨단 영역들의 기반을 이룬다. 예를 들어 양자물리학 없이는 레이저를 생각할 수 없으며, 양자물리학 없이는 반도체가 불가능하다. 반도체가 없으면 현대적인 컴퓨터가 없으며, 컴퓨터가 없으면 휴대폰 같은 간단한 장비도 있을 수 없다. 오늘날 자동차에 이르기까지 거의 모든 현대적인 장비들 속에 컴퓨터가 들어 있다는 것은 말하지 않아도 자명한 일이다. 그렇게 양자물리학은 현대적인 산업 국가들에서 경제생활의 큰 부분을 지탱하는 토대가 되었다.

양자역학이 그렇게 다양한 현상들을 매우 훌륭하게 설명했다면, 왜 양자역학에 문제가 있다는 것일까? 왜 많은 물리학자들과 철학자들은 오늘날에도 양자역학에 그토록 격렬히 반대하는가? 그것은 양자물리학이 우리의 통상적인 상식에 정면으로 대립하는 양자의 행동을 예견하기 때문이다. 미국의 물리학자 파인만은 이를 다음과 같이 표현하기도 했다. '나는 오늘날 양자역학을 이해하는 사람은 아무도 없다고 자신 있게 말할 수 있다.' 곧이어 우리는 실험실에서 실제로 수행된 몇 가지 실험들을 살펴볼 것이다. 그 실험들은 양자들의 기묘한 행동을 매우 훌륭하게 보여준다. 그러나 그 전에 먼저 근본적인 논의들이 좀 더 필요하다.

양자의 행동이 우리에게 일상적으로 친숙한 대상들의 행동과 어떻게 다른지 이해하기 위해, 지금 아주 작은 것들의 세계로 여행을 떠나기로 하자. 우리는 일상 속의 대상을, 이를테면 바로 이 책을 바라보고 있다. 여기 우리 앞에 책이 있다는 것을 우리는 어떻게 알까? 우리는 책을 보고 만질 수 있기 때문에 책이 있음을 안다. 어쩌면 책의 냄새도 우리 앞에 종이가 있다는 것을 시사할 수 있을 것이다. 어쨌든 여기 우리 앞에 책이 있다는 결론에 도달하려면 두 가지가 필수적이다. 첫째, 감각 인상들이 필요하다. 가장 중요한 것은 시각 인상, 이를테면 페이지들이 있는 책의 그림이다. 둘째, 우리는 머릿속에 이미 어떤 대상을 책이라고 부르는가에 대한 관념을 가지고 있어야 한다. 그 관념 즉, '책'이라는 개념이 필요하다는 것은 과거의 경험들로, 일반적으로 이미 지나간 시점에 우리가 보거나 만지거나 읽었던 책들로 회귀할 필요가 있다는 것을 의미한다. 그러므로 우리가 우리 앞에 있는 것을 책이라고 표현할 때, 우리의 감각 인상들을 우리가 책이라는 개념 하에서 이해하는 것과 동일화하는 것이다.

그러므로 우리에게는 감각 인상들과, 서로 비교할 수 있는 머릿속의 개념들이 필요하다. 하지만 이 두 요소가 매우 작은 대상들의 경우에는 그다지 명확하지 않다는 것을 보게 될 것이다. 세심한 숙고에 의해 전혀 새로운 시각이 열릴 것이다. 곧 보게 되듯이, 그 새로운 시각은 양자물리학의 시각이다.

어떤 감각 인상을 지각한다는 것은 결국 관찰된 대상과의 상호작용을 의미한다. 우리가 책을 보고 책의 그림을 떠올리려면 당연히 조명이 있어야 한다. 이를테면 태양에서 나와 창을 통해 들어와 책을 비추는 빛이 없다면, 눈은 아무것도 지각하지 못한다. 만일 책이 캄캄한 방 안에 있다면, 우리는 책에 손전등을 비춰야 할 것이다. 이처럼 우리는 관찰되는 대상과 의식적으로 상호작용해야 한다. 그런데 이 책을 비롯한 우리 일상 속의 대상들의 경우에는, 관찰을 위해 필수적인 상호작용이 큰 의미를 가지지 않는다는 것을 안다. 내가 손전등으로 책을 비추든 비추지 않든 책에는 눈에 띄는 변화가 거의 없다. 물론 매우 강한 빛을 오래 비추면 종이가 누렇게 변색되고 심지어 표면이 거칠어질 것이다. 그러나 일반적으로 우리가 관찰하는 성질들, 페이지 수나 활자 크기 등은 우리가 책을 조명하는지 여부와 무관하며, 우리가 책을 약한 촛불로 조명하는지, 혹은 강한 전조등으로 조명하는지와도 무관하다. 물론 현상되지 않은 사진 필름을 볼 때처럼 사정을 정확히 따져 봐야 하는 경우도 있다. 그러나 일반적으로 대상은 우리가 그것을 본다는 사실에 의해서 변하지 않는다. 대상의 성질들은 우리가 관찰하는지 여부와 무관하다.

이 점을 더 명확히 해 보자. 한 대상에 속성들을 부여할 때, 우리는 그 속성들이 그 대상을 특징짓는 무언가를 모종의 방식으로 기술한다고 생각한다. 그 속성들이 관찰에 의해 약간 변할 수도 있을 것이다. 그러나 우리의 관찰 방법을 정확히 검토함으로써, 그 변화를 이해할 수 있다. 관찰된 속성인 종이의 색은, 설령 그것이 관찰에 의해 약간 변한다 할지라도, 매우 정확하게 기술되며, 관찰 이전에도 이미 관찰과 무관하게 존재했던 속성과 대응한다.

그러나 우리가 책의 크기를 점점 줄여서 매우 작은 대상들의 세계로 넘어가면 어떤 일이 일어날까? 대상이 작을수록 관찰에 필수적인 상호작용의 영향은 더 커질 것이다. 그 영향을 원하는 만큼 얼마든지 줄일 수 있을까? 이를테면 조명을 점점 더 줄이는 것을 생각해 보자. 조명이 너무 약해서 우리가 대상을 볼 수 없게 되면, 카메라를 설치하고 더 민감한 필름을 이용할 수 있을 것이다. 혹은 가장 약한 빛 신호도 포착하는 눈을 가진 상상적인 존재를 동원할 수도 있을 것이다. 광원을 점점 더 멀리 보내 빛을 임의로 약하게 만드는 방법도 생각해 볼 수 있다. 실제로 고전물리학에서는 정확히 그런 일들이 가능하다. 고전물리학에 따르면, 우리는 눈으로 빛을 볼 수 없게 된 이후에도 빛의 세기를 얼마든지 원하는 만큼 더 줄일 수 있다.

그러나 실제로 빛이 지닌 양자적 성질에 기인하는 새로운 문제에 부딪히게 된다. 우리는 빛이 매우 작으며 분할할 수 없는 입자인 광자로 이루어졌다는 사실을 플랑크에게서 배웠다. 그러므로 아주 작은 대상을 방해 없이 조명하기 위해 빛이 매우 약해져야 한다면, 한계에 부딪힐 수밖에 없다. 우리는 그 대상을 한 개, 혹은 두 개, 혹은 세 개의 광자로 비추어야 한다. 광자 한 개보다 더 약한 빛은 없다. 그러나 각각의 광자는 마치 작은 입자처럼 우리가 관찰하는 매우 작은 대상에 충격을 가할 것이다. 그 충격을 임의로 작게 만들 수는 없다. 관찰되는 대상의 입장에서는 그 충격이 매우 클 수 있으며, 그 충격은 빛의 세기를 줄인다 해도 작아지지 않는다. 결국 그 충격은 작은 원자일 수도 있는 우리의 관찰 대상이 지닌 속성들을 크게 변화시킬 수 있다. 빛의 양자적 본성 때문에 우리는 그 변화를 임의로 줄일 수 없다. 그러므로 우리가 관찰하는 원자의 속성이 변하는 것을 감수해야 한다.

그러나 일부 독자들은 여전히, 우리의 원자가 관찰 이전에도 전적으로 잘 정의된 속성들을 가지고 있었다고 생각할 것이다. 원자는 어떤 특정한 장소에 있었고, 특정한 속도로 움직이고 있었으며, 원자의 구성 요소인 전자들은 특정한 배열을 이루고 있었다고 말이다. 이 생각에 따르면, 관찰에 의해 불가피하게 일어나는 상호작용은 원자를 방해할 것이고, 원자는 관찰된 후에 어떤 다른 속성들을 가지게 된다.

그러나 양자적인 계가 관찰 이전에도 확고한 속성들을 가지고 있었다고 확신할 수 있을까? 전혀 그렇지 않다. 양자적인 계에 대해서는 그 확신이 성립하지 않는다는 것이 바로 흥미로운 점이다. 그러므로 우리는 관찰로 인해 불가피하게 일어나는 방해 때문에 계의 속성을 확정할 수 없다는 것 이상의 문제에 직면했다. 상황은 매우 심각하다. 우리가 그 속성들을 모른다 할지라도 계가 관찰 이전에 잘 정의된 속성들을 가진다는 전제가 이미 모순적이기 때문이다. 우리는 곧 그 사실을 더 자세히 살펴볼 것이다.

3 실험실에서 벌어지는 일, 혹은 '축구공은 어디에 있을까?'

　양자물리학의 근본 명제들을 더 잘 이해하기 위해 우리는 이 책에서 매우 구체적인 실험들을 반복해서 자세히 살펴볼 것이다. 오직 그 방법을 통해서만 양자물리학에 대해 감을 잡을 수 있다. 이를 위해 먼저 그런 실험들이 수행되는 장소를 알아보자. 내가 일하는 곳인 빈 대학의 실험물리학 연구소를 방문하자. 우리는 프란츠 요세프 황제가 다스리던 시절에 건축된 고색창연한 건물로 들어선다. 계단 입구에는 유겐트 양식의 전성기에 만들어진 매우 아름다운 장식물이 보인다. 2층에는 황제의 흉상도 있다. 이어서 3층에 도착하면 풍경이 갑자기 완전히 달라진다. 실험실에 들어선 우리는 21세기 초현대식 장비들의 무차별적인 폭격을 받는다. 강력한 레이저 광선이 허공을 가르고, 방 안에는 고성능 진공 펌프의 소음이 가득하다. 나의 조교인 루치아 하커뮐러와 마르쿠스 아른트는 커다란 강철통을 이리저리 살피며 나사를 조이고 있다. 나중에 알게 되겠지만 그 강철통은 고성능 진공 용기이다. 다른 두 조교, 비외른 브레츠커와 슈테판 우텐탈러는 컴퓨터 앞에서 최근에 얻은 실험 결과를 나타내는 어지러운 도표와 그래프들을 주시하고 있다. 그것은 지난 두 주일 동안 때때로 밤을 새워 가며 얻은 측정 결과들이다. 실험이 완벽하게 성공적이었는지를 확인하는 젊은이들의 모습에서 긴장감이 느껴진다. 그 실험의 목적은 고성능 진공 용기의 성능을 높이는 방식을 결정하는 것이다. 젊은이들은 지금까지 밟아 온 길에 대한 믿음과 확신을 가지고 있다. 분명 이제껏 얻은 성과들이 그들에게 준 용기와 자신감 때문일 것이다.

어느새 루치아와 마르쿠스는 진공 용기를 여는 데 성공했다. 그들은 부품 하나를 떼어 내어 그것이 격자 걸이라고 설명한다. 그 걸이에 고정되는 격자는 오늘날 인간이 만들 수 있는 가장 섬세한 격자이다. 그 격자는 굵기가 불과 50나노미터이고, 또한 50나노미터 간격으로 배열된 선들로 이루어져 있다. 1나노미터는 백만분의 1밀리미터이다! 그렇게 섬세한 격자를 기계적으로 직접 제작하는 것은 물론 불가능하다. 그 격자를 제작하려면 광학적 기법들과 화학적 기법들을 함께 사용해야 한다. 그 기술을 능숙하게 구사하는 실험실은 전 세계에서 극소수에 불과하다. 빈 연구소에서 사용하는 격자는 미국의 유명한 매사추세츠 공과대학MIT 미세구조 공학 연구소에서 제작되었다. 빈 연구소는 왜 그 격자를 사용하는 것일까? 그리고 젊은이들은 지금 왜 긴장하고 있는 것일까?

우리가 먼저 보아야 할 것은 비외른과 슈테판이 컴퓨터 화면에서 주목하고 있는 곡선(그림 1)이다. 여러 점들과 그 점들을 통과하는 매끈한 곡선이 보인다. 젊은이들이 흥분하는 이유는 무엇일까? 설명을 들어 보니 이

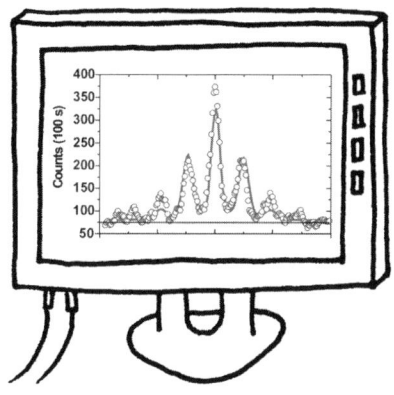

〈그림 1〉 질량이 있는 입자인 풀러렌, 즉 축구공 분자를 이용한 양자 간섭 실험의 측정곡선. 그래프의 세로축은 100초 동안에 측정된 풀러렌 분자의 개수를, 가로축은 분자를 탐지하는 탐지 장치의 위치를 나타낸다.

실험의 주제는 양자 간섭, 그것도 아직 관찰된 바 없는 커다란 대상을 이용한 양자 간섭이라고 한다. 그 대상은 다름이 아니라 그 유명한 풀러렌, 즉 축구공 분자(그림 2)이다. 그래서 젊은이들이 흥분하고 있는 것이다. 축구공 분자의 역사에 관해서만 해도 흥미로운 책 한 권을 쓸 수 있다. 전혀 새로운 개념인 '양자 간섭'에 대해서는 나중에 논하게 될 것이다. 그 전에 먼저 축구공 분자가 무엇인지 간략하게 알아보자.

축구공 분자는 순전히 탄소로 이루어졌다. 1985년에 이루어진 축구공 분자의 발견은 놀라운 사건이었다. 왜냐하면 당시 사람들은 탄소에 관해서는 이미 모든 것이 알려져 있다고 믿고 있었기 때문이다. 실제로 모든 생명의 기반인 탄소는 가장 잘 연구된 원소 중 하나였다. 사람들은 세 가지 형태의 순수한 탄소가 있다고 생각했다. 가장 단순한 형태인 그을음은 순전히 탄소 원자들로 이루어졌는데, 그 원자들이 불규칙적으로 연결되어 있다. 그래서 그을음이 먼지처럼 보이는 것이다. 그 외에 규칙적인 형태의 탄소인 흑연과 다이아몬드가 있다. 흑연에서는 탄소 원자들이 여러 층으로 배열되어 있다. 한 층 안에 있는 원자들은 육각형 모양으로 연결되어 있다.

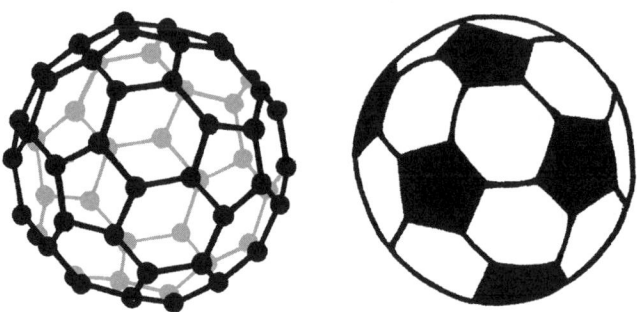

〈그림 2〉 풀러렌은 축구공과 동일한 구조를 가지고 있다. 오각형 또는 육각형의 각 꼭지점에 탄소 원자가 위치해 있다. 따라서 그림에서 보듯이 풀러렌 분자는 60개의 탄소 원자로 이루어진다.

가장 흥미로운 것은 세 번째 형태인 다이아몬드이다. 다이아몬드 속의 원자들은 한 평면에서뿐만 아니라 모든 방향으로 강하게 결합되어 있다. 그래서 다이아몬드는 극도로 견고하다. 검은 석탄과는 달리 다이아몬드는 완벽하게 투명하고, 탄소 원자들이 매우 조밀하게 모여 있기 때문에 높은 광택을 가지고 있다. 사람들은 그 광택 때문에 오랜 옛날부터 다이아몬드를 좋아했다. 이렇듯 사람들은 1985년까지 탄소의 세 형태인 그을음과 흑연과 다이아몬드가 고체 상태의 탄소에 관해서 이야기할 수 있는 것 전부라고 생각했다. 그러나 그해에 크로토Harold Kroto, 스몰리Richard Smalley, 컬Robert Curl과 동료들이 매우 단순한 실험에서 경이로운 결과를 산출했다. 그들은 단순히 그을음 속에 있는 탄소 입자들의 질량 분포를 조사했다. 다시 말해서 그들은 개별 그을음 입자들이 얼마나 큰지 정확히 살펴보았다. 매우 쉽게 예상할 수 있는 결과는, 아주 다양한 크기의 그을음 입자가 발견되는 것이다. 매우 적은 원자들로 이루어진 입자에서부터 매우 많은 원자들로 이루어진 입자까지 다양한 입자들이 있을 것이다. 그러나 그들은 60개의 탄소 원자로 이루어진 입자가 특별히 자주 관찰된다는 것을 발견했다. 그 발견은 전 세계의 과학자들을 놀라게 했다. 그 60개의 탄소 원자들은 어떤 구조로 결합되어 있을까? 현대물리학은 작은 입자가 가질 수 있는 다양한 구조들을 계산할 수 있다. 물론 그 구조들 대부분은 실제로 구현하기가 기술적으로 매우 어렵다. 그러나 크로토와 동료들은 시간을 지체하지 않고 신속하게 해답을 원했다. 그래서 그들은 매우 영리한 발상을 했다. 그들은 이런 질문을 던졌다: 정확히 60개의 원자들이 가장 간단하게 결합하는 기하학적 배열은 무엇일까? 여러 차례의 시도와 검증을 통해 해답이 나왔다. 60개의 원자들은 정확히 축구공에 있는 육각형의 꼭지점에 위치해야 한다. 그 꼭지점들을 전부 세어 보면 정확히 60개이다.

실험자들은 과감하게 그 추측을 유명한 학술지 《네이처》에 발표했다. 그 학술지에는 심지어 잘 가꾼 영국의 잔디밭에 놓인 축구공 사진도 실렸다. 곧이어 그 추측이 옳다는 것이 화려하게 입증되었고, 크로토, 스몰리, 컬은 1996년에 노벨화학상을 받았다. 축구공 분자는 흑연 분자와 비슷하다. 우리는 흑연 속의 탄소 평면이 공 모양으로 바뀐 것이 축구공 분자라고 생각할 수 있다. 오늘날 우리는 유사한 모양의 수많은 풀러렌이 있음을 알고 있다. 예를 들어 70개, 82개, 240개의 원자로 이루어진 풀러렌이 있다. 특히 흥미로운 것으로 다양한 지름을 가질 수 있는 나노 튜브도 있다. 나노 튜브는 흑연 속의 탄소 평면이 감겨 관을 이룬 것에 해당한다. 오늘날 수많은 국제 학회에서 이 풀러렌 분자들과 나노 튜브의 화학적 물리적 성질에 관한 논의가 이루어지고 있다. 실용화와 관련하여 한 마디 언급하면, 풀러렌은 매우 훌륭한 윤활제의 성질을 가지고 있다. 서로 마찰하는 두 표면 사이에 풀러렌 가루를 집어넣으면, 기름을 넣는 것 못지않게, 혹은 그것보다 훨씬 뛰어나게 마찰을 감소시킬 수 있다. 뿐만 아니라 나노 튜브는 매우 견고해서 새로운 소재의 구성 요소로 이용될 수 있다. 나노 튜브가 견고한 이유는 그 속에 들어 있는 개별 원자들이 전혀 빈틈이 없는 완벽한 배열을 이루고 있기 때문이다.

풀러렌이라는 명칭이 붙게 된 과정도 흥미롭다. 미국의 건축가 겸 과학자인 벅민스터 풀러Buckminster Fuller가 정확히 풀러렌의 절반과 같은 구조를 가진 돔 지붕을 설계했다는 사실이 밝혀졌다. 물론 레오나르도 다빈치도 같은 생각을 한 적이 있었지만, 결국 사람들은 '풀러렌'이라는 이름을 선택했다.

그런데 우리의 빈 연구소 직원들은 풀러렌 분자로 무엇을 하고 있는 것일까? 설명을 들어보니 그들은 파동의 간섭을 관찰하고 있다고 한다. 그 파동은 한 개의 풀러렌 분자에 대응하고, 우리가 살펴본 격자의 인접한 두 슬릿을 통해 나온다고 한다. 우리가 이해하기에는 너무 어려운 말인 듯하다. 이 말이 전부 무슨 뜻일까? 예비적인 지식을 좀 더 쌓아야 할 것 같다. 그러므로 우선 빛의 본성에 관해 이야기해 보자.

4 파동……

 빛이 도대체 무엇인지에 대한 인류의 궁금증은 매우 오래 전에 시작되었다. 대략 고대 그리스 시대 이래로 사람들은 다음과 같은 질문을 던졌다: 우리가 대상들을, 예를 들어 우리 앞에 놓인 이 책을 볼 때, 머릿속에서 실제로 이 대상의 그림을 떠올리는 것이 어떻게 가능할까? 그리스 철학에서는 원자론자들이 아주 간단한 해답을 제안했다. 그들은 모든 각각의 대상이 정확히 그 대상과 같은 모양을 가진 매우 작은 입자를 방출한다고 설명하는 것이 최선이라고 생각했다. 즉, 소파는 작은 소파를 방출하고 책은 작은 책을 방출한다. 그 작은 입자가 우리의 눈 속으로 들어오고, 우리는 대상의 그림을 보게 된다는 것이다.

 그 후 17세기에 현대적인 물리학이 시작되면서 곧 빛이 입자인지 혹은 파동처럼 전달되는지에 대한 논쟁이 벌어졌다. 당시 그 논쟁은 당연히 양립할 수 없는 두 견해 사이의 논쟁으로 여겨졌다. 상식적으로도, 고전물리학의 법칙들에 의해서도 하나의 대상이 동시에 파동이면서 입자일 수 없다는 것은 당연한 일이었다. 당시에도 이미 두 견해 각각을 지지하는 논증들이 있었다. 입자 이론을 주장한 가장 유명한 사람은 영국의 물리학자 뉴턴이었다. 그의 강력한 권위 때문에 물리학자들은 일반적으로 입자 이론에 동의했다.

그러나 1802년 영국의 의사 영Thomas Young이 기발한 실험을 들고 논쟁에 뛰어들었다. 흥미롭게도 특히 19세기에는 흔히 직업이 의사인 아마추어 과학자들이 대거 등장해 물리학의 발전에 많은 중요한 기여를 했다. 어쩌면 전문 영역 밖에 있으면서 독자적인 소득을 확보하고 있기에 동료 전문가들의 인정 여부에 생계를 걸지 않아도 되는 사람들이, 동료들의 판단에 직접적으로 의존하는 전문 물리학자보다 더 쉽게 완전히 새로운 발걸음을 내딛을 수 있었던 것인지도 모른다.

〈그림 3〉 이중 슬릿 실험. 빛은 왼편에서 한 개의 슬릿을 통해 들어온 후 두 개의 슬릿이 있는 판을 만난다. 두 슬릿이 모두 열려 있으면 영사막에 밝고 어두운 줄무늬가 생긴다. 슬릿이 한 개만 열려 있으면 줄무늬가 없는 균질적인 회색 무늬가 생긴다(보어의 그림).

영의 실험은 매우 간단했다(그림 3). 빛은 판에 있는 두 슬릿을 통해서 들어온다. 그 두 슬릿을 통과한 빛은 적당히 떨어진 곳에 있는 영사막에 비추어지고, 사람들은 그 영사막을 관찰한다. 영이 관찰한 흥미롭고 당시로써 혁명적인 현상은, 막에 밝은 줄과 어두운 줄이 교대로 나타난 것이었다. 한편 그가 두 슬릿 중 하나를 막아 빛이 오직 다른 한 슬릿으로만 들어오게 만들자, 줄무늬는 사라졌다. 당시 과학자들이 빛에 대해 가졌던 견해에 비추어 볼 때 이 현상은 충격적이었다. 왜 그랬을까? 빛이 매우 작은 입자들로 이루어졌다고 가정할 경우 우리가 영의 실험에서 어떤 결과를 기대할 수 있을지 생각해 보자.

먼저 판에 비교적 넓은 슬릿이 한 개만 뚫려 있다고 가정해 보자. 그러면 입자들이 슬릿을 곧바로 통과하고, 우리의 영사막에는 밝은 줄이 넓게 나타날 것이다. 슬릿을 통과한 많은 빛 입자들이 영사막에 부딪히고 반사하여 우리 눈으로 들어올 것이기 때문이다. 우리가 슬릿을 점점 좁히면, 영사막에 있는 밝은 줄도 점점 좁아지다가 결국 점이 될 것이다. 즉, 만일 우리의 슬릿이 충분히 작다면, 많은 입자들이 굴절될 것이기 때문이다. 따라서 영사막에는, 입자들이 슬릿을 곧장 통과할 때 얻을 수 있는 것보다 약간 더 큰 점무늬가 나타날 것이다.

이제 우리의 판에 두 개의 좁은 슬릿이 나란히 있다고 가정해 보자. 그렇다면 영사막에 어떤 그림이 나타날지 매우 쉽게 예측할 수 있다. 막 위의 지점들에는 서로 다른 두 종류의 입자들이 도달할 것이 분명하다. 즉, 한 슬릿을 통과하면서 약간 굴절된 입자들과, 다른 슬릿을 통과하면서 약간 굴절된 입자들이 도달할 것이다. 어쨌든 우리가 두 슬릿을 열어 둔다면, 특정한 지점에 도달하는 입자의 수는 각각의 슬릿을 통과한 입자의 수의 합이 될 것이다. 물론 만일 두 슬릿을 통과하는 입자들이 서로 상호작용을 한다면, 예를 들어 입자들이 서로 충돌하여 튕겨 나갈 수 있다면,

사정은 달라질 것이다. 이를 입구가 두 개인 영화관과 비교할 수 있을 것이다. 매표소로 가려는 사람들은 두 입구 중 하나를 통과해야 한다. 하지만 결국 매표소에 도착한 사람의 총수는 한 문을 통과한 사람의 수와 다른 한 문을 통과한 사람의 수를 합한 것과 같다. 이것은 물론 사람들이 서로에게 영향을 미치지 않을 때만 타당하다. 예를 들어 어떤 사람이 한 문을 통과한 후에 다른 문으로 많은 사람들이 들어오는 것을 보고 걸음을 돌려 커피 판매대로 간다면 사정은 달라진다.

그러므로 빛이 입자로 이루어졌다고 가정한다면, 영의 실험의 결과에 대해, 특히 슬릿이 둘 다 열려 있는 경우에 대해, 결정적인 예측을 할 수 있다. 우리는 영사막 상의 모든 지점에서의 광도가, 한 슬릿만 열었을 때 얻는 광도와 다른 슬릿만 열었을 때 얻는 광도의 합이 될 것이라고 기대할 수 있다. 광도는 도달하는 입자들의 수와 직접적으로 연관된다. 한 지점에 더 많은 입자가 도달할수록 그 지점은 우리에게 더 밝게 보인다.

이때 중요한 점은, 우리가 이런 식으로 생각하면 영이 관찰한 줄무늬를 설명할 수 없다는 것이다. 특히 매우 특이한 행동을 보이는 지점들이 있다는 것을 전혀 설명할 수 없다. 두 슬릿 중 어느 쪽이든 상관없이 하나만 열려 있을 경우에 밝은 지점들이 있다. 그런데 두 슬릿을 모두 열면 그 지점들 중 일부는 완전히 어두워진다. 슬릿을 추가로 더 열자 특정 지점들이 더 밝아지기는커녕 오히려 어두워지는 것을 어떻게 설명할 수 있을까? 그러므로 우리는 빛이 입자로 되어 있다는 견해와 매우 간단한 실험적 관찰, 밝은 줄과 어두운 줄의 나타남 사이에 모순을 가지게 된 것이다.

사람들의 견해와 실험에서 자연이 실제로 보여주는 것 사이의 모순은 언제나 물리학자들을 흥분시킨다. 왜냐하면 그런 모순들은 우리가 지금껏 가져온 견해가 거짓이고, 우리가 무언가 새로운 것을 배워야 한다는 것을 분명하게 시사하기 때문이다. 관찰과 모순을 일으킨 견해가 단순하면 단순할수록, 우리가 완전히 새로운 견해를 취하여 혼란스러운 관찰을 설명했을 때 더 큰 개념적 진보가 일어난다. 왜 그런지 생각해 보자. 매우 복잡한 설명이 실험과 일치하지 않을 경우, 우리의 견해가 틀린 이유는 여러 가지일 수 있고, 그 중 어떤 것이 실제 이유인지 알아내는 데 흔히 아주 오랜 시간이 걸린다. 우리가 간과한 어떤 사소한 것이 이유인 경우가 흔히 있다. 반면에 매우 간단한 견해에 뚜렷한 모순이 있을 경우에는 사소한 것들을 바꾸어 모순을 해소할 가능성이 없다. 그 경우에는 커다란 진보가, 심지어 우리의 세계관을 혁명적으로 바꾸는 진보가 필요하다. 영은 그의 관찰을 어떻게 설명했을까?

어둡고 밝은 줄무늬를 설명할 수 있으려면, 두 슬릿을 통과한 빛이 특정한 장소에서는 서로 상쇄하고 다른 장소에서는 서로 보강할 수 있다는 것을 이해해야 한다. 그런 행동은 영의 시대에도 이미 잘 알려져 있었다. 물론 그런 행동을 보인 것은 빛이 아니라 물결 파동이었다. 영의 실험을 물결을 이용해서 쉽게 실행할 수 있다. 우리는 누구나 거울처럼 잔잔한 연못에 돌을 던지면 물결 파동이 일어나 아름다운 동심원이 만들어진다는 것을 알고 있을 것이다. 우리는 돌이 수면을 때린 지점으로부터 물결이 원형으로 퍼져 나가는 것을 본다. 영의 실험을 물결 파동을 가지고 실행하려면, 가운데 벽을 설치하여 두 부분으로 구획한 작은 대야만 있으면 된다. 이때 그 벽에는 슬릿을 두 개 뚫는다. 이제 한 지점에서 물결을 만들

자. 예를 들어 손가락을 수면에 대고 위아래로 반복해서 움직여 물결을 만들 수 있다. 그렇게 하면 그 지점으로부터 원형의 물결이 퍼져 나가 두 개의 슬릿을 통과하여 반대편에 도달할 것이다. 반대편에는 반구형 물결이 두 개 만들어질 것이다. 이때 그 두 물결이 만나는 장소들에서는 흥미로운 일이 일어난다. 몇몇 장소에서는 두 물결이 서로 상쇄되고, 또 몇몇 장소에서는 서로 보강된다. 두 물결이 서로 반대로 진동하는 곳에서는 상쇄가 일어나고, 서로 같은 방향으로 진동하는 곳에서는 보강이 일어난다. 우리는 이 현상을 간섭이라 부른다. 잔잔한 연못에 크기가 대략 같은 두 개의 돌을 던졌을 때에도 똑같은 현상을 관찰할 수 있다. 두 돌이 수면을 때린 지점으로부터 원형 물결이 퍼져 나간다. 그리고 두 물결이 만나는 곳에서 똑같은 방식으로 간섭이 일어난다. 즉, 몇몇 장소에서는 두 파동의 진동이 서로 보강하고, 다른 장소들에서는 서로 상쇄한다.

사람들은 두 개 이상의 파동들이 중첩될 때 간섭이 일어난다고 말한다. 파동들이 서로를 상쇄하는 경우는 상쇄 간섭이라 하고, 보강하는 경우는 보강 간섭이라 한다. 물결을 이용한 우리의 실험에서 수면의 특정 지점들은 슬릿이 두 개 뚫린 경우에는 움직이지 않고, 슬릿이 하나만 뚫린 경우에는 진동한다. 그 지점들에서 상쇄 간섭이 일어나는 것이다. 한편 그 지점들 옆에는 슬릿을 두 개 뚫을 때 더 크게 진동하는 장소들이 있다. 그 지점들에서는 보강 간섭이 일어나는 것이다.

그러므로 영이 얻은 실험 결과를 물결 실험과 똑같이 설명할 수 있을 것이다. 그 설명에 따르면 빛은 공간 속으로 퍼지는 파동이다. 물결 실험과 마찬가지로 두 개의 파동이 두 슬릿을 통과하여 일부 장소에서는 상쇄되고 일부 장소에서는 보강된다. 두 파동이 상쇄되는 장소들에서는 영사막이 어두워진다. 반면에 두 파동이 보강되는 곳에서는 영사막이 슬릿이 한 개 열렸을 때보다 더 밝다. 영의 실험은 물리학의 역사에서 가장 중요한 실험의 하나가 되었다. 그 실험은 빛이 파동이라는 것을 직접적으로 증명하고 빛이 입자라는 뉴턴의 견해를 완벽하게 무너뜨린 실험으로 평가된다. 그런데 빛이 입자라는 이론은 다름 아닌 플랑크의 흑체복사 설명에 의해 복권되었다. 그러므로 우리는 완벽한 모순에 부딪혔다. 빛은 파동이면서 동시에 입자인 것이 분명하다. 하지만 이것은 너무 성급한 논의이다. 다시 19세기로 돌아가자.

영의 실험에 기초를 두고 19세기에 독일과 프랑스의 많은 물리학자들이 빛의 파동이론을 발전시켰다. 그들은 다양한 광학적 현상들을 설명하고 새로 발견했다. 그들의 연구를 바탕으로 광학 도구들과 기기들을 만드는 새로운 산업이 탄생했다. 망원경과 현미경, 쌍안경 등의 광학 도구들은 19세기에 급속히 발전했다. 많은 광학 도구들을 대략적으로 이해하기 위해서는 빛을 단지 광선으로 생각하는 것으로 충분하다. 그러나 그 도구들이 작동하는 메커니즘을 정확히 기술하고 도구들의 정밀성을 이해하기 위해서는 반드시 빛을 파동으로 취급해야 한다.

그런데 한 가지 질문은 오래 전부터 미해결로 남았다. 빛을 파동이라고 여길 때, 그 파동 속에서 진동하는 것은 무엇일까? 수면에 일어난 파동의 경우에는 위아래로 진동하는 것이 물이다. 그러나 빛의 경우에는 어떨까? 사람들은 이 경우에도 무언가 진동하는 물질이 있을 것이라고 예측했다. 사람들은 그 물질을 에테르라고 명명했다. 만일 존재한다면 에테르는 몇

몇 가지 기묘한 성질을 가져야 했다. 가장 기묘한 것은, 에테르가 모든 것을 — 그러므로 빛이 그 속으로 퍼져 나가는 물질들도 — 관통하고, 우리 눈에는 지각되지 않아야 한다는 것이었다. 도대체 에테르처럼 기묘한 것이 어떻게 존재할 수 있단 말인가? 결국 에테르 문제는 전혀 예상치 못한 방식으로 해결되었다.

전혀 기대하지 않은 곳에서 실마리가 나왔다. 19세기에 영국의 물리학자 패러데이Michael Faraday를 비롯한 여러 학자들의 실험적인 연구를 통해 전기와 자기가 밀접하게 관련된다는 사실이 점점 더 분명해졌다. 사람들은 전류가 자기장을 산출할 수 있고, 반대로 자기장의 변화가 전류를 만들어 낼 수 있음을 알게 되었다. 그들의 연구에 의해 오늘날 우리가 전류를 생산하기 위해 쓰는 발전기와 전기모터를 비롯한 많은 것들의 기초가 마련되었다. 당시 영국의 재무장관이었고 후에 수상이 된 글래드스톤 경이 실험실을 방문했을 때 패러데이가 한 흥미로운 말이 지금까지 전해진다. 글래드스톤은 패러데이가 실험실에서 하는 모든 일이 어디에 소용이 있느냐고 묻는 실수를 저질렀다. 패러데이는 그에게 다음과 같이 완벽하게 대답했다. "각하, 언젠가 각하께서는 이 모든 일 덕분에 세금을 거두시게 될 것입니다." 우리 주변에서 흔히 보는 전기요금 고지서들은 패러데이가 옳았음을 증명한다.

1860년대에 또 다른 영국 물리학자인 맥스웰James Clerk Maxwell이 결국 결정적인 설명을 내놓았다. 그는 전기와 자기를 똑같은 동전의 양면으로 보는 이론을 만들어 냈다. 그리하여 맥스웰 이후로 전자기라는 말이 등장하게 되었다. 맥스웰은 순전히 수학적으로 전자기파의 존재를 예견할 수 있었다. 원리적으로 전자기파를 상상하는 것은 매우 간단하다. 전류가 자기장을 산출하는 것과 마찬가지로, 시간적으로 변하는 전기장은 시간적으로 변하는 자기장을 산출한다. 또 시간적으로 변하는 자기장은 다시 시간적으로 변하는 전기장을 산출하고, 이 과정이 계속해서 반복된다. 이때 시간적으로 변하는 두 장 전체가 전자기파이다. 그런데 맥스웰은 추가로 전혀 예상치 못한 결론도 얻었다. 그는 전자기파의 속도를 자신의 수학적인 이론에 근거해서 계산했다. 전자기파의 속도는 얼마일까? 매우 놀랍게도 그가 계산한 값은 당시 이미 잘 알려져 있던 빛의 속도와 일치했다. 그러므로 빛이 다름 아닌 전자기파라는 결론이 성큼 다가온 것이다. 다시 말해서 빛의 경우에는 진동하는 것이 전기장과 자기장이다. 그것들은 당연히 매우 작고, 정확히 앞에서 우리가 언급한 진동수로 진동한다. 그것들은 1초에 500조 번 진동한다.

빛이 전기장과 자기장으로, 즉 전자기장으로 이루어졌다는 사실을 상기하면 영의 실험을 파동 현상으로 매우 훌륭하게 설명할 수 있다. 어두운 줄들은 두 슬릿을 통과한 전자기장이 서로 상쇄되는 장소들이며, 밝은 줄들은 서로 보강되는 장소들이다. 이로써 빛이 입자라는 뉴턴의 견해는 완전히 폐기된 듯이 보였다.

5 ······혹은 입자? 우연의 발견

갑자기 그리고 예고 없이 플랑크가 울린 북소리와 함께 문제는 과거보다 더 난해해지고 커져서 다시 등장했다.

앞에서 살펴보았듯이 플랑크와 아인슈타인을 통해서 우리는 빛이 분할할 수 없는 양자들로 이루어졌음을 알았다. 그 양자를 광자라고 부른다. 오늘날 우리는 광자 개념을 매우 자명하게 받아들인다. 광자는 우리 세계를 구성하는 근본 입자 가운데 하나로 여겨지고 있다. 광자는 가장 중요한 근본 입자 중 하나이다. 이는 영의 실험에 대한 심각한 도전이 아닐 수 없다. 우리는 빛이 궁극적으로 광자라는 개별 입자로 이루어졌다는 앎과, 두 슬릿을 통과한 파동들이 서로 간섭한 결과로 줄무늬가 생긴다는 성공적인 설명을 어떻게 조화시킬 수 있을까?

이 질문은 1920년대에 특히 활발하게 논의되었고, 오늘날에도 격렬한 토론의 주제가 되고 있다. 당시 아인슈타인과 덴마크 물리학자 보어_{Niels}

Bohr 사이에서 중요한 논쟁이 벌어졌다. 보어는 원자물리학의 창시자 중 한 명이다. 그 논쟁을 이해하기 위해 이중 슬릿 실험(그림 3, 40쪽)을 다시 한번 살펴보자. 빛 입자들이 왼쪽에서 들어와 입구 슬릿을 통과하고 이어서 슬릿이 두 개 뚫린 중간막을 통과한다고 가정하자. 최종적으로 우리는 맨 뒤에 있는 영사막에서 간섭현상을 관찰할 수 있을 것이다. 중간막의 두 슬릿이 모두 열려 있다면, 우리는 그림에서처럼 밝고 어두운 줄무늬를 보게 될 것이며, 그것을 간단히 간섭에 의한 결과라고 설명할 수 있을 것이다. 이제 우리가 중간막의 슬릿을 하나 막으면, 간섭무늬는 사라지고 영사막에는 흐릿한 점 하나만 나타나게 된다. 이는 쉽게 설명할 수 있다. 이 경우에는 한 슬릿에서 한 개의 파동만 나오기 때문이다. 보강이나 상쇄가 일어나려면 반드시 두 개의 파동이 있어야 한다.

이제 빛을 입자로 생각해 보자. 빛이 입자라면 밝고 어두운 줄무늬가 의미하는 것은 무엇일까? 당연히 어두운 장소들은 입자들이 도달하지 않은 장소이고, 밝은 장소들은 많은 입자들이 도달한 장소이다. 그러므로 밝고 어두운 줄무늬가 의미하는 것은, 많은 입자들이 도달한 장소들과 입자들이 매우 적게 도달하거나 전혀 도달하지 않은 장소들이 교대로 존재한다는 것이다. 이제 다음과 같은 두 질문을 던져 보면 사태는 더욱 흥미로워진다. 첫 번째 질문은 개별 입자들이 영사막에 도달할 때까지 어떤 경로를 거치는가이다. 두 번째 질문은 한 입자가 특정한 장소에 도달하도록 결정하는 것이 무엇인가이다. 물론 우리는 입자들이 어두운 줄에 도달하지 말아야 한다는 것을 안다. 그러나 특정 입자가 다른 밝은 줄이 아니라, 특정한 밝은 줄에 도달하는 이유는 무엇일까? 우리는 이 두 질문이 매우 심오한 문제들을 건드리고 있으며, 궁극적으로는 철학적인 근본 문제들과 관련되어 있음을 곧 확인하게 될 것이다. 또한 이 모든 것은 결국 우리의 세계관을 근본적으로 바꿀 것을 요구하게 될 것이다. 문제는 다만 우리가 그 세계관을 어떻게 바꾸어야 하는가이다.

먼저 '특정한 입자가 어떤 경로를 거치는가' 라는 질문을 살펴보자. 그 입자는 위에 있는 슬릿을 통과할까, 아니면 아래에 있는 슬릿을 통과할까? 우리가 빛이 입자라는 생각을 고수한다면, 광자가 두 슬릿 중 하나를 통과한다고 가정하는 것이 합리적이다. 광자가 위에 있는 슬릿을 통과한다고 가정하자. 슬릿을 통과한 광자는 당연히 영사막 어딘가에 도달할 것이다. 그런데 재미있는 것은, 아래 슬릿이 열려 있는지 여부에 따라 광자가 도달할 가능성이 있는 장소가 크게 달라진다는 것이다. 슬릿이 하나만 열린 경우에는 광자가 영사막 어디에든 도달할 수 있다. 그러나 슬릿이 두 개 열린 경우에는, 광자가 절대로 도달해서는 안 되는 장소들인 검은 줄들이 생긴다. 이제 결정적인 질문은 이것이다. 위에 있는 슬릿을 통과하는 광자가 아래 슬릿이 열려 있는지 여부를 어떻게 아는가? 그 광자는 아래 슬릿이 열려 있는지 여부를, 늦어도 영사막에 도달하기 전에 알아야 한다. 왜냐하면 그 광자는 어두운 자리들을 피해야 하기 때문이다.

이 문제를 원리적으로 우회하는 방법이 있다. 일반적으로 실험을 할 때는 매우 강한 빛을 이용하므로 매우 많은 광자들이 두 슬릿을 통과하게 되어 있다는 점을 지적하는 방법이다. 그러므로 한 광자는 영사막에 도달할 때, 그 광자는 다른 슬릿을 통과한 다른 광자들을 만나고 이를 통해 모종의 정보 전달이 이루어질 수 있을 것이다. 슬릿이 둘 다 열린 경우에는 광자들이 서로를 규제하여 어두운 줄을 피하게 되는 것인지도 모른다.

얼핏 보기에 이 설명은 매우 그럴듯해 보일지 모르지만, 타당하지 않으며 실험을 통해 반박할 수 있다. 두 슬릿 중 하나를 통과하는 광자가 다른 광자를 만날 가능성이 없을 정도로 약한 광선으로 실험을 하는 것만으로 충분하다. 문제는 그렇게 약한 빛에 의해서도 간섭무늬가 생겨날지 여부이다. 우리는 하나씩 순차적으로 두 슬릿을 통과하는 여러 광자들을 포착하여 그것들이 영사막에 어떻게 도달하는지 보아야 한다. 당연히 영사막에 나타나는 무늬는 육안으로 볼 수 없을 만큼 희미할 것이다. 그러나 그것은 큰 문제가 아니다. 영사막을 사진 필름으로 대체하고, 다른 빛을 완전히 차단한 상태에서 실험을 할 수 있다. 이를테면 실험 장치 전체를 상자에 넣어 1~2주 동안 그대로 놓아두었다가 필름을 꺼내어 현상할 수 있다. 이 실험은 1915년 테일러$_{G.I.Taylor}$에 의해 처음 시행되었다. 그가 이용한 빛의 광도는 매 순간 한 개의 광자만 이중 슬릿을 통과할 수 있을 정도로 약했다. 그러므로 각각의 광자가 하나씩 사진 필름에 도달하여 특정한 장소를 검게 변색시켰다. 충분히 오랜 시간 동안 실험을 계속하자 필름에는 검은 점들이 여러 개 생겼다.

그 검은 점들의 분포는 어떠할까? 비록 빛의 세기는 매 순간 단 하나의 광자만 있을 만큼 약했지만 테일러는 현상된 필름에서 간섭무늬를 보았다. 검은 줄들은 많은 광자들이 도달한 장소였고, 밝은 줄들은 광자가 도달하지 않은 장소였다. 슬릿이 두 개 뚫린 경우, 필름 위에 가지 말아야 할 장소들이 있다는 것을 모든 각각의 광자가 '아는' 듯했다. 그러므로 우리는 간섭현상이 다수의 입자들과 관련된 집단적인 현상이 아니라 개별 입자의 현상이라고 인정하지 않을 수 없다.

다시 아인슈타인과 보어의 논쟁으로 돌아가 보자. 두 사람의 논쟁에서 중심 논제는 아인슈타인이 모든 각각의 입자가 어느 슬릿을 통과했는지 실제로 알아낼 수 있다고 주장한 것에 있었다. 만일 아인슈타인의 주장이 옳다면 우리가 방금 언급한 딜레마에 빠질 수밖에 없다. 다시 말해 한편으로 우리는 모든 각각의 입자가 어느 슬릿을 통과했는지 알 것이다. 다른 한편으로 우리는 두 슬릿으로 파동이 통과했기 때문에 생긴 간섭무늬를 관찰할 것이다.

그러나 흥미롭게도 — 이것이 보어의 지적이었다 — 모든 각각의 개별적인 경우에 개별 입자가 거친 경로를 알면서 동시에 간섭무늬를 관찰하는 것은 불가능하다. 사람이 경로를 알면 간섭무늬는 사라진다. 반대로 사람이 경로를 알 수 없게 하면서 실험을 수행하면 간섭무늬가 나타난다. 입자의 경로를 알기 위해서는 슬릿을 통과한 빛이 전자 광선과 수직으로 만나도록 만들면 된다. 그렇게 하면 빛의 광자들이 전자 광선의 전자들과 충돌하여 전자들을 굴절시킬 것이다. 그러면 우리는 모든 각각의 개별 전자들을 정확히 관찰하여, 그것이 위에 있는 슬릿 근처에서 굴절되었는지, 혹은 아래 있는 슬릿 근처에서 굴절되었는지 알아내고 이를 근거로 광자들의 경로를 추론할 수 있다. 그런데 이렇게 하면 각각의 광자가 거치는 경로를 잘 알 수 있지만, 간섭무늬는 사라진다. 왜냐하면 광자들도 전자들에 의해 굴절되기 때문이다.

무언가 대단히 지혜로운 방법을 쓰면 경로에 대한 정보와 간섭무늬를 모두 얻을 수 있을 것이라고 생각하는 사람들이 항상 있었다. 그러나 그들의 생각에는 늘 오류가 있었다. 그러므로 오늘날 우리는 경로에 대한 정보를 얻는 것과 간섭무늬를 관찰하는 것 사이에 양자택일해야 한다는 점을 근본적인 사실로 인정한다. 둘을 한꺼번에 이루는 것은 불가능하다. 우리 실험가들은 장치를 적당히 선택함으로써, 이를테면 전자 광선을 쓰거나 쓰지 않음으로써, 광자들의 경로를 알 것인지 아니면 간섭무늬를 관찰할 것인지 결정할 수 있다. 그러므로 정보가 결정적인 역할을 하는 것으로 보인다. 나중에 이 문제를 본격적으로 논할 것이다.

두 번째 흥미로운 질문은, 왜 특정한 광자가 영사막의 특정한 지점에 도달하는가였다. 바로 이 광자가 특정한 줄에 도달하고 다른 줄에 도달하지 않는 이유는 무엇일까? 그림 3에 있는 밝은 줄 하나 안에서도 같은 질문을 제기할 수 있다. 우리는 특정한 광자를 왜 정확히 이 자리에서 발견하고 줄 안의 다른 자리에서는 발견하지 않는가? 거기에 무슨 원인이 있는가? 우리가 그것을 어떻게 설명할 수 있을까? 이 질문이 원리적으로 의미심장하다는 사실을 이해하기 위해서 한 가지 예를 들어 보자. 빈에는 유명한 아인슈펜너 커피가 있다. 몇몇 전통 있는 커피 판매점에서는 아인슈펜너를 주문하면 통에 담긴 설탕이 함께 나온다. 커피에 첨가할 설탕의 양을 손님이 스스로 결정할 수 있게 하기 위해서이다. 이제 우리가 아인슈펜너에 설탕을 넣는 경우를 생각해 보자. 정확히 관찰한다면 우리는 모든 각각의 설탕 입자가 거치는 경로를 추적할 수 있다. 즉, 모든 각각의 설탕 입자에 대해서 그 입자가 설탕 뚜껑의 어느 슬릿을 통과했는지 알 수 있다. 설탕 입자가 설탕 통에서 커피 크림에 도달하기까지 거친 경로도 알 수 있고, 따라서 특정한 설탕 입자가 커피 크림에 떨어지는 위치도 간단하게 설명할 수 있다. 그 위치는 설탕 입자가 거치는 경로의 끝이다. 그런데 이중 슬릿을 통과한 우리의 빛 입자들에 대해서도 비슷한 설명이 가능할까? 흥미롭게도 양자물리학은 그런 설명을 제공하지 않는다. 물리학에서 이해한다는 것은 어떤 현상을 예견할 수 있다는 것을 의미한다. 그렇다면 물리학자들은 이중 슬릿 실험을 이해하고 있는 것일까?

양자물리학은 이중 슬릿 간섭무늬를 매우 정확하게 예견할 수 있다. 다시 말해서 실험이 특정한 시간 동안 계속될 경우 어떤 지점에 얼마나 많은 입자들이 도달할 것인지 예견할 수 있다. 그러나 이때 양자물리학은 특정한 개별 입자가 어디에 도달할지에 대해서는 아무 말도 하지 않는다. 그러므로 개별 입자가 실험 장치를 통과할 때 우리는 그 입자가 영사막의 특정 영역에서 발견될 확률만을 말할 수 있다. 우리가 가지고 있는 것은 그 확률뿐이다. 밝은 영역들은 입자를 발견할 확률이 큰 곳에 나타나며, 반대로 어두운 영역들은 입자를 발견할 확률이 매우 낮은 곳에 나타난다. 이것은 더 이상의 설명이 불가능한 근본 명제이다. 이 상황과 관련해서 물리학은 더 이상 아무 말도 하지 않는다. 개별 입자 하나가 실제로 어떤 행동을 하는지는 우연에 맡겨진다. 그러므로 그 입자가 맨 위에 있는 줄 중앙에 도달하는지, 혹은 중간에 있는 줄 끝에 도달하는지는 순전히 우연이다.

우리는 우연이 물리학에서 근본적으로 새로운 역할을 하는 것을 확인한 것이다. 왜 그럴까? 좀 더 자세히 살펴보자.

우리가 일상이나 고전물리학에서 우연에 관해 이야기할 때, 그것은 개별적인 결과에 대해 잘 정의된 원인을 찾을 수 없다는 의미가 아니다. 어떤 사람이 우연히 비행기 사고를 당했다고 해 보자. 이때 우리는 그 사고의 원인이 비행기 자체의 기술적 결함이든, 조종사의 실수든, 항로 안내자의 실수든, 혹은 그 밖에 무엇이든 포기하지 않고 사고의 원인을 찾는다. 일상 속 다른 우연들의 경우에도 마찬가지다. 우리가 거리에서 누군가를 우연히 만난다면, 우리는 곧바로 그 만남의 원인을 댈 수 있다. 즉, 언제 집에서 나왔고, 어떤 길을 걸었고, 어디에서 진열창을 보느라 시간을 지체했는지 등등을 말할 수 있다. 상대방도 똑같이 할 수 있다. 그런 방식으로 우리가 왜 '우연히' 같은 시각에 이 특정한 장소에 와서 서로 만났는지 설명할 수 있다. 그러므로 일상과 고전물리학 속의 우연은 겉보기 우연이다. 독일 물리학자 하이젠베르크는 그것을 '주관적' 우연이라고 표현했다. 그 표현이 의미하는 것은, 어떤 특정한 사건이 순전히 우연적인 것으로 보이는 이유가 오직 우리의 일시적인 무지에, 즉 주관적인 무지에 있다는 것이다. 그러나 실제로 그 사건에는 잘 정의된 원인이 있다.

 양자물리학에서도 사정이 같을까? 개별 입자의 행동을 정확히 서술하는 심층적인 설명이 실제로 존재할 수 있을까? 그런 정확한 서술이 있다면, 양자물리학에서도 우연은 우리의 무지에서 비롯된 순전히 주관적인 우연일 것이다. 그러나 그런 서술이 존재하지 않는다면, 우리는 무언가 질적으로 전혀 다른 상황을 만난 것이다. 만일 그렇다면, 그것은 양자역학적 개별 사건을 서술하는 것이 원리적으로 불가능하다는 말이다. 그것은 입자 자신조차도 자신이 영사막 상의 어느 지점에 왜 도달하는지 '모른다'는 것을 의미한다. 그런데 다른 의견을 가진 사람들도 있다. 만일 각각의 개별 입자에 대해서 사정이 그러하다면, 그것은 개별 입자가 가진 우리에게 아직 알려지지 않은 어떤 속성들에서 비롯된 일일 것이라고 그들은 주장한다. 그 알려지지 않은 속성들이 입자가 영사막의 어느 지점에 도달할지를 결정한다는 것이다. 실제로 이른바 숨은 변수라고 불리는 그런 속성들을 찾아야 한다고 주장하는 물리학자들이 있었고 현재에도 여전히 있다. 그런 숨은 변수를 도입해서 이론을 구성하는 시도들도 있었다.

　재미있게도, 그런 숨은 변수들을 생각해 보는 것은 가능하나, 그 숨은 변수들은 수용하기 매우 어려운 기묘한 속성들을 가져야 한다. 간단히 말해서 그런 숨은 변수들은 국소적이지 않아야 한다. 한 입자의 행동이 마치 귀신에게 조종되듯 동일한 시점에 멀리 떨어진 장소에서 일어나는 일에 의해 결정되어야 한다. 이 비국소성 문제에 대해서는 더 정확한 논의가 필요하다. 우리는 나중에 그것을 논의하게 될 것이다. 아무튼 궁극적으로 중요한 것은 어떤 설명이 더 단순하고 명확한지일 것이다. 숨은 변수들을 가정한 설명이 더 단순하고 명확한지, 아니면 숨은 변수들이 없는 설명이 더 단순하고 명확한지가 관건일 것이다. 만일 우리가 숨은 변수를 추가하지 않아도 추가했을 때와 다름없이 많은 것을 설명할 수 있다면, 숨은 변수들은 불필요하다.

　또한 개별 사건이 객관적으로 우연적이라는 것을, 즉 그런 숨은 설명이 없다는 것을 지지하는 다른 증거들도 있다. 그 증거들은 양자물리학에서 (고전물리학에서와 달리) 완전히 새로운 역할을 하는 정보와 관련 있다. 그러므로 정보에 관해서 약간 논의할 필요가 있다. 우리는 한참 전에 우리가 지금 우리 앞에 책이 있다고 말할 수 있는 이유를 분석해 보았다. 그렇게 말하기 위해서는 매우 다양한 정보들을 수용하고 처리해야 한다. 그 정보를 바탕으로 우리는 대상의 그림을, 즉 실재의 한 부분의 그림을 구성한다. 이때 분명한 것은, 우리 앞에 놓인 것이 실제로 책이라는 것을 확실히 알기 위해 우리가 많은 정보를 수용해야 한다는 것이다. 그러므로 정보가 무엇을 의미하는지, 정보가 실제로 무엇인지 이야기해 보자. 책에 관한 간단한 진술을 예로 들어 보자. 자, 다음과 같은 진술이 있다: 이 책은 한국어로 씌어 있다. 이 진술은 우리의 책에 대해서는 분명히 참이다.

당연히 한국어로 쓰이지 않은 책들이 있고, 그 책들에 대해서는 위의 진술이 거짓이다. 그러므로 위 진술의 진리값에 대해 이야기할 수 있다. 그 진술은 '참'이거나 '거짓'일 수 있다. 우리의 책에 대해 진술할 경우, '이 책은 한국어로 씌어졌다'는 진리값 '참'을 가진다. 일반적으로 우리가 이 책에 대해 하는 모든 각각의 진술은 참이거나 거짓이다. 그리고 우리가 한 대상에 대해 가진 정보는 다름이 아니라 그 대상에 대한 진술들의 집합이다.

이제 자명한 것은, 우리가 책에 관해 서술하려면 많은 정보가 필요하다는 것이다. 이때 중요한 문제는 우리의 서술이 얼마나 완벽해야 만족스러운가이다. 서점에서 책을 주문할 수 있을 만큼 책에 대해 서술하려면 책의 제목과 경우에 따라서 저자를 아는 것으로 충분하다. 그것은 적은 정보이다. 그러나 그것으로 책이 완전히 서술되는 것은 아니다. 책은 여러 종이에 인쇄될 수 있고, 한 페이지에 실리는 활자의 수도 다를 수 있고, 당연히 활자의 배열도 다를 수 있다. 더 나아가 우리가 책을 정말 완벽하게 서술하고자 한다면, 문제는 훨씬 더 복잡해진다. 즉, 어떤 원자가 책 속의 어느 위치에 있는지 우리가 알고자 한다면 말이다. 이 경우에 우리에게는 엄청난 정보가 필요하다. 이는 고전물리학이나 일상 경험의 대상의 경우 우리가 그 대상을 정말 완벽하게 최후의 원자까지 서술하려면 매우 많은 정보가 필요하다는 것을 의미한다. 그 정보의 양은 엄청나게 많아서, 그런 대상을 완벽하게 서술하는 일은 아마 결코 성취될 수 없을 것이다.

그러나 우리가 지금 관심을 가지는 것은 광자와 같은 매우 작은 대상이다. 그런 대상의 행동을 서술하기 위해서는 얼마나 많은 정보가 필요할까? 질문을 약간 바꿔 보자. 계가 지닐 수 있는 정보의 양은 계의 크기에 따라 어떻게 달라질까? 우리는 이 질문을 약간 더 다듬어야 한다. 분명 작은 대상들은 큰 대상보다 더 적은 정보로 서술될 것이다. 작은 대상이 대변하는 정보는 더 적을 것이다. 우리의 계가 점점 작아진다면, 분명 그 계를 서술하기 위해 필요한 정보도 점점 줄어들 것이다.

그런데 이 점은 우리의 이중 슬릿 실험과 관련해서 무엇을 의미할까? 대략적으로 말해서, 이중 슬릿을 통과하는 광자는 매우 적은 정보만을 가질 수 있다. 그 정보는 그 입자가 어느 슬릿을 통과하는지를 확정하든지, 아니면 간섭무늬가 만들어지도록 확정할 수 있다. 어느 것을 확정하는지는 실험 장치에 달려 있다. 그러나 어느 것이 확정되든 상관없이, 그 개별 입자는 자신이 영사막의 어느 지점에 도달할지에 대한 추가 정보를 지닐 수 없다. 그것은 순전히 우연적이어야 한다. 그 정보가 숨어 있을 수도 없다. 왜냐하면 숨은 정보도 그 입자가 지닌 정보이기 때문이다. 그러므로 개별 입자가 내놓는 대답, 즉 그 입자가 발견되는 장소는 순전히 우연적일 수밖에 없다. 이 설명에 따른다면, 양자물리학에서 우연은 우리가 너무 어리석어서 개별 사건의 원인을 모르기 때문에 등장하는 것이 아니라,

개별 사건에 대한 원인이 전혀 없기 때문에, 입자가 영사막의 어느 지점에 도달할지에 대한 정보를 전혀 가지고 있지 않기 때문에 등장한다. 양자물리학에서 우연은 주관적인 우연이 아니다. 그 우연은 우리가 아는 것이 너무 적어서 생기는 것이 아니라, 객관적인 우연이다. 하이젠베르크가 지적했듯이, 중요한 것은 우리의 무지가 아니다. 오히려 개별 사건이 일어나기 전에는 자연 자체가 전혀 확정되어 있지 않다. 여기에서 우리는 **정보**가 양자역학에서 핵심적인 역할을 한다는 것을 알 수 있다. 책이 진행되는 동안 우리는 양자물리학이 정보의 과학이라는 것을 더 자세히 배우게 될 것이다.

아인슈타인은 일생 동안 우연이 양자물리학에서 하는 역할을 못마땅하게 여긴 것이 분명하다. 그는 그 불만을 "신은 주사위 놀이를 하지 않는다"라는 말로 표현하기도 했다. 이에 보어는 전능하신 신께 지시를 내리는 일을 그만하라고 응수했다. 양자역학을 정보의 과학—알려질 수 있는 것에 관한 과학—으로 보는 우리의 새로운 시각에서 바라보면 우연은 매우 자연스럽게 설명된다. 또한 그 우연은 필연적이며 불가피하며 아인슈타인이 원한 것처럼 막을 수 없다. 우리는 나중에 이 점을 다시 논할 것이다.

II 새로운 실험, 새로운 불확실성, 새로운 질문

"말할 수 없는 것에 대해서는 침묵하라." — 비트겐슈타인

1 입자에서 쌍둥이로

우리는 양자역학이 우리를 근본적으로 갈림길 앞에 세워 놓았다는 것을 배웠다. 우리는 지금도 그 갈림길을 우회할 수 없다. 이중 슬릿 간섭무늬와 입자가 거친 경로에 대한 정보를 동시에 얻는 것은 불가능하다. 하지만 어떻게 해서든 트릭을 써서 자연을 속일 수는 없을까? 혹시 어떤 미묘한 방법을 써서 그 둘을 동시에 얻을 수 없을까? 위에서 우리는 이중 슬릿을 지나는 입자 각각을 관찰할 때 불가피하게 큰 방해가 일어나 간섭무늬가 사라진다고 주장했다. 하지만 혹시 입자를 방해하지 않으면서 관찰할 수는 없을까, 혹은 입자와 직접적으로 상호작용하지 않으면서 입자가 거치는 경로에 대한 정보만 얻는 방법은 없을까? 그 방법을 실제로 모색한 사고실험 하나를 분석해 보자. 그 사고실험은 1985년에 호르네Michael A. Horne에 의해 고안되었다. 핵심적인 문제는, 우리가 입자와 직접 상호작용하지 않으면서, 입자를 방해하지 않으면서 입자의 경로에 대한 정보를 얻을 때, 여전히 간섭무늬가 나타날지 여부이다.

항상 두 개의 입자를 방출하는 광원이 있다고 해 보자. 그 광원은 입자를 매우 흥미로운 방식으로 방출한다. 한 입자가 특정한 방향으로 날아가면 다른 입자는 정확히 반대 방향으로 날아가는 것이다. 하지만 개별 입자가 날아가는 방향은 정해져 있지 않다.

이 광원 한편에 이중 슬릿이 있다고 가정해 보자(그림 4). 우리는 이중 슬릿 너머에 있는 영사막에서 간섭무늬를 보게 될까? 일단 그렇게 생각해야 할 것이다. 왜냐하면 광선 앞에 두 개의 슬릿, 즉 두 갈래 길이 주어졌기 때문이다.

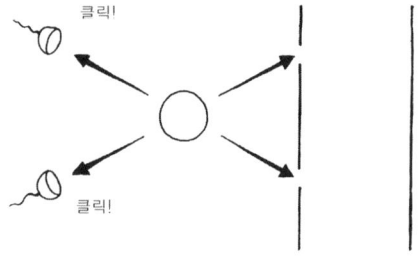

〈그림 4〉 광원이 입자쌍들을 방출한다. 입자가 날아가는 방향은 우연적이지만, 쌍을 이루는 두 입자는 항상 서로에 대해 반대 방향으로 날아간다. 오른쪽으로 날아가는 입자 1에 대해서 우리는 이중 슬릿 장치를 설치한다. 따라서 입자 1이 택할 수 있는 경로는 둘이다. 왼쪽으로 날아가는 입자 2에 대해서 우리는 언제 광원으로부터 광자가 방출되는지 측정하기 위해 탐지 장치를 설치할 수 있다. 왼쪽 아래에 있는 탐지 장치가 입자를 탐지하여 '클릭' 소리를 내면 쌍둥이 입자가 위 슬릿을 통과했음을 알 수 있다. 왼쪽 위에 있는 탐지 장치가 '클릭' 소리를 내면 쌍둥이 입자는 아래 슬릿을 택한 것이다.

이 실험에 관한 논의는 이미 많은 사람들을 잘못 인도하여 아인슈타인이 옳고 양자물리학에 무언가 허점이 있다고 믿게 만들었다. 나는 지난 수년 동안 이 실험에서 간섭무늬와 입자가 거치는 경로에 대한 정보를 동시에 얻을 수 있다고 주장하는 편지와 이메일들을 받았다. 그 주장들을 살펴보자.

우리는 지금까지 입자 2를 언급하지 않았다. 그림 4에서 입자 2는 아무 일도 하지 않고 조용히 왼쪽으로 날아간다. 이때 우리는 입자 2를 위에서 관찰할 수 있는지 아래에서 관찰할 수 있는지 조사할 수 있다. 간단히 두 광선의 경로에 두 개의 탐지 장치를 놓고 어떤 탐지 장치에 입자가 탐지되는지 확인하면 된다. 우리는 탐지 장치 각각을 스피커에 연결하여 선명하게 "클릭" 소리가 나도록 만들 수도 있을 것이다. 위에 있는 탐지 장치가 소리를 낸다면, 입자 2가 위쪽 길을 거친 것이다. 이는 이중 슬릿을 통과한 입자 1에 대해서는 무엇을 의미할까?

여기에서 우리는 두 입자가 서로 관련되어 있는 방식을 이야기해야 할 것이다. 앞에서 우리는 광원의 특성 때문에 두 입자가 항상 반대 방향으로 날아가게 되어 있다고 말했다. 그 주장을 말로만 할 것이 아니라, 실험을 통해 쉽게 구현할 수도 있다. 그런 특성을 지닌 광원은 실제로 존재한다. 만일 입자 2를 탐지하는 위쪽 탐지 장치가 클릭 소리를 낸다면 입자 1이 아래 경로를 거쳤음을, 즉 아래 슬릿을 통과했음을 우리는 안다. 사정이 항상 그렇다는 것을 쉽게 검증할 수 있다. 만일 입자 1과 입자 2가 날아가는 경로에 모두 탐지 장치를 놓는다면, 입자 1을 탐지하는 위쪽 탐지 장치가 입자 2를 탐지하는 아래 탐지 장치와 항상 함께 클릭 소리를 내는 것을 확인할 수 있다. 반대로 입자 2를 탐지하는 아래쪽 탐지 장치가 클릭 소리를 내면, 입자 1이 위쪽 길을 거쳤음을 우리는 안다. 우리는 이런 방식으로 입자 1을 방해하지 않으면서, 그것이 이중 슬릿을 통과할 때 거친 길을 확인할 수 있을 것처럼 보인다. 즉, 이 경우에 간섭무늬가 나타나지 않을 합리적인 이유는 없어 보인다. 따라서 우리는 운 좋게 둘 다 얻을 것이다. 우리는 입자 1이 만든 간섭무늬를 얻을 것이고, 뿐만 아니라 입자 2가 거친 경로를 알고 따라서 입자 1이 거친 경로를 알 것이다. 그렇다면 이제 우리는 두 가지 정보를 동시에 손에 넣음으로써 양자역학의 한계를 극복한 것일까? 아니면 우리의 사고실험에 무언가 미묘한 허점이 있는 것일까?

늘 그렇듯이 이런 경우에는 양자물리학 자신이 해답의 실마리를 제공한다. 우리가 실험 속의 광원에게 부과한 두 조건은 매우 흥미롭게도, 또한 분명히 드러나지 않지만, 서로 모순적이다. 우리가 부과한 조건에 따르면, 광원은 입자 두 개를 정확히 반대 방향으로 방출해야 하고, 우리는 입자 1이 만드는 간섭무늬를 영사막에서 얻을 수 있어야 한다. 왜 이 이중의 조건이 모순적이라는 것일까?

먼저 우리가 간섭무늬를 볼 수 있어야 한다는 당연한 조건이 광원의 크기를 어떻게 제한하는지 살펴보자. 우리가 적당한 크기의 광원을 가지고 있고, 간섭무늬를 관찰한다고 가정하자. 간단히 그림 3에서 입구 슬릿 대신에 커다란 광원이 있다고 생각할 수 있을 것이다. 광원의 각 점에서 빛이 방출될 것이며, 각 점에서 출발한 빛은 적당한 시간 후에 간섭무늬에 도달할 것이다. 이때 줄무늬는 좁은 슬릿이 있을 때와 약간 달라질 것이다. 왜냐하면 빛이 출발하는 위치가 약간씩 다르기 때문이다. 우리가 그림 3의 입구판을 더 위로 혹은 더 아래로 옮기면 간섭무늬가 어떻게 달라질지 생각해 보자. 입구 슬릿을 위로 옮기면 간섭무늬는 약간 더 아래에 생기고, 반대로 입구 슬릿을 아래로 옮기면 간섭무늬는 약간 더 위에 생길 것이다. 그러므로 커다란 광원이 있을 경우에는, 광원의 다양한 점들로 인해 생기는 간섭무늬들이 전부 중첩될 것이다. 우리는 광원의 모든 점들에 의한 간섭무늬들을 전부 합친 무늬를 얻게 된다.

이제 매우 흥미로운 한 가지 사실을 살펴보자. 만일 광원이 충분히 크다면, 광원의 특정 점들로 인해 밝은 줄이 생기는 지점이 다른 점들로 인해 어두운 줄이 생기는 지점과 정확히 일치할 수 있다. 그렇게 되면 여러 점들로 인한 간섭무늬들이 서로 상쇄될 것이다. 그러므로 만일 광원이 너무 크면, 비록 광원의 각각의 점에 대해서 간섭무늬가 생기지만, 모든 점들에 대한 모든 줄무늬를 전부 합하면 무늬가 완전히 상쇄된다고 결론지을 수 있다. 다시 말해서, 간섭무늬를 보기 위해서는 광원이 간섭무늬의 두 줄 사이의 거리보다 작아야 한다. 정확히 말하자면, 광원이 작을수록 줄무늬가 더 선명하게 생겨난다. 광원이 두 줄 사이의 거리보다 작지만 그래도 점보다 크다면, 줄무늬의 어두운 곳들이 완전히 검지 않고 약간 뿌옇게 보인다. 하지만 우리에게 중요한 것은, 하여튼 간섭무늬를 보기 위해서는 광원이 두 줄 사이의 거리보다 반드시 작아야 한다는 것이다. 여기에서 우리는 논의를 단순화하기 위해 광원에서 이중 슬릿까지의 거리가 이중 슬릿에서 영사막까지의 거리와 같다고 가정했다.

한편 광원이 두 입자를 반대 방향으로 방출해야 한다는 조건은 광원의 크기를 어떻게 제한할까? 이를 알아보려면 어느 정도 기본 지식을 갖추고 무엇보다 하이젠베르크의 불확정성원리에 친숙해져야 한다. 하이젠베르크는 현대 양자물리학의 창시자 중 한 사람이다. 그는 이미 1928년에 두 개의 물리량을 동시에 임의로 정확히 측정할 수 없는 상황들이 있음을 밝혀냈다. 다음과 같이 더 정확하게 이야기할 수 있다. 두 개의 물리량이 애초부터 임의로 정확하게 확정되지 않아서 사태가 어떠한지 알 수 없는 상황들이 있다.

하이젠베르크는 먼저 물리량 '위치'와 '운동량'에 대해서 그 사실을 증명했다. 위치의 측정이 무엇인지는 누구나 잘 알 것이다. 위치는 단순히 한 입자가 차지한 자리이다. 한편 운동량은 더 설명이 필요하다. 물리학에서 이야기하는 운동량은 입자의 속도와 질량의 곱이다. 일반적으로 입자의 질량은 변하지 않는다. 그러므로 운동량은 입자의 속도에 비례한다. 즉, 운동량은 입자가 얼마나 빠르게 어디를 향해 날아가는지에 의해 결정된다. 만일 입자의 속도가 광속에 가깝다면, 상황이 훨씬 더 복잡해진다. 그 경우에는 상대성이론을 고려해야 하기 때문에, 입자의 질량도 상수가 아니라 속도에 따라 증가한다. 그러나 지금 우리는 입자의 속도가 작아서 그런 특별한 행동은 무시해도 좋은 단순한 경우만을 고찰할 것이다.

하이젠베르크는 입자의 위치와 속도를 동시에 얼마나 정확히 측정할 수 있는지 물었다. 직관적으로 생각해 보면 상황은 간단하다. 우리가 선택할 수 있는 것은 둘 중 하나이다. 첫째, 우리는 입자가 있는 위치를 매우 정확하게 알아낸다. 그렇게 하면 입자의 속도는 불분명해진다. 둘째, 우리는 입자의 운동량, 즉 속도를 알아낸다. 이렇게 할 경우에 위치가 불분명해진다. 나중에 더 정확히 논하겠지만, 이것은 우리가 위치와 운동량을 정확히 측정할 수 없다는 것 이상을 의미한다. 양자물리학에 의하면, 한 입자의 위치와 운동량을 동시에 정확하게 결정하는 것은 근본적으로 불가능하다. 다시 말해 그 둘을 더 정확히 측정하는 것이 불가능할 뿐 아니라, 입자 자체가 더 정확한 속성들을 가질 수 없다. 즉, 우리가 입자의 위치를 매우 정확히 안다면 입자의 속도는 매우 불분명하게 결정된다. 다시 말해 입자 자체가 잘 정의된 속도를 가지지 않는다. 반대의 경우도 마찬가지다. 만일 입자가 매우 정확한 속도를 가진다면, 그 입자는 자신이 어디에 있는지 '모른다'! 더 완벽한 설명을 위해 위치와 운동량이 모두 3개의 성분을 가진다는 것을 고려하자. 우리는 공간의 세 차원 x, y, z에 해당하는 세 개의 방향을 기준으로 해서 위치를 확정한다. 마찬가지로 운동량도 세 성분을 가진다. 한 입자는 x방향이나 y방향이나 z방향으로 날아갈 수 있다. 전체 운동량은 그 세 운동량 성분의 합이다. 하이젠베르크의 불확정성원리는 이 세 방향 각각에 대해서도 성립한다. x방향의 위치 확정은 그 방향의 운동량 불확정을 의미한다. y와 z에 대해서도 마찬가지다.

그림 5는 그로부터 얻어지는 단순한 귀결을 나타낸다. 그림에는 한 개

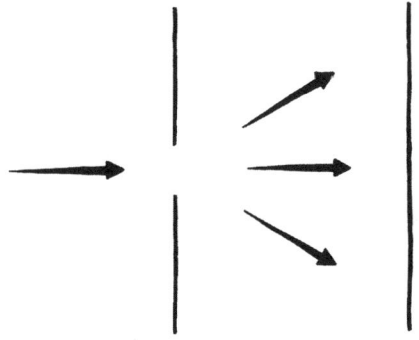

〈그림 5〉 빛이 왼편으로부터 좁은 슬릿으로 들어온다. 슬릿을 지나면서 빛은 더 이상 직진하지 않고 부분적으로 굴절된다. 이는 하이젠베르크 불확정성원리의 귀결이다. 그림에는 오직 세 개의 전파 방향만 표시되어 있다. 표시된 방향들 사이의 방향도 가능한 전파방향이다.

의 슬릿이 뚫린 벽이 있고, 왼쪽에서 입자가 들어와 슬릿을 통과한다. 그 입자의 운동량이 매우 정확하게 결정되어 있다고 가정하자. 입자는 벽에 대해서 정확히 수직으로 날아간다. 그런데 슬릿을 통과하면서 입자에게 매우 흥미로운 일이 일어난다. 슬릿을 통과하는 순간 입자의 위치는 확정

된다. 당연히 입자는 슬릿 어딘가에 있어야 한다. 정확히 말해서, 슬릿을 통과한 입자 각각에 대해서 우리는 그것이 슬릿을 통과했음을 안다. 그러므로 입자의 위치 불확정성은 슬릿의 크기보다 작다. 그렇다면 하이젠베르크의 불확정성원리에 의해서 입자의 운동량, 즉 속도는 더 이상 정확히 결정될 수 없어야 한다. 그림 5를 자세히 살펴보면, 날아가는 방향에 수직인 방향에 대해서만 입자의 위치가 확정되었음을 확인할 수 있다. 입자가 슬릿을 통과해야 한다는 것만 확정되어 있다. 그러므로 입자가 슬릿을 통과할 때, 비행 방향에 수직인 방향으로의 위치 불확정성은 슬릿의 폭에 해당한다. 한편 비행 방향과 나란한 입자의 위치는 전혀 확정되지 않았다. 실험적인 구조상 비행 방향에 나란한 입자의 위치는 전혀 규제되지 않았다. 그 방향으로 입자는 임의의 위치에 있을 수 있다. 따라서 우리는 오직 비행 방향에 수직인 방향으로만 어느 정도 위치 확정성을 가진다. 이는 비행 방향에 수직인 운동량이 불확정적이어야 함을 의미한다. 그림 5에 있는 여러 광선들이 그 사실을 표현한다. 속도는 운동량과 마찬가지로 방향이 있는 양이다. 결론적으로 입자는 그림 5에 표현된 것과 같이 여러 방향으로 날아갈 수 있다. 이 사실을 이렇게 다른 말로 표현할 수 있다. 입자의 수직 방향으로의 속도는 원래 0이었지만, 슬릿을 통과한 후에는 0이 아니라 슬릿의 크기에 따라 꽤 큰 값이 될 수 있다. 그림 5는 가능한 세 가지 경우를 표현한다.

 이제 우리는 다음과 같은 실험을 해 볼 수 있을 것이다. 슬릿에서 멀리 떨어진 곳 어딘가에 탐지 장치를 설치한다. 그 장치는 입자를 탐지하면 '클릭' 소리를 낸다. 우리는 그 소리를 바탕으로 입자의 속도를 계산할 수 있다. 우리가 꽤 위쪽에서 입자를 탐지한다면, 입자가 속도의 수직 성분을 얻어 위쪽으로 꽤 올라왔다는 것을 알 수 있다. 우리가 꽤 아래쪽에서 입자를 탐지한다면 그 입자가 아래를 향한 속도 성분을 가지고 있었음을 안다. 일부 독자는 슬릿을 통과한 개별 입자가 정확히 정의된 속도를 가지며 다양한 입자들이 슬릿과의 상호작용을 통해 다양한 크기의 속도를 얻을 것이라고 생각할 것이다. 그러나 그 생각은 오류이다. 사실 지금 이 상황은 우리가 이미 논한 이중 슬릿 실험과 똑같다. 입구 슬릿을 지난 입자는 이중 슬릿막에 있는 두 슬릿 중 하나를 통과할 수 있다. 이때 개별 입자가 두 길 중 어느 것을 선택할지는 정해져 있지 않다. 이를 더 정확히 분석해 보자. 우리가 강조하고자 하는 바는 어떤 입자도 측정 이전에는 잘 정의된 속도를 가지지 않는다는 것이다. 속도는 측정에 의해 비로소 출현한다. 우리가 탐지 장치를 특정 장소에 놓고 그 장치가 '클릭' 소리를 낼 때 입자는 잘 정의된 속도를 얻는다. 이는 당연히 우리가 측정의 역할을 신중하게 고려해야 한다는 것을 의미한다. 하지만 지금은 일단 쌍둥이 입자들을 방출하는 광원을 이용한 이중 슬릿 실험으로 돌아가자.

지금까지의 논의가 우리의 쌍둥이 입자 실험에 대해서 무슨 의미를 가질까? 우리가 던진 질문은 이것이었다. '두 입자가 서로 반대 방향으로 날아가야 한다는 조건은 광원의 크기에 대하여 무엇을 의미하는가?' 이 질문에 답하기 위해 먼저 슬릿이 하나만 있는 실험을 다시 생각해 보자. 하지만 이번에는 왼쪽에서 무엇이 날아드는지 우리가 모른다고 가정하자. 우리는 오직 탐지 장치를 통해서 개별 입자를 탐지한다. 개별 입자는 예컨대 슬릿을 통과하여 곧바로 날아갈 수 있다(그림 5). 이때 그 입자가 애초에 어디에서 왔다고 우리가 말할 수 있을까? 앞에서와 마찬가지로 입자가 슬릿을 통과해야 하므로 적당한 위치 불확정성이 있고, 따라서 운동량 불확정성도 있을 것이다. 그러므로 입자는 여러 방향에서 슬릿으로 날아온 후 곧바로 날아가 탐지 장치에서 클릭 소리를 만들 수 있다. 하이젠베르크의 불확정성원리 때문에 우리는 입자가 슬릿을 통과한 이후에 날아간 방향과 똑같은 방향에서 들어왔다고 확실히 말할 수 없을 것이다. 입자는 비스듬한 방향에서 날아왔지만 불확정성원리에 따라 탐지 장치에 도달했을 수도 있다. 이는 슬릿이 좁으면 좁을수록 우리가 입자가 애초에 어디에서 왔는지 더 불분명하게 안다는 것을 의미한다.

이는 우리의 광원에 대해서 무엇을 의미할까? 우리의 광원은 정해진 크기를 가진다. 광원의 크기는 슬릿의 크기와 똑같은 역할을 한다. 특정한

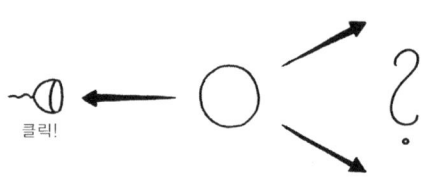

〈그림 6〉 광원(공 모양)이 원리적으로 서로에 대해 반대 방향으로 날아가는 입자쌍들을 방출한다. 그런데 광원이 충분히 작으면 왼쪽으로 날아가는 입자 2를 탐지하는 탐지 장치의 '클릭' 소리로부터 오른쪽으로 날아가는 입자 1이 어느 방향으로 날아가는지 항상 추론할 수 있을까? 입자 1은 반드시 정반대 방향으로 날아가야 할까, 아니면 그림에 표시된 여러 방향을 택할 수 있을까?

장소에서 우리가 입자 2를 탐지했을 때(그림 6) 우리는 입자 1의 방향에 대해서 무엇을 말할 수 있을까? 입자 1이 정확히 반대 방향으로 날아갔다고 말하는 것은 분명 불가능할 것이다. 왜냐하면 하이젠베르크의 불확정성원리에 의하면, 우리가 위치를 정확히 알면 운동량은 부정확해져야 하기 때문이다. 즉, 위치가 광원의 크기에 의해 결정되므로 운동량은 당연히

부정확하게 결정되어야 한다. 따라서 그림 6의 왼쪽에 있는 탐지 장치로 입자 2를 탐지한 것을 근거로, 입자 1이 오른쪽으로 날아가는 방향을 정확하게 추론하는 것은 불가능하다. 입자 1의 방향은 하이젠베르크 불확정성원리에 의해 제한된 다양한 방향들 중 하나일 수 있다. 그러므로 우리가 왼편에서 입자 2를 정확히 측정했을 때 그에 상응하는 입자 1은 여러 운동량들을 가질 수 있다.

그러므로 중요한 귀결은 이것이다. 광원이 작으면 작을수록, 우리가 입자 2를 측정하는 방향에 나란하게 날아간 입자 1의 운동량은 더 불분명해진다. 그 역도 성립한다. 우리가 입자 2를 탐지하여 입자 1의 운동량을 더 정확히 추론하려 할수록 광원은 더 커져야 한다.

이제 우리의 사고실험에서 가장 흥미로운 점을 설명하겠다. 우리가 실제로 그림 4의 왼쪽에 있는 입자 2를 탐지해서 입자 1이 오른쪽으로 어떤 경로를 취했는지 추론하려 한다면, 즉 입자 1이 두 슬릿 중 어느 것을 통과했는지 추론하려 한다면, 광원의 크기가 최소값 이상이어야 한다. 왜냐하면 광원이 너무 작을 경우에는 예를 들어 우리가 입자 2를 위쪽 광선에서 탐지했다 할지라도 대응하는 입자 1이 아래 슬릿을 통과했는지 확실히 알 수 없기 때문이다. 그러므로 확실한 것은, 광원이 작으면 작을수록, 우리가 탐지한 입자 2의 위치로부터 입자 1이 오른쪽으로 어느 경로를 택했는지 점점 더 알 수 없게 된다는 것이다.

그런데 앞에서 우리는 간섭무늬가 생기려면, 광원이 너무 크면 안 된다는 것을 확인했다. 마찬가지로 우리가 입자 2를 측정함으로써 입자 1이 어떤 슬릿을 통과했는지 추론하기 위해서는 광원이 너무 작으면 안 된다는 것을 알게 되었다. 그러므로 우리는 서로 대립하는 두 조건의 제약을 받게 되었다. 그 두 조건을 어떻게 조화시킬 수 있을까? 물론 우리가 여기에서 상술하지 않는 수학적 계산을 통해 증명해야 하는 일이지만, 실제로 이 특별한 상황에서는 우리가 방금 예측한 행동이 그대로 일어난다. 우리가 입자 2를 측정함으로써 입자 1이 통과한 슬릿을 정확하게 결정할 수 있을 만큼 광원이 크다면, 간섭무늬는 완전히 사라진다. 반대로 광원이 충분히 작아서 간섭무늬가 유지된다면, 입자 2의 측정 결과를 토대로 입자 1의 경로에 대해 말하는 것은 불가능하다.

물론 중간 단계들도 있다. 광원의 크기가 중간이라면 희미한 간섭무늬가 생기고, 입자 2를 측정함으로써 입자 1이 어느 경로를 택했는지 대략적으로 추론할 수 있다. 그러나 그 추론은 궁극적인 확실성에 도달하지 못하고, 정해진 개연성 안에서만 가능하다. 흥미롭게도 임계상황은 광원의 크기가 인접한 두 간섭무늬 사이의 거리와 같을 때이다. 만일 광원이 그보다 훨씬 작다면 우리는 간섭무늬를 보게 되며, 훨씬 크다면 간섭무늬는 사라지고 우리는 입자의 경로를 결정할 수 있다. 광원의 크기가 정확히 두 간섭무늬 사이의 거리와 같다면, 우리는 밝은 회색과 어두운 회색이 섞인 매우 흐릿한 간섭무늬를 얻고 동시에 입자의 경로에 대해서도 약간의 정보를 얻는다. 그러나 그 정보는 불확실하다.

이것은 양자물리학에서 상보성 원리가 구체적으로 어떻게 작동하는지 보여주는 훌륭한 사례이다. 상보성은 보어에 의해 양자역학의 근본 개념으로 도입되었다. 우리는 지금까지의 논의를 통해 간섭무늬와 입자가 거치는 길에 대한 정보 사이에 성립하는 상보성을 확인한 것이다.

실험자는 서로 상보적인 관계에 있는 두 양 중 어느 것을 실제로 실험에서 관찰할지 결정할 수 있다. 단지 광원의 크기만 결정하면 된다. 우리가 이미 보았듯이 입자의 경로 및 간섭무늬의 상보성은 광원의 크기에 대한 서로 상반된 조건들과 연관되어 있고, 실험자는 그 조건을 조절할 수 있다. 다시 말해서 큰 광원을 쓸 것인지 여부를, 혹은 작은 광원을 쓸 것인지를 자유롭게 선택할 수 있다. 이처럼 상보성이란 한 실험에서 두 개의 조건을 동시에 만족시킬 수 없다는 것을 의미한다. 광원의 크기가 간섭무늬 사이의 거리보다 크면서 동시에 작을 수는 없다. 보어는 이 사실을 분명히 알고 있었다. 그래서 "어떤 두 개의 물리량이 있어서 그 두 양을 동시에 측정하는 장치를 만드는 것이 원리적으로 불가능할 때 그 두 물리량은 서로 상보적이다"라고 말했다. 우리가 살펴본 예는 서로 상보적인 물리량이 있음을 보여주는 간단한 경우이다.

우리는 여기에서 양자물리학이 자신의 일관성, 즉 무모순성을 스스로 담보한다는 또 하나의 흥미로운 사실을 알게 된다. 다시 말해서 양자물리학은 자기 속에서 모순이 발생하지 않도록 스스로 배려한다. 살펴본 예에서 우리는, 입자가 거친 경로와 간섭무늬 사이의 상보성을 보장하기 위해 하이젠베르크의 불확정성을, 즉 입자의 위치와 운동량 사이의 상보성을 이용했다. 입자가 거치는 경로와 간섭무늬는 어쩌면 동일한 동전의 양면인지도 모른다. 혹은 더 정확히 말하자면 상보성은 매우 의미심장한 양자물리학의 개념이다. 두 물리량이 상보적이라는 것은, 두 물리량에 관한 정보가 동시에 정확히 주어질 수 없다는 것을 의미한다. 이로써 우리는 정보가 핵심적인 역할을 하는 것을 다시 한번 보게 되었다. 앞으로도 우리는 반복해서 이 사실을 확인하게 될 것이다.

이미 살펴보았듯이, 큰 광원이 있을 때 우리는 입자 2를 관찰함으로써 입자 1이 이중 슬릿 장치에서 거치는 경로를 측정할 수 있고 간섭무늬를 관찰하지 못한다. 이때 본질적으로 중요하므로 강조해야 하는 것은 다음과 같은 점이다. 우리가 실제로 경로를 측정하는지, 즉 우리가 입자 2를 탐지하는 장치를 써서 입자 1의 경로를 확인하는지 여부는 전혀 중요하지 않다. 우리가 그렇게 할 수 있다는 것만이 중요하다. 관찰자가 측정을 하고 입자가 거친 경로에 대해 언급하는 등의 일은 전혀 중요하지 않다. 중요한 것은 우리가 입자의 경로를 측정할 수 있다는 사실이다. 그 가능성만으로도 간섭무늬는 사라진다.

이 점을 다음과 같이 명료화할 수 있을 것이다. 입자의 경로에 대한 정보가 우주 어디엔가라도 있는 한, 상보적인 양, 즉 간섭무늬는 잘 정의되지 않는다.

이제 도발적인 질문을 던져 보자. 혹시 커다란 광원으로도 간섭을 관찰하는 것이 가능하지 않을까? 그렇게 하려면 어떻게 해야 할까? 사실상 우리는 필요한 모든 것을 알고 있다. 우리가 방금 살펴보았듯이 간섭무늬는 경로에 대한 정보가 없을 때만 나타난다. 그러므로 입자가 거친 경로를 알아내는 것이 원리적으로 불가능하게 만들어야 한다. '원리적으로'라는 단서는 정보가 아무리 먼 곳에도 없다는 점을 강조한다. 다시 말해 그 정보를 얻는 것이 기술적으로 가능한지가 문제가 아니다. 지금 문제는, 만일 광원이 충분히 커서 입자 2가 입자 1의 경로 정보를 가지고 있다면 우리가 임의의 나중 시점에 입자 2를 측정함으로써 입자 1이 어느 경로를 취했는지 알아낼 수 있다는 것이다. 그 측정은 심지어 입자 1이 영사막에 도달하고 한참 후에 이루어질 수도 있다.

그러므로 이런 경우에는 입자 1이 간섭무늬를 만들어서는 안 된다. 만약 그런 간섭무늬가 생긴다면 우리는 다시 모순에 빠지기 때문이다. 우리는 임의의 나중 시점에 경로를 측정할 수 있다. 또 입자 2에 대한 측정은 입자 1이 영사막에서 이미 확인되고 한참 후에 이루어질 수도 있다. 그럼에도 불구하고 우리가 간섭무늬를 갖는다면, 그것은 지금까지의 원리가 무너진다는 것을 의미한다. 다시 질문을 던져 보자. 광원이 충분히 크다면 우리는 모든 입자들의 경로를 알 수 있을 것이다. 그럴 경우에도 간섭무늬를 얻는 것이 가능할까?

해결책은 의외로 간단하다. 우리는 입자 2가 보유한 경로 정보를 재생할 수 없도록, 말하자면 영구적으로 폐기해야 한다. 우리는 이미 그 방법을 알고 있다. 우리가 해야 할 일은, 입자 2가 지날 경로에도 입자 1에 쓴 것과 같은 종류의 이중 슬릿을 설치하는 것이다(그림 7). 이제 우리가 영사막에서 입자 2를 관찰하면, 그것이 위쪽 길을 거쳤는지 혹은 아래쪽 길을 거쳤는지 추론할 수 없다. 그러므로 우리는 입자 1이 어느 경로를 거쳤는지 추론할 수 없고, 따라서 입자 1의 간섭무늬가 출현할 수 있다. 간섭무

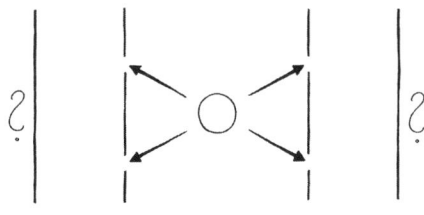

〈그림 7〉 이중-이중 슬릿 실험. 광원은 서로 반대 방향으로 날아가는 입자쌍을 방출한다. 입자 1은 오른쪽으로, 입자 2는 왼쪽으로 날아간다. 입자 각각에 대해 이중 슬릿 장치가 설치된다. 우리는 양쪽 모두에서 간섭무늬를 보게 될까?

늬가 존재하기 위한 필수적인 조건은 두 입자 각각이 거치는 경로에 대한 모든 종류의 정보가 폐기되어야 한다는 것이다. 그 정보는 우주 어느 곳에도 없어야 한다. 우리가 두 입자를 이중 슬릿을 지난 후에 측정한다면, 바로 그 조건이 충족된다. 왜냐하면 그 경우에는 두 입자에 대해 경로 정보가 전혀 없기 때문이다.

그런데 우리는 문제에, 혹은 심지어 모순에 부딪힌 것 같다. 우리가 입자 2의 도움을 받아 입자 1의 경로를 측정하면, 입자 1의 간섭무늬가 생기지 않는다. 하지만 우리가 입자 2를 이중 슬릿 속으로 보내면 입자 1의 간섭무늬가 생긴다. 그렇다면 입자 2에게 무슨 일이 일어나는지 입자 1이 안단 말인가? 어떻게 그럴 수 있는가? 뿐만 아니라 입자 2의 경로를 직접 측정할지, 아니면 이중 슬릿을 설치할지 임의로 나중에 결정할 수도 있다. 즉, 입자 1이 확인되고 한참 후에 입자 2에 대한 처분을 결정할 수 있다. 이를테면 오른쪽 영사막을 왼쪽 영사막보다 훨씬 가깝게 놓을 수 있다. 이렇게 나중에 이루어진 결정이 이미 확인된 입자 1의 무늬를 소급해서 바꾸는가? 우리가 입자 2의 경로에 이중 슬릿을 장치할지 여부를 결정하지 않는 한, 입자 1에 대한 간섭무늬는 존재하지 않아야 한다. 왜냐하면 우리의 규칙에 따르면 경로 측정이 아직 가능할 때에는 간섭무늬가 생기지 않아야 하기 때문이다. 하지만 우리가 이중 슬릿을 장치한다면, 간섭무늬가 생겨나야 한다. 이는 입자 1이 가지 말아야 할 곳들이, 즉 간섭무늬의 어두운 곳들이 입자 2에 대한 이중 슬릿을 장치함과 동시에 갑자기 생겨나는 것을 의미한다. 그러나 입자 1은 이미 오래 전에 컴퓨터에 기록되었을 수도 있다. 어쩌면 어느 실험자가 영사막에 생긴 흐릿한 얼룩을 이미 종이에 인쇄했을지도 모른다. 그 종이 위의 뿌연 얼룩이 뒤늦게 갑자기 줄무늬로 바뀌는 것은 분명 있을 수 없는 일이다.

이 혼란스러운 상황을 어떻게 이해해야 할까? 우리가 방금 배운 바에 따르면, 입자 1은 어떤 경우에도 간섭무늬를 나타내서는 안 된다. 왜냐하면 우리가 입자 2를 나중 시점에 관찰할 수 있기 때문이다. 다시 말해서 입자 1의 영사막은 항상 균질적인 회색이어야 하고 어둡고 밝은 줄무늬를 보여서는 안 된다. 그렇다면 간섭무늬는 절대로 등장할 수 없다는 말인가? 이 수수께끼를 푸는 것은 원리적으로 매우 쉽다. 입자 2에게 무슨 일이 일어나는지 우리가 관심을 두지 않는다면, 입자 1은 항상 균질적인 회색 얼룩을 만들어야 한다. 입자 2가 경로 정보 획득에 이용되는지, 혹은 그 경로 정보가 폐기되는지 입자 1은 모르는 상황이라고 할 수 있다. 하지만 우리가 입자 2의 진행방향에 이중 슬릿을 설치하고 그 너머의 한 지점에서 입자 2를 확인하는 순간, 우리는 그 입자의 경로를 모르게 된다. 마찬가지로 우리가 광원의 오른편 이중 슬릿 너머에서 입자 1을 확인하는 순간, 우리는 그 입자의 경로를 모르게 된다. 그러므로 이중 간섭무늬가 출현할 수 있다. 더군다나 두 입자의 간섭무늬가 전부 출현할 수 있다.

이런 일이 일어나게 하려면, 어떤 입자가 다른 편에서 기록된 어떤 입자의 쌍둥이 형제인지 정확히 측정해야 한다. 왜냐하면 우리가 쌍둥이 입자 쌍을 각각의 이중 슬릿 뒤에서 측정하면, 이 쌍둥이 입자에 대해서는 더 이상 경로 정보가 없기 때문이다. 이를 위해서는 시간을 정확히 측정해야 한다. 두 입자에 대해서 입자가 탐지되는 순간이 명시되는 탐지 장치를 사용해야 한다. 이런 방식으로 우리는 두 입자가 동시에 기록되고, 광원으로부터 탐지 장치까지의 거리가 같을 때 두 입자가 쌍둥이 입자라는 것을 알 수 있을 것이다.

이제 실험은 매우 간단하다. 우리는 왼편의 한 지점에 입자 2를 위한 탐지 장치를 고정시키고, 오른편에서 입자 1을 위한 탐지 장치를 옮겨가면서 측정을 한다. 간섭무늬를 유지하기 위해 우리는 많은 입자쌍을 사용해야 한다. 먼저 입자 1을 위한 탐지 장치를 특정 위치에 고정한 다음, 입자 2와 정확히 동시에 기록된 입자 1의 수를 센다. 이어서 입자 1의 탐지 장치를 약간 옮긴 후, 입자 2와 동시에 기록된 입자들이 얼마나 많은지 측정을 계속한다. 우리는 입자 1의 탐지 장치를 항상 조금씩 움직인다. 왜냐하면 어떤 장소에서는 매우 많은 입자가 기록되고 어떤 장소에서는 매우 적은 입자가 기록될 것이기 때문이다. 이렇게 하면 우리는 결국 입자 1의 간섭무늬를 얻게 된다! 즉, 정확히 동시에 기록된 입자쌍들의 밝고 어두운 줄무늬를 얻는다. 또한 우리는 동시에 기록된 입자들에 대해서는 경로 정보가 없다는 것을 안다. 어쩌면 입자들 자신도 그것을 아는 것 같다!

우리가 이중-이중 슬릿 실험에 대해 배운 것을 간추려 보자. 두 입자는 원래 광원으로부터 서로 반대 방향으로 방출되었다. 또 어떤 입자도 잘 정의된 방향으로 방출되지 않았다. 각각의 입자가 위 슬릿이나 아래 슬릿을 통과할지는 결정되어 있지 않았다. 한 입자를 직접 측정하면 그 입자의 방향이 확정되고 동시에 두 번째 입자의 방향도 확정된다. 이는 각각의 입자가 이중 슬릿에서 간섭무늬를 만들 수 없음을 의미한다. 왜냐하면 각각의 입자가 다른 입자의 경로 정보를 가지고 있기 때문이다. 반면에 두 입자를 이중 슬릿 뒤에서 측정하면 실제로 간섭무늬가 생겨날 수 있다.

그러나 측정을 실제로 수행해야 한다. 이중 슬릿 두 개를 설치하는 것으로는 불충분하다. 왜냐하면 한 입자가 다른 입자의 경로 측정이 이루어졌는지를 알지 못하기 때문이다. 이것은 우리가 나중에 더 자세히 살펴볼 얽힘(Verschränkung, entanglement)의 첫 번째 실례이다.

우리가 원래 제기했던 물음은, 경로 정보와 간섭무늬를 둘 다 얻을 수 있는가였다. 이제 대답은 매우 명쾌하다. 한 물리량(경로이든, 간섭무늬이든)에 대해 이야기하는 것은 그 양이 실제로 측정되고 그 측정이 다른 양의 측정을 불가능하게 할 때만 유의미하다(쌍둥이 입자의 경우에서처럼). 그 밖의 경우에는 그 양에 대해 아무 말도 하지 말아야 한다.

또 다른 흥미로운 점이 있다. 우리가 입자 2의 탐지 장치를 약간 옮겨놓는다면, 입자 1의 간섭무늬도 약간 옮겨질 것이다. 그런 식으로 입자 2의 탐지 장치의 위치에 따라 달라지는 입자 1의 무늬들을 전부 기록한다면, 그 무늬들이 모든 가능한 장소들을 차지할 수 있을 것이다. 그러므로 입자 1에 대한 관찰 결과를 모두 종합하면 간섭무늬가 없는 희미한 그림이 될 것이다. 이 그림은 우리가 입자 2를 관찰하지 않을 때 얻는 그림과 정확히 같다.

반대 방향으로도 당연히 같은 일이 성립한다. 우리가 입자 2의 간섭무늬를 보기 위한 조건은 입자 1의 경로 정보가 완전히 사라지는 것이다. 이는 입자 2를 이중 슬릿 장치로 보낼 때—광원이 충분히 큰 경우에는—우리가 입자 1에도 이중 슬릿 실험을 수행하지 않는 한, 간섭무늬를 관찰할 수 없다는 것을 의미한다. 입자 1에도 이중 슬릿을 설치하고 두 입자를 이중 슬릿 뒤에서 관찰할 때 우리는 비로소 입자 2의 간섭무늬를 볼 것이다.

물론 양쪽의 거리가 같아야 하는 것은 아니다. 예를 들어 입자 2의 이중 슬릿이 입자 1의 탐지 장치보다 훨씬 멀리 있어도 된다. 그럴 경우에 우리는 입자들을 짝지을 때 그 입자들이 동시에 출발해서 탐지 장치에 도달할 때까지의 시간 차이를 고려하기만 하면 된다.

매우 중요한 점이 또 하나 있다. 우리는 다음과 같은 근본적인 질문을 던질 수 있다. 오른편이나 위편에서 확인된 특정한 입자가 두 슬릿 중 하나를 통과했는가, 아니면 입자의 파동이 두 슬릿을 모두 통과했는가? 이 질문은 전적으로 정당해 보인다. 입자 1에 대해서는 모든 사건이 종료되고 기록되었다. 그러므로 우리는 입자 1이 이중 슬릿을 통과할 때 파동처럼 행동했는지, 혹은 입자처럼 행동했는지 입자 1 자신이 이미 '안다고' 순진하게 믿게 될 것이다. 그러나 문제가 있다. 이 질문에 대한 대답은 입자 2에서 무슨 일이 일어나는가와 관련된다. 입자 2가 이중 슬릿 뒤에서 측정된다면 입자 1에 대해서 파동을 이야기할 수 있지만 입자 2의 경로를 직접 측정한다면 우리는 입자 1에 대해서도 경로를 이야기할 수 있고, 그것도 입자 1이 확인되고 오랜 후에 할 수도 있다.

여기에서 우리는 무언가 매우 중요한 것을 알게 된다. 첫째, 이 두 입자는 분리할 수 없는 단일체를 형성한다. 입자쌍에 대한 측정이 완결되지 않은 한, 우리는 개별 입자의 실제 행동에 대해 어떤 해석도 할 수 없다.

둘째, 관찰된 개별 사건들은 우리가 어떤 해석을 하는지와 무관한 것으로 보인다. 입자들은 단순히 영사막의 특정 장소에서 기록된다. 그리고 우리가 어떤 해석을 할지는 개별 입자가 어디에 도달할지에 따라서가 아니라 입자 2에 대한 나중의 측정에 따라 결정된다. 이는 결국 우리가 관찰되는 결과들에만 집중한다면 아무 문제도 없다는 것을 의미한다. 관찰되는 결과들은 우리가 그것들을 어떻게 이해하려 하는지, 혹은 이해할 수 있는지와 무관하다. 문제는 우리가 해석을 하려고 할 때만 생겨난다. 우리가 방금 논의한 경우들에서 해석은 사후에만 만들 수 있는 그림이다. 입자 1 자체에게는 파동 그림도 입자 그림도 무의미하다. 우리가 그것에 대해 어떤 해석을 하려 하는지에 대해서 입자는 전혀 관심을 두지 않는다.

2 얽힘과 개연성

 이 실례가 발견된 것은 꽤 특이한 역사를 통해서이다. 나와 호르네는 이미 오래 전부터 나의 박사논문 지도 교수 라우흐Helmut Rauch, 트라이머 Wolfgang Treimer, 본제Ulrich Bonse가 1974년에 고안한 중성자 간섭계 연구에 몰두해 있었다. 꽤 무거운 입자인 중성자는 거의 모든 원자핵 속에 있고 핵반응을 통해 생산할 수 있다. 1985년 핀란드 요엔수Joensuu에서 이른바 아인슈타인-포돌스키-로젠 역설의 탄생 50주년을 맞아 학술회가 열렸다. 1935년에 아인슈타인은 젊은 동료 포돌스키와 로젠과 함께 매우 흥미로운 논문을 발표했다. 그 논문에서 아인슈타인은 물리적 실재에 대한 양자역학적 기술이 과연 완벽한지에 대하여 의문을 제기했다. 당시 아인슈타인은 나치 때문에 미국에 이주해 있었다. 그는 프린스턴 고등학술 연구소에서 그 두 젊은 동료와 연구하고 있었다. 아인슈타인과 포돌스키와 로젠(이하 약자로 EPR)은 위에 언급한 논문에서 우리가 앞에서 논의한 것과 유사한, 두 입자로 이루어진 계를 다루었다. 당시로서는 실현이 아직 불가능했기 때문에 EPR이 다만 사고실험으로 제안한 실험은 우리가 논의한 것과 약간 달랐다. EPR은 이중 슬릿 간섭에서 문제가 생기는 것이 아니라 위치 및 운동량 측정에서 문제가 생기는 입자쌍을 고안해 냈다. 그 경우에는 한 입자의 위치를 측정함으로써 두 번째 입자의 위치를 정확히 추론할 수 있고 한 입자의 운동량을 측정함으로써 두 번째 입자의 운동량을 정확히 측정할 수 있었다.

앞서 보았던 것과 정확히 같은 방식으로 여기에서도 모순을 얻을 수 있다. 예를 들어 우리가 한 입자의 위치를 측정하고 다른 입자의 운동량을 측정할 수 있다고 해 보자. 그런데 만일 두 입자가 서로 강하게 연관되어 있다면, 위의 가정은 우리가 각각의 입자에 대해서 위치와 운동량을 동시에 임의로 정확하게 알 수 있음을 의미할 것이다. 그것은 하이젠베르크의 불확정성원리에 위배된다. 이 수수께끼에 대한 해결책은 우리가 개념쌍 '경로 정보-간섭무늬'에 대해서 펼쳤던 논증을 개념쌍 '위치-운동량'에 대해 적용하면 얻을 수 있다. 즉, 우리가 한 입자의 운동량을 측정하면 다른 입자의 운동량도 확정되고, 따라서 그 입자는 잘 정의된 위치를 가지지 않는다. 반대로 우리가 한 입자의 위치를 측정하면 마찬가지로 다른 입자의 위치가 확정되고, 그 입자는 잘 정의된 운동량을 가지지 않는다. 실제 논증은 수학적으로 앞에서보다 약간 더 복잡하다. 왜냐하면 위치와 운동량은 임의의 값을 가질 수 있는 양, 이른바 연속 변수이기 때문이다. 그러나 두 상황은 개념적으로 동일하다.

나는 빈에서 중성자 광학과 중성자 간섭계에 대해 연구한 후에 미국 매사추세츠 공과대학에서 오랜 기간 동안 같은 연구를 했다. 가장 중요한 나의 동료 중 하나가 호르네였다. 어느 날 아침 그는 내게 아인슈타인-포돌스키-로젠 논문이 발표될 학술회의의 소식을 전해 주었다. 그의 질문은 매우 간단했다. '핀란드로 가겠나?' 우리는 둘 다 당연히 그 학술회에 참석하고 싶었지만, 그 모임에서 발표할 만한 업적이 없었다. 그러나 우리는 우리의 간섭계 — 즉, 이중 슬릿 실험도 포함한 간섭 연구 — 와 아인슈타인-포돌스키-로젠 역설이 무언가 관련이 있지 않을까에 대해 토론하기 시작했다. 그 단순한 발상은 매우 생산적인 연구 프로그램을 산출했다. 우리는 그 둘 사이에 실제로 관련이 있음을 발견했고, 우리가 앞에서 논한 실험을 발견했다. 우리가 앞에서 논한 쌍둥이 광자처럼 독특한 방식으로 서로 연결된 두 개 이상의 입자로 이루어진 양자역학적 계는 오스트리아의 물리학자 슈뢰딩거의 명명에 따라 얽힌 계라 불린다. 문제는 이 얽힘entanglement이라는 현상이다.

오스트리아의 물리학자 슈뢰딩거는 얽힘이 양자물리학의 본질적인 특성이라고 주장했다. 슈뢰딩거는 1926년에 파동역학을 통해서 양자 이론을 정식화했고 그 공로로 1933년에 노벨물리학상을 수상했다. 1935년 아인슈타인과 포돌스키와 로젠의 유명한 논문이 발표된 직후, 같은 해에 슈뢰딩거는 《자연과학》이라는 학술지에 〈양자역학의 현 상황〉이라는 제목의 논문을 발표했다. 분량 때문에 마치 신문의 연재소설처럼 3회에 걸쳐 게재된 그 논문에서 슈뢰딩거는 양자물리학을 해석하는 문제에 관한 자신의 입장을 제시했다.

얽힘을 논하는 가장 좋은 방법은 미국 과학자 봄David Bohm이 1952년에

〈그림 8〉 봄이 고안한 사고실험. 광원이 입자쌍을 방출하는데, 두 입자의 스핀은 항상 서로 반대이어야 한다. 그림에서 스핀은 특정 방향과 나란하면서 위 혹은 아래를 향하게 표시되어 있다. 그 방향은 전혀 확정되어 있지 않다. 그림은 오직 하나의 측정 결과를 보여준다.

제안한 실험을 언급하는 것이다(그림 8). 우리는 다시 한 개의 광원과 그 광원에서 서로 반대 방향으로 방출되는 한 쌍의 입자를 고려할 것이다. 하지만 이번에는 입자들이 그림 8 속의 두 방향으로만 날아가게 된다. 다른 방향들은 필요치 않다.

우리는 먼저 입자가 지닌 양자역학적 속성인 스핀을 설명해야 한다. 스핀은 고전물리학과 일상에서 각운동량과 비슷하지만, 몇 가지 다른 흥미로운 성질들을 가지고 있다. 직관적으로 말해서 각운동량은 한 물체가 축을 중심으로 회전하는 힘을 나타낸다. 예를 들어 우리가 제자리에서 맴도는 피겨스케이트 선수를 볼 때, 팔을 펴고 회전을 시작한 선수는 특정한 각운동량을 가지고 있다. 그 선수가 팔을 몸 쪽으로 당기면, 회전은 더 빨라진다. 이는 전체 각운동량이 그대로 유지되기 때문이다.

봄이 제안한 실험은 원리적으로 매우 간단하다. 그는 스핀, 즉 각운동량을 가지지 않은 입자를 출발점으로 삼았다. 그 입자는 매우 작은 스핀을 가지는 두 입자로 분열된다. 그 스핀은 회전축에 대해서 오직 하나의 값만을 가질 수 있다. 유일하게 달라질 수 있는 것은 회전 방향이다. 단순함을 위해 각각의 각운동량을 화살표로 나타낼 수 있을 것이다. 그 화살표는 우리가 고찰하는 가장 단순한 경우에 오직 회전축과 평행할 수밖에 없다. 화살표의 길이는 각운동량의 크기를 보여준다. 우리의 입자는 스핀이 가능한 최소값이므로 화살표는 크기가 고정되어 있고 단지 방향만 바뀔 수 있다. 양자역학적 스핀은 흥미롭게도 주어진 임의의 방향에 대해서 위나 아래일 수 있고 중간일 수 없다. 최소 스핀을 가진 임의의 입자는 측정할 경우 두 값 중 하나만을 가질 수 있다. 즉, 스핀의 크기는 정해져 있고 방향만 위나 아래일 수 있다. 이는 스핀이 측정 이전에 잘 정의되어 있었는지 여부나 어느 방향이었는지와 전적으로 무관하다. 우리가 실험에서 한 입자에게 '이 축에 대해서 너의 스핀은 얼마이지?'라고 물으면, 그 입자는 즉석에서 일정한 크기와 함께 '위' 혹은 '아래'라고 대답할 것이다.

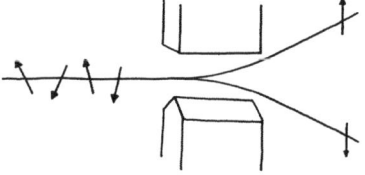

〈그림 9〉 스핀 측정을 위한 슈테른-게를라흐 실험. 다양한 방향의 스핀을 가진 입자들로 이루어진 광선이 비균질적인 자기장을 통과한다. 자기장은 그림에 표현된 전자석의 두 극에 의해 생성되고 한 극에서 다른 극으로 향한다. 양자물리학에 의하면, 광선은 두 개의 부분광선으로 갈라진다. 각각의 광선에 있는 입자의 스핀은 그림에서 표현된 방향을 가진다.

스핀은 물리학자 슈테른Otto Stern과 게를라흐Walter Gerlach의 이름을 딴 슈테른-게를라흐 실험(그림 9)에 의해 측정된다. 모든 스핀 방향을 가진 입자들로 이루어진 광선이 왼쪽에서 균일하지 않은 자기장 속으로 들어온다. 그런 자기장 속에서 스핀은 작은 자기 모멘트를 갖기 때문에 힘을 받아 방향이 바뀐다. 이때 양자역학에 따르면, 전에는 임의의 방향을 가질 수 있던 스핀들이 자기장 속에서의 측정에서는 오직 자기장에 평행이거나 반대로 평행인 방향을 가리키게 된다는 것이다. 이 상황은 우리가 앞서 던진 질문(이 축에 따른 네 스핀은 무엇이지?)을 물리적으로 구현한 것이라고 할 수 있다. 자기장을 통과한 입자는 두 광선—그림에 표현되어 있다—으로만 분리될 수 있다. 한 광선 혹은 스핀들은 자기장과 평행한 방향이며, 다른 광선 속의 입자들은 그 반대 방향으로 평행하다. 그림에서 자기장은 두 극 사이에서 위에서 아래로 놓여 있다.

사고실험에서 봄은 각운동량이 없는(즉, 스핀 0인) 입자가 두 개의 최소 각운동량을 가진 입자들로 분열된다고 가정했다. (양자물리학에 의하면 최소 각운동량은 플랑크 작용양자 h와 관련된다. 스핀의 단위는 $h/2\pi$이며 최소 스핀은 이 단위의 절반이다. 그래서 사람들은 1/2 스핀이라는 표현을 쓰기도 한다.) 다시 말해 봄의 사고실험에서 스핀 0인 입자 하나는 스핀이 1/2인 두 입자로 분열된다. 이제 광원에서 적당히 떨어진 곳에서 특정한 방향에 대한 두 입자의 스핀을 측정하면, 한 입자는 그 방향의 스핀을 가지고 다른 입자는 반대 방향의 스핀을 가질 것이다(그림 8). 이것은 양자물리학에서 각운동량이 보존되어야 한다는 원리의 귀결이기도 하다. 즉, 원래 각운동량은 입자가 쪼개진다 할지라도 새로운 두 입자에 전달되어야 한다. 그러므로 두 입자의 각운동량의 총합은 0이 되어야 한다.

두 입자의 스핀이 서로 반대여야 한다는 말에는 전혀 특별한 점이 없어 보인다. 그러나 그 두 스핀이 어느 방향에 나란해야 하는지를 물어보면 심각한 문제가 드러난다. 원래 입자는 각운동량을 가지고 있지 않았으므로, 특정 방향이 다른 방향보다 선호될 이유는 없다. 그러므로 합리적일 것 같은 가정은, 광원이 다양한 방향의 스핀을 가진 입자쌍들을 방출하리라는 것이다. 처음 몇 쌍에서 한 입자의 스핀은 어떤 특정한 방향을 향하고, 다른 입자의 스핀은 당연히 그 반대를 향하며, 다음 몇 쌍에서는 스핀이 또 다른 방향과 그 반대 방향이 되고, 또 다음 몇 쌍에서는 또 다른 방향이 되는 식으로 말이다. 또한 모든 방향들이 골고루 선택되도록 이런 일이 일어날 것이다.

그러나 이렇게 단순해 보이는 모형이 스핀의 양자역학적 본성의 기반에 있는 문제들을 부각시킨다. 예를 들어, 광원으로부터 방출된 많은 입자들 중에서 그림 8에서처럼 스핀이 위와 아래인 입자들을 취한다고 해 보자. 그리고 우리가 이 입자들을 상대로 다른 측정을 한다고 해 보자. 이를테면 그림 8이 인쇄된 종이 표면에 수직인 방향에 대해서 입자들의 스핀이 얼마냐고 묻는다면, 언뜻 보기에는 측정된 스핀이 0이 되어야 할 것 같다. 새로운 축은 이전 축에 수직이니까 말이다. 그러나 그것은 앞서 언급한 근본 규칙에 어긋난다. 모든 임의의 방향에 대한 측정에서 스핀은 위이거나 아래여야 한다. 또한 모든 실험에서 곧바로 입증할 수 있는 두 번째 원리는 원래 스핀이 측정된 방향과 다시 새롭게 측정된 방향이 서로 수직이라면, 각각의 입자가 새로운 방향의 혹은 반대 방향의 스핀을 가질 확률은 50대 50이라는 것이다. 따라서 우리는 이 50대 50의 확률로, 왼쪽 입자의 스핀이 종이 속으로 들어가거나 종이에서 나오는 방향이라는 대답을 얻을 것이다. 또한 왼쪽에 있는 입자에 대해서도 사정이 완전히 동일할 것이다. 그 입자에 대해서도 스핀은 50대 50의 확률로 그림에서 나오거나 그림으로 들어가는 방향일 것이다. 이제 우리는 매우 흥미로운 결론에 도달한다. 우리는 두 입자의 스핀이 모두 그림에서 나오는 방향이거나 모두 그림으로 들어가는 방향일 것으로 기대할 수 있다. 다시 말해 두 스핀이 동일하다고 생각할 수 있다. 그러나 그것은 앞에서 언급했듯이,

임의의 방향을 기준으로 측정을 할 때마다 두 스핀이 항상 반대여야 한다는 근본적인 사실에 모순된다. 그러므로 우리의 생각에 어딘가 허점이 있는 것이 틀림없다.

양자물리학의 대답은 무엇일까? 스핀의 입장에서는 그 어떤 방향도 특별하지 않다는 의미에서 양자물리학의 대답은, 스핀이 따르는 방향은 입자가 방출되는 시점에 아직 확정되지 않았다는 것이다. 다시 말해서 측정되기 이전에는 두 입자 중 어느 것도 스핀을 지니지 않는다. 하지만 한 입자가 임의의 방향으로 측정되면, 그 입자는 우연적으로 두 가능성 중 하나를 취한다. 즉, 그 방향에 대해서 평행이거나 반대 방향으로 평행인 스핀을 얻는다. 이때 다른 입자는 얼마나 멀리 떨어져 있든 상관없이 정확히 반대 스핀을 얻을 것이다. 따라서 지금 우리가 이미 아는—각각의 스핀 측정에서 매번 일어나는—순수한 혹은 객관적인 우연 외에도, 무언가 새로운 것을 추가로 보게 되었다. 한 입자에 대한 측정이 다른 입자의 상태를 자동적으로 결정하는 경우를 본 것이다. 또한 우리는 앞에서 두 입자가 측정한 스핀을 측정 이전에도 가진다고 가정하는 것은 오류라는 것을 배웠다. 왜냐하면 스핀을 측정할 방향을 우리가 최후의 순간에 결정할 수 있기 때문이다. 우리가 어느 방향을 결정할지 광원도 방출된 입자도 알 수 없다. 그러므로 광원에서부터 스핀을 잘 정의할 수 있는 길이 있다면, 그것은 오직 모든 방향의 스핀을 가진 입자들의 집단을 상정하는 방법뿐일 것이다. 그러나 이미 논했듯이 그런 모형은 오류이다.

이것이 슈뢰딩거가 소개한 얽힘 현상이다. 그는 이것이 양자물리학의 본질적인 특성과 관련된다고 말했다. 놀랍게도 우리가 일정한 방향에 따라 두 입자의 스핀을 측정하면 두 측정 결과는 100퍼센트 상관됨에도 불구하고, 개별 입자의 스핀은 전혀 확정되지 않는다. 그러므로 우리는 먼 거리를 사이에 두고 서로 완벽하게 연결된 두 개의 우연적인 사건을 가지게 된 것이다. 아인슈타인은 이를 '도깨비 같은 원거리 작용'이라고 표현하면서, 더 심층적인 설명을 할 수 있을 것을 기대했다. 그런 깊은 설명으로 어떤 것이 있을 수 있을까?

고전물리학이나 일상에도 완벽한 상관Korrelation이 있다. 측정된 양들이 어떤 식으로든 연결될 때 우리는 그것들이 상관되어 있다고 이야기한다. 예를 들어 가족의 수입과 그 가족이 사는 집의 크기 및 가치 사이에는 강한 상관이 있다. 100퍼센트의 혹은 1대 1의 대응이 있을 때 우리는 완벽한 상관이 있다고 이야기한다. 일상 속의 완벽한 상관의 예는 일란성 쌍둥이다. 그런 쌍둥이는 똑같은 머리색과 눈색을 가지며 얼굴 형태가 같고 지문도 같다. 두 쌍둥이는 모든 물리적인 특징에서 동일하다. 심지어 정신적인 특징에서도 처음에는 서로 같은데 성장 과정에서 다양한 차이들이 비로소 출현한다는 주장도 있다.

우리는 오늘날 쌍둥이의 이 완벽한 상관의 원인이 무엇인지 안다. 그것은 일란성 쌍둥이가 동일한 수정란에서 나왔기 때문이다. 그러므로 일란성 쌍둥이는 동일한 유전정보를 가지고 있다. 쌍둥이는 머리색이나 눈색 등을 결정하는 유전자를 똑같이 가지고 있다. 그런데 쌍둥이에서 그리고 일상의 대부분에서 두 계의 완벽한 상관은, 두 계가 동일한 속성들을 가지도록 산출되거나, 최소한 두 계의 속성들이 숨은 메커니즘에 의해 동일하게 되도록 산출되었기 때문에 존재한다고 쉽게 설명할 수 있다. 일란성 쌍둥이의 경우에는 쌍둥이가 가진 유전자와 그 유전자가 개체의 성질로 발현하는 메커니즘이 완벽한 상관을 만들어 낸다.

3 벨의 발견

완벽한 상관을 보여주는 양자물리학적 계에서도 그런 숨은 기제를 찾는 것이 옳을지도 모른다. 우리가 앞에서 고찰한 완벽한 상관은 두 입자의 스핀이 어느 방향으로 측정되든 상관없이 항상 서로 반대 방향을 가리킨다는 것이었다. 이제 문제는 그런 양자역학적 입자들도 특정한 측정에서 그것들이 취할 행동을 결정하는 미지의 속성들을 가지고 있는가이다. 완벽한 상관은 내가 한 입자를 측정하자마자 다른 입자의 스핀 방향이 어느 쪽인지 안다는 것을 의미한다. 그렇다면 입자들은 모든 생각할 수 있는 슈테른-게를라흐 자석의 방향 결정에 앞서(그림 9, 88쪽) 측정 결과를 확정하는 모종의 정보를 가지고 있을까? 하지만 바로 이것이 거짓이라는 것이 벨의 정리이다. 아일랜드의 물리학자 벨John Bell은 생애의 대부분을 제네바에 있는 유럽핵연구소CERN에서 보냈다. 많은 학자들처럼 그도 광범위한 영역을 연구했고 매우 중요한 업적들을 남겼다. 그의 주요 업무는

CERN의 중심 과제인 두 분야였다. 한 분야는 기본입자에 대한 이론이었고, 다른 분야는 입자가속기를 개량하는 노력이었다. 그밖에도 벨은 양자물리학의 철학적 기반에 관심을 가지고 있었고, 그와 관련해서 1964년에 아마도 그의 가장 중요한 물리학적 업적인 이른바 벨 정리를 제시했다. 그것이 '코페르니쿠스 이래 가장 근본적인 발견'이라는 미국 물리학자 스태프Henry Stapp의 평은 아마도 오류가 아닐 것이다. 코페르니쿠스는 서기 1500년 경에 지구가 우주의 중심에 있는 것이 아니라 태양 둘레를 돈다는 것을 발견했다.

벨 정리가 다루는 것은, 두 개의 얽힌 양자적인 계에서 등장하는 상관을 그 계들이 가진 속성들로 설명하는 것이 원리적으로 가능한지이다. 이것은 매우 심오한 철학적 문제이며, 양자물리학이 발견되기까지 모든 자연과학자와 철학자들은 그것이 원리적으로 당연히 가능해야 한다고 요구했을 것이다. 정확히 말해서 우리는 지금 두 가지 질문을 제기해야 한다. 그 두 질문은 서로 매우 밀접하게 관련되어 있다. 한 문제는 두 개의 입자에 대한 측정값들 사이의 밀접한 관련(얽힘)을 설명하는 것이며, 또 다른 문제는 개별 측정에서 등장하는 우연을 설명하는 것이다.

우연의 역할을 논하기 위해 다시 일상의 예를 들어 보자. 전 세계에서 매일 교통사고가 일어난다. 우리는 어떤 날에, 혹은 어떤 시간에 교통사고가 특히 많이 일어나는지 정확히 말할 수 있다. 예를 들어 날씨와 같은 추가적인 변수들도 고려할 수 있을 것이다. 사고의 발생률은 당연히 도로가 젖어 있는지 여부에 따라 크게 달라질 것이다. 그러므로 우리는 어떤 특정한 요일에 날씨가 화창할 때 사고가 일어날 확률을 정확히 계산할 수 있다. 그런데 우리가 아는 것은 확률뿐이므로 실제 개별 사고들은 우연적으로 일어난다고 말해야 할 것처럼 보인다. 그러나 그 사고 각각에 대해 정확한 원인을 탐구하고 또 발견할 수 있다. 원인은 과속일 수도 있고 거리에 있는 기름 얼룩일 수도 있고 운전자가 핸들을 잘못 조작한 탓일 수도 있다. 모든 사건에 원인이 있다는 믿음은 우리 정신 속에 매우 깊이 뿌리를 내리고 있어서 우리는 원인을 발견하지 못한 사건을 그냥 내버려 두지 않는다. 혹은 역사적인 설명에서 흔히 그러하듯이, 비록 불완전하다 할지라도 우리에게 만족스러운 설명을 발견하기까지 우리는 어떤 중요한 사건도 그냥 내버려 두지 않는다.

양자물리학에서 나오는 확률(예를 들어 한 입자의 특정한 스핀을 발견할 확률)도 위와 같은 방식으로 설명할 수 있을 것이라고 추측하는 독자도 있을 것이다. 그것은 매우 자연스럽고 합리적인 추측이며, 이른바 상식에 맞는다. 우리의 주제에 맞게 이야기한다면, 그 추측은 입자가 지닌 어떤 추가적인 성질이 있어서 우리가 그 성질을 직접적으로 관찰할 수는 없지만, 입자의 모든 행동이 그 성질에 의해 결정된다고 추측하는 것을 의미한다. 그 추가적인 변수들은 흔히 숨은 변수라고 표현된다. 우리가 그것들의 효과만을 관찰할 수 있다는 의미에서, 예를 들어 어떤 특정한 입자가 영사막에 도달하는 것에서 그것들의 효과만을 관찰할 수 있다는 의미에서 그것들은 숨어 있다.

오스트리아의 물리학자 파울리Wolfgang Pauli(1945년 노벨상 수상)는 이 질문과 관련해서, 인간이 전혀 볼 수 없는 것이 존재하는지에 대해 고민하는 것은, 바늘 끝에 얼마나 많은 천사들이 앉을 수 있는지에 대해 고민하는 것처럼 무의미하다고 말했다. 바늘 끝에 얼마나 많은 천사들이 앉을 수 있느냐는 질문은 늘 중세의 학자들을 조롱하는 데 쓰였다는 점을 상기하지 않더라도, 파울리가 말하고자 하는 바는 다음과 같음을 쉽게 짐작할 수 있다. 숨은 변수 같은 것을 써서 양자물리학을 보충하는 것이 가능할지도 모른다. 그러나 그것은 무의미한 짓이다. 왜냐하면 양자적인 계의 행동을 서술해야 할 그 추가적인 속성들이 실험에서 전혀 관찰될 수 없기 때문에, 즉 숨어 있기 때문에 그렇다. 이는 생물학에서 우리의 속성들이 유전자적 기질에 의해서, 유전자나 혹은 그와 유사한 것에 의해서 결정되지만 그 유전자가 모종의 이유에서 근본적으로 우리의 관찰을 벗어나 있다고 주장하는 것과 같다.

양자역학을 설명하면서 유전자를 언급하는 것은 억지스러운 비유가 아니다. 왜냐하면 유전자의 존재는 실험적으로 관찰되기 한참 전에 이론적으로 상정되었고, 흥미롭게도 양자물리학의 정식화 중 하나인 파동역학을 발견한 슈뢰딩거에 의해 상정되었기 때문이다. 슈뢰딩거는 1948년에 더블린에서 행한 유명한 연설 〈생명이란 무엇인가?〉에서 세포 속의 유전정보가 이른바 비주기적 결정 aperiodic crystal으로 구현되어 다음 세대에 전달되어야 한다고 주장했다. 그 주장이 왓슨과 크릭의 DNA 발견에 의해 입증된 것은 놀라운 일이다. 게다가 왓슨과 크릭은 슈뢰딩거로부터 영감을 얻었다고 스스로 밝혔다. 슈뢰딩거의 생각은 『생명이란 무엇인가?』라는 작은 책에 들어 있다. 하지만 슈뢰딩거는 DNA 분자의 세부적인 구조를 당연히 예견할 수 없었다.

양자계의 숨은 속성들에 대한 질문은 한층 더 깊이 내려간다. 개별 계의 행동을 결정하는 추가적인 변수들을 실험적으로 관찰할 수 있는지 여부와 상관없이, 먼저 다음과 같은 두 조건을 만족시키는 이론을 구성하는 것이 과연 가능한지 물어야 한다. 첫째, 그 이론은 개별적인 양자계의 행동을 추가적인 숨은 속성들을 근거로 설명할 수 있어야 한다. 그리고 둘째, 그 이론은 모든 실험적인 예측에서 양자 이론과 일치해야 한다. 이제 두 가지 방식으로 논의를 진행시킬 수 있다. 첫 번째 방식은 간단히 그런 이론을 고안해 내는 것이다. 그러나 그 일은 매우 어렵고 천재적 발상을 요구한다. 더구나 그런 이론을 구성하는 데 실패한다 할지라도, 그런 이론이 존재하지 않는다는 결론이 나오는 것은 아니므로, 이 방식은 그다지 생산적이지 못하다.

두 번째 방식은 벨이 따른 방식이다. 그것은 그런 이론이 근본적인 이유에서 전혀 불가능하다는 것을 보이는 것이다. 당연히 다음과 같은 질문이 제기된다. 그 불가능성을 어떻게 증명할 수 있을까? 이 대목에서 우리는 그 숨은 변수 이론이 가져야 하는 몇 가지 매우 단순한 속성들에 대해 분명하게 합의해야 한다. 벨의 업적은 다름 아니라 그 합의를 이끌어 낸 것이었다. 그리고 그는 우리가 그 이론에 대해서 매우 적은 것을 요구한다 할지라도(우리가 무엇을 요구하는지는 곧 알게 될 것이다) 그 이론이 자동적으로 양자물리학에 모순되고, 자연 관찰에 모순된다는 것을 증명할 수 있다.

먼저 벨은 얽힌 두 양자계들 사이의 완벽한 상관을 그 계들이 가진 추가적인 변수들을 통해 설명할 수 있다고 가정했다. 그 변수들은 측정이 이루어질 때 어떤 측정 결과가 나와야 할지 그 계들에게 말해 준다. 둘째, 벨의 증명에서 매우 중요한 두 번째 가정은 한 입자에 대한 측정 결과가 두 번째 입자에서 실제로 어떤 측정이 이루어지는지와 무관해야 한다는 것이다. 다시 말해서 두 번째 입자에 대한 측정이 첫 번째 입자의 속성들에 아무런 영향을 미치지 말아야 한다. 이 상황을 우리의 일란성 쌍둥이 경우로 옮겨 보자. 벨의 첫 번째 가정은, 완벽한 상관을 보이는 모든 속성들이 쌍둥이의 숨은 속성들에 의해서, 즉 유전자에 의해서 규정된다는 것이다. 두 쌍둥이는 동일한 피부색 유전자와 동일한 머리색 유전자, 동일한 눈색 유전자 등을 가진다.

벨의 두 번째 가정은 다음과 같이 '번역'될 수 있다. 쌍둥이 중 하나가 어떤 머리색을 가졌는지 물을 때 우리는 그 대답이 쌍둥이들의 머리색을 측정하거나 눈색이나 키를 측정하는 등의 관찰 행위가 이루어지는지 여부와는 무관하다고 가정한 것이다. 이 두 가지 가정은 매우 자연스러우며—우리의 직관이 양자역학의 영향을 받아 더 조심스러워지지 않았다면—일란성 쌍둥이의 본질적인 속성들로 간주할 수 있을 것처럼 보인다.

봄의 실험에서 나오는 두 입자의 완벽한 상관을 그런 추가적인 변수를 통해 설명하는 것은 실제로 가능하다. 이것은 무엇을 의미할까? 두 입자가 광원에서 일종의 정보 목록을 받았다고 간단하게 상상할 수 있다. 그 정보 목록에는 특정한 방향으로 측정을 실시할 경우 입자가 어떤 스핀을 가져야 하는지가 정확하게 들어 있다. 그 목록은 당연히 모든 가능한 방향에 대한 정보를 포함해야 한다. 어느 방향으로 측정을 실시할지가 원래 정해져 있지 않기 때문이다. 실험자는 그 방향을 두 입자가 이미 방출된 후에 결정할 수도 있다. 한 입자가 특정한 방향으로 놓인 슈테른-게를라흐 자석 위에 도달하면, 그 입자는 가지고 있던 정보 목록을 보고 갈라지는 두 길 중 어느 방향으로 가야 하는지 안다. 두 번째 입자도 동일한 목록을 가지고 있다. 그러므로 두 입자가 동일한 방향으로 놓인 슈테른-게를라흐 자석들 위에 놓이면 한 입자는 한 경로로, 예컨대 위로 가고, 다른 입자는 반대쪽인 아래로 갈 것이다. 입자들이 모든 방향에 대한 정보를 가지고 있다면, 우리는 완벽한 상관을 완전히 설명할 수 있다. 완벽한 상관이란, 내가 한 입자의 측정 결과를 토대로 만일 같은 방향으로 측정이 이루어질 경우 다른 입자에서 나올 결과를 정확히 아는 경우이다. 이때 분명히 지적해야 할 점은, 완벽한 상관의 경우에 대해서는, 즉 우리가 두 입자를 동일한 방향으로 측정하는 경우에 대해서는 숨은 변수 이론도 옳은 결과를 산출한다는 것이다. 여기에서는 숨은 변수 이론과 양자물리학이 아직 모순되지 않는다.

벨이 연구한 결정적인 모순에 다가가려면, 이 단순한 모형이 다른 관찰들에 대해서 무엇을 예언하는지 물어야 한다. 두 명의 실험자가 반드시 같은 방향으로 두 입자를 측정할 필요는 없다. 한 실험자는 그림 8이 있는 평면에 수직인 방향에 대해서 스핀을 묻고, 다른 실험자는 그 평면에 수직이지 않고 비스듬한 방향에 대한 스핀을 물을 수 있다. 우리가 구성한 숨은 변수 모형은 이 경우에 대해서도 명확한 예측을 내놓을 것이 분명하다. 두 입자들은 단지 모든 가능한 방향 설정에 대한 지시를 담고 있는 정보 목록만 살펴보면 될 테니까 말이다.

이 단순한 모형을 바탕으로 벨은 양적인 추론을 했다. 양쪽에서 스핀에 대해 동일한 결과를 얼마나 많이 얻을지, 즉 각각의 슈테른-게를라흐 자석에 대해서 둘 다 평행이거나 반대 방향으로 평행인 결과를 얼마나 많이 얻을지, 그리고 비스듬한 방향에 대해서 다른 결과들을 얼마나 많이 얻을지 그는 계산했다. 물론 그렇게 단순한 모형에서 각각의 경우가 얼마나 많이 일어날지 정확히 예측할 수는 없다. 그러나 벨은 매우 특별한 것을 성취했다. 그는 두 측정 방향이 평행하지 않을 경우에, 우리가 논한 모형이 예측하는 얽힘이 실제 양자물리학의 얽힘과 다르다는 것을 밝혔다. 이를 위해 우리는 먼저 우리의 모형이 무엇을 말하는지 살펴보아야 한다. 두 스핀에 대한 두 측정 방향이 동일하게 선택되었다면, 우리는 한 입자가 항상 측정 방향에 평행인 스핀을 가지고 다른 입자가 반대로 평행인 스핀을 가진다는 측정 결과를 얻을 것이다. 즉, 두 입자는 완벽하게 상관되어 있다. 그런데 벨이 증명했듯이, 그 두 방향이 약간 어긋나면 그 강한 상관이 두 방향의 사잇각에 비례하게 줄어들어야 한다. 즉, 어떤 경우에는 두 스핀이 방향이 같을 것이다. 더 나아가 이런 경우들의 빈도는 두 측정 방향의 사잇각이 두 배가 되면 최소한 두 배로 늘어나야 한다. 이는 전혀 문제가 없는 예측처럼 보인다.

그러나 놀랍게도 양자물리학은 이 예측을 한참 벗어난 결과를 산출한다. 우리는 그것을 주어진 결과로 받아들여야 한다. 양자물리학에 따르면, 작은 각에 대해서 상관은 거의 줄어들지 않고, 두 방향 사이의 각이 커지면 비로소 상관이 줄어든다. 그러므로 우리는 양자물리학의 예측과 '숨은 변수들'을 이용하는 모형의 예측 사이에서 명백한 모순에 도달한다. 숨은 변수 모형에서 두 측정 결과 사이의 상관이 특정한 값보다 클 수 없다는 결론은 벨의 부등식이라 불리며, 벨의 모형과 양자물리학의 예측 사이의 모순을 벨의 정리라고 부른다.

벨의 정리가 말하는 것은, 이른바 **국소적 실재론**이라고 불리는 심층적인 모형들과 양자물리학 사이에 모순이 있다는 것이다. 이 모형들은 두 계들 각각의 속성이 그 계 안에서 일어나는 것, 그 계에 대해 이루어지는 측정, 그리고 그 계가 주변에서 받은 영향에 의해서만 결정된다고 주장하기 때문에 **국소적**이다. 관찰된 속성은 다른 계에 어떤 측정이 가해지는지와 무관하다. 한편 이 이론들이 **실재론**인 것은 관찰의 결과들이 계가 가지고 있는 실제 속성들로 환원되기 때문이다. 우리는 양자물리학과 국소적 실재론 사이의 모순이 통계적인 모순이라는 것을 보았다. 다시 말해서 입자의 숨은 속성들에 대한 우리의 모형은 완벽한 상관을 훌륭하게 설명할 수 있지만, 완벽하지 않은 통계학적 상관에 대해서는 모순에 도달한다. 이는 그런 모형은 양자물리학이 측정 결과에 대해 결정적인 예측을 하는 그런 경우에만 타당하다는 것을 의미한다. 그런 예측은 예컨대 우리가 다른 스핀이 있는 두 입자의 경우에, 한 입자에 대한 측정에 근거해서 만일 그 방향으로 측정을 실시한다면 다른 입자의 스핀이 정확히 반대 방향을 보일 것이라고 확실하게 말하는 경우에 해당한다. 이것은 완벽한 상관이다. 숨은 변수 모형의 문제점은 통계적인 상관에서 드러난다. 통계적인 상관이란 두 입자가 정확히 같은 방향으로 측정되지 않아서, 한 입자에 대한 측정을 근거로 다른 입자의 결과를 확실히 예측할 수 없고, 오직 특정한 확률로만 예측할 수 있는 경우이다. 이런 경우에는 두 입자에 대해서 항상 반대 결과만 나오는 것이 아니라 가끔 같은 결과도 나온다. 그리고 이런 경우에 국소적으로 실재론인 모형이 예측하는 확률은 양자물리학이 예측하는 확률에 모순된다.

우리는 누구나 고전 물리학과 일상 속에서 인과 원리가 항상 작동한다는 것을 안다. 이 인과 원리에 따르면, 우리가 모든 원인을 안다면 미래의 상황을 확실히 예견하는 것이 최소한 원리적으로 가능하다. 그러나 양자 물리학은 확률이 중요한 역할을 차지하는 통계적인 이론이다. 그러므로 통계적인 예측이 입자의 속성에 대한 고전적인 모형과 모순을 일으키는 것은 놀라운 일이 아니다.

그런데 1987년, 그린버거와 호르네와 내가 세 개, 혹은 그 이상의 얽힌 계들을 탐구했을 때 놀라운 일이 벌어졌다. 그 일을 설명하기 위해서는 동화를 이용하는 것이 좋을 것 같다.

# 4 폭군과 신탁

"미래와 관련될 경우 예측은 특히 어렵다."— 발렌틴 Karl Valentin

먼 나라에 나쁜 폭군이 있었다. 그는 끔찍한 방식으로 국민들을 억눌렀다. 곧 모든 사람들이 그에 대항해서 무언가 해야겠다고 마음먹기에 이르렀다. 세 명의 마술사가 폭군을 제거하는 일에 나섰다. 폭군은 그 소식을 듣고 더 자세한 정보를 위해 염탐꾼을 보냈다. 세 마술사는 오직 밤에만 움직이므로 관찰하기가 매우 어려웠다. 그 나라에는 또한 항상 진실을 말한다고 알려진 신탁도 있었다. 신탁은 아직 한 번도 틀린 적이 없었다. 그래서 폭군은 길을 나서 신탁에게 세 마술사에 대한 정보를 부탁했다. 그 나라에는 셋씩 무리를 지어 다니는 사람들이 많았다. 늘 그러하듯이, 신탁은 명확하면서도 모호했다.

"그들 중 하나가 남자라면, 다른 한 명은 머리색이 희고, 또 다른 한 명은 머리색이 검다. 그들 중 하나가 여자라면, 다른 사람들의 머리색은 동일하다."

물론 폭군은 그런 수수께끼 같은 대답을 듣게 되리라 예상했지만, 정작 그런 대답을 듣자 매우 화가 났다. 그 대답은 너무 복잡해서 어떻게 써먹어야 할지 알 수 없었다. 세상에는 같은 머리색이나 다른 머리색으로 셋씩 어울려 다니는 사람들이 무수히 많기 때문이다.

세 명의 남자를 찾아야 할까? 아니면 한 남자와 두 여자를 찾아야 할까? 여자 하나와 두 남자를, 혹은 세 여자를? 그때 광대가 나섰다. 광대의 말에 따르면, 세 사람은 남자 둘과 여자 하나이든지, 아니면 여자 셋이어야 한다. 세 사람이 남자이거나 남자 하나에 두 여자일 가능성은 없다. 폭군은 광대가 자기를 놀린다고 생각하여 망나니를 불렀다. 광대는 자신의 주장을 증명할 기회를 달라고 애원했고 결국 기회를 얻었다. 광대는 말했

〈그림 10〉 광대가 분석한 신탁의 예측. 첫 번째 줄에서 우리는 첫 번째 사람이 남자이며 나머지 두 사람은 서로 다른 머리색을 가졌음을 안다. 그러나 우리는 그 두 사람이 남자인지 여자인지 아직 모른다. 두 번째 줄에서 우리는 처음 두 사람이 검은 머리색을 가진 남자라는 것을 알고 세 번째 사람이 흰 머리를 가졌음을 안다. 그러나 우리는 세 번째 사람이 남자인지 여자인지 모른다. 신탁의 예측을 한 번 더 적용하면(세 번째 줄) 세 번째 사람은 흰 머리를 가진 여자이어야 한다.

다. '세 사람 중 하나가 남자라고 가정하자(그림 10). 그렇다면 신탁에 의해서 다른 두 사람은 흰 머리와 검은 머리를 가져야 한다. 이제 두 번째 검은 머리를 가진 사람도 남자라고 해 보자. 그렇다면 다른 사람, 즉 첫 번째 사람과 세 번째 사람은 흰 머리와 검은 머리를 가져야 한다. 세 번째 사람의

머리색이 결정되었다면, 즉 흰색이라면, 신탁에 의해서 첫 번째 남자는 검은 머리를 가져야 한다. 이 모든 것이 맞아 들어간다.

이때 세 번째 사람은 남자일까 여자일까? 첫 번째와 두 번째가 같은 머리색을 가지므로 세 번째는 남자일 수 없다. 오히려 신탁에 따라 여자여야 한다. 그러므로 두 남자와 한 여자가 있을 가능성이 있다.'

폭군은 정신이 없었다. 그렇게 복잡한 논증을 평생 경험한 적이 없었기 때문이다. 그래서 그는 일을 관료들에게 일임했다. 관료들은 논증에 크게 매료되었다. "맞아 맞아, 광대가 옳아. 둘은 남자이고 하나는 여자이어야 해."

그러나 광대는 말을 멈추지 않았다. '그것이 유일한 가능성이 아니다. 셋 모두 여자일 가능성이 있다. 세 여자가 모두 머리색이 같은 경우는 신탁의 두 번째 문장과 완벽하게 일치한다.'

관료들은 다시 감탄했다. 하지만 폭군은 무심한 태도로 다음과 같은 의문을 제기했다. "남자 셋이거나 남자 하나에 여자 둘일 가능성은 어떻게 배제할 수 있지?" 그러자 광대가 "그건 어린애 장난 같이 쉬운 일이지요"라는 말로 폭군을 약간 언짢게 했다. '여자 둘과 남자 하나가 있다고 해보자. 첫 번째 사람이 여자라면, 다른 여자와 남자는 머리색이 같아야 한다. 이때 두 번째 사람도 여자라면, 남자와 첫 번째 여자가 머리색이 같아야 한다. 즉, 두 여자가 머리색이 같아야 한다. 그렇다면 세 번째 사람이 남자일 수 없다. 왜냐하면 그가 남자라면 다른 두 사람의 머리색이 달라야 하기 때문이다.'

불쌍한 폭군은 이제 정신이 없었다. 그는 아무 말도 알아들을 수 없었다. 그러나 관료들은 광대의 뛰어난 논증에 감탄했고, 폭군은 자신이 이해하지는 못했지만 수수께끼의 해답을 얻은 것을 기리기 위해 최고급 포도주를 주문했다. 그러면서 폭군은 이렇게 위협했다. "만일 너희들의 생각이 틀렸다면, 지금의 포도주가 너희들이 생애에 마지막으로 마시는 포도주가 될 것이다."

폭군은 군사들을 보내 남자 둘과 여자 하나로 된 일행이나 여자 셋으로 된 일행을 찾았다. 그러나 그는 남성 우월주의자였기 때문에 여자 셋으로 된 무리에는 관심을 두지 않았다. 그리고 며칠 후 남자 세 명이 사냥터에서 폭군을 죽였다. 이게 어떻게 된 일일까? 신탁이 처음으로 거짓말을 한 걸까? 아니면 광대의 계산이 틀렸을까?

대답은 모두 '아니다'이다. 신탁은 진실을 말했고, 광대는 완벽하게 옳은 계산을 했다. 광대나 신탁에게는 잘못이 없다. 무슨 일이 일어난 것일까? 바로 세 암살자는 양자 마술사들이었던 것이다. 광대가 한 것은 세 사람의 속성에 대한 국소적 실재론 설명이었다. 가정된 것은 세 사람이 원래부터 남자이거나 여자이며, 원래부터 흰 머리나 검은 머리를 가지며, 그 속성들이 우리가 셋을 관찰하는지와 무관하다는 것이었다. 사실 양자물리학이 없으면 다른 결론이 나올 수 없다. 그러나 세 양자 마술사는 특별한 방법으로 서로 얽혀 있다. 그린버거와 호르네와 나는 세 입자에서 그 얽힘 상태를 연구했다. 양자물리학은 광대의 말과 정반대인 말을 한다. 처음 둘이 남자라면, 양자물리학에 따르면 세 번째는 여자가 아니라 남자여야 한다. 폭군이 죽은 후 나라에 기쁨이 넘쳤고, 모든 학생들이 양자물리학을 즐겨 공부하게 되었다는 이야기는 덧붙이지 않겠다.

광대가 채택했던 암묵적인 전제들을 좀 더 분석하고 그것들이 양자물리학에서는 왜 타당하지 않은지 살펴보자. 광대는 첫 번째가 남자이면 두 번째와 세 번째는 서로 다른 머리색을 가져야 한다는 신탁에 의지했다. 우리는 흰 머리를 가진 마술사를 두 번째 마술사라고 부르고 검은 머리를 가진 마술사를 세 번째 마술사라고 부르자. 이때 두 번째가 남자라면, 첫 번째와 세 번째가 서로 다른 머리색을 가져야 할 것이다. 즉, 첫 번째는 흰 머리를 가져야 한다. 왜냐하면 세 번째가 검은 머리를 가졌기 때문이다. 여기까지는 아무 문제가 없어 보인다. 그리고 우리는 세 번째가 여자라고 추론한다. 지금까지의 논의에 따르면 첫 번째와 두 번째가 흰 머리를 가진다. 따라서 세 번째가 여자여야 한다는 결론이 나온다. 왜냐하면 다른 둘의 머리색이 같으면서 세 번째는 여자여야 하기 때문이다.

어디에 오류가 있을까? 우리는 일상에서처럼 매우 당연하고도 단순한 가정을 했다. 즉, 두 번째가 남자라고 확정했을 때 그의 머리색이 여전히 희거나 검다고 가정하는 것이 의미 있다고 가정했다. 다시 말해, 우리가 머리색을 묻지 않아도, 두 번째가 머리색을 가지며 그 머리색은 관찰에서 드러나는 것과 같다고 가정하는 것이 유의미하다고 가정했다. 이 가정은 고전물리학과 일상에서 자명하다. 그러나 양자물리학에서는 전혀 그렇지 않다. 왜냐하면 우리가 그것을 어떻게 증명하겠는가? 두 번째의 머리색을 '볼' 수 있을 때 비로소 증명할 수 있을 것이다. 이 관찰 없이는 두 번째의 속성에 대해 아무 말도 할 수 없다.

그러나 신탁은 교묘하게도 우리가 논하는 속성들, 즉 성별과 머리색이 양자 속성이 될 가능성을 열어 놓았다. 신탁은 우리가 그 두 속성을 동시에 관찰할 수 있는지에 대해 아무 말도 하지 않았다. 그러나 우리는 이전의 논의들을 통해 그런 동시적인 관찰을 불허하는 속성들이 있음을 안다. 입자가 이중 슬릿을 거치는 경로와 간섭무늬, 혹은 입자의 위치와 운동량이 그런 속성들이었다. 스핀의 다양한 성분들도 마찬가지였다. 우리가 앞에서 봄의 실험과 관련하여 논했던 입자들의 스핀은 서로 수직인 두 축, 예를 들어 x축과 y축에 대해서 동시에 잘 정의될 수 없다. 우리의 양자 마술사들이 우리가 관찰하는 두 속성들(성별과 머리색)을 상보적인 양자 속성들로 가지고 있다면, 광대의 논증은 타당성을 잃는다. 이 경우에는 남자인지 여자인지를 물으면서 동시에 머리색을 묻는 것이 허용되지 않는다. 그 두 속성은 이중 슬릿에서 경로와 간섭무늬가 그랬던 것처럼 서로 배제하는 속성들이다. 그런데 광대의 논증은 이 신탁을 여러 번 이용했다. 그러므로 광대의 논증은 오류이다.

문제의 핵심은 세 양자 마술사들이 서로 얽혀 있다는 것이다. 즉, 이들을 관찰하기 이전에는 이들 중 누군가가 남자이거나 흰 머리를 가지거나가 아직 결정되지 않았다는 것이다. 이 경우에 적당한 관찰들이 이루어진다면 당연히 신탁의 두 진술에 상응하는 양자역학적인 상태들이 발견된다. 그러나 또한 그런 양자역학적 상태에서는 신탁이 하지 않은 다른 예언들도 옳다. 즉 '셋이 모두 남자이거나 두 여자와 한 남자가 있다'도 옳다.

이것이 그린버거와 호르네와 내(이니셜을 따서 약자로 GHZ라 부르자)가 1987년에 연구한 양자역학적 상태이다. 때문에 사람들은 이것을 GHZ-상태라 부른다. 구체적으로 등장하는 것은 스핀이 있는 입자들인데, 서로 얽힌 세 입자들이다. 원래 우리는 입자 4개를 연구했다. 그때 미국 물리학자 머민David Mermin이 우리의 양자 마술사처럼 행동하는 세 입자가 있는 훌륭한 사례를 제안했다. 신탁의 진술들은 세 입자 각각을 두 개의 서로 수직인 방향으로 스핀을 측정했을 때에 해당하는 결과들이다. 이 경우에도 완벽한 상관이 있다. 두 입자에 대한 측정 결과가 양자물리학에서나, 국소적인 실재론에서나 세 번째 입자에 대한 측정 결과를 완벽하게 결정한다. 그러나 특정한 방향에 대한 측정들의 조합에 대해서는 국소적 실재론 모형이 양자역학과 정확히 반대되는 예측을 한다. 구체적으로 말해서 우리가 두 입자의 스핀을 알 때, 국소적 실재론은 세 번째 입자가 선택된 방향으로 위의 스핀을 가질 것이라고 말하는 반면, 양자물리학은 확실히 아래의 스핀을 가질 것이라고 말할 것이다.

그러므로 우리는 국소적 실재론 모형과 양자물리학 사이의 통계적인 모순뿐 아니라 결정적인 예측들 사이의 모순에 직면한 것이다. 우리의 동화를 계속 이용한다면, 우리가 예를 들어 처음 둘에 대해 그들이 남자라는 것을 안다면, 국소적 실재론자는 세 번째가 확실히 여자여야 한다고 예언할 것이다. 반면에 양자물리학은 세 번째가 확실히 남자이어야 한다고 말한다. 만일 한 실험에서 신탁의 두 예언이 모두 성립하도록 양자역학적 상태를 구현한다면, 그 한 실험만으로도 양자물리학과 국소적 실재론 사이에서 확실한 선택을 할 수 있을 것이다.

따라서 우리는 예를 들어 그림 10의 첫 줄의 남자가 흰 머리를 가졌는지, 혹은 검은 머리를 가졌는지, 그리고 그 줄에 있는 다른 둘이 남자인지 여자인지에 대해서 대답하지 않아야 한다. 그뿐이 아니다 — 이 점이 중요하다: 그 속성들이 관찰 이전에 이미 어떤 형태로든 존재한다고 광대처럼 가정하는 것 자체가 모순을 일으킨다. 그 가정이 양자물리학에 모순된다.

봄의 사고실험에서 나오는 두 입자의 얽힘에 대해 다시 생각해 보자. 우리는 두 입자가 동일한 방향으로 측정되면 완벽한 상관이 있다고 말했고, 두 입자가 적절한 정보를 가지고 태어난다는 것으로 모든 상관을 설명하는 것은 불가능하다는 벨의 정리를 설명했다. 그러나 한 입자에 대한 측정이, 다른 입자가 얼마나 멀리 있든 상관없이 그것의 상태를 결정하는 것을 어떻게 이해할 수 있을까? 보어는 1935년에 아인슈타인, 포돌스키, 로젠의 논문이 발표된 직후에, 얽힌 두 입자는 서로 얼마나 멀리 떨어져 있든 상관없이 하나이며 하나의 계라고 주장했다. 한 입자에 대한 측정이 다른 입자의 상태를 바꾼다. 따라서 두 입자는 서로 독립적인 실재를 가지고 있는 것이 아니다. 우리는 나중에 보어의 이 해석을 매우 자연스러운 기반 위에 올려놓을 수 있음을 배우게 될 것이다. 우리가 정보를 양자물리학의 근본 개념으로 삼으면 그렇게 할 수 있다.

그러나 우리는 먼저 얽힌 입자들의 다양한 속성을 논하고자 한다. 첫 번째 질문은 한 입자에 대한 측정이 얼마나 빠르게 다른 입자에 영향을 미치고 거리가 얼마일 때까지 그 작용이 일어나는가이다. 양자물리학에 따르면 여기에는 전달 속도가 없고, 두 번째 입자의 양자역학적 상태는 첫 번째 입자가 측정될 때 곧바로 바뀐다. 마치 빛의 속도를 능가하는 정보 전달이 일어나는 것처럼 보인다. 만약에 우리가 실제로 첫 번째 입자에 대한 측정을 통해 두 번째 입자의 상태를 바꾸는 것이라면 정말로 광속을 초월한 정보 전달이 있는 것이다. 우리가 얻을 결과를 결정할 수 있다면 더욱 그러하다. 그러나 이것은 근본적으로 불가능하다. 우리가 첫 번째 입자에 대해서 예를 들어 그것의 스핀이 특정 방향에서 위인지 아래인지 물으면, 우리는 두 대답을 같은 확률로 얻는다. 즉, 50퍼센트의 경우에 우리는 스핀이 위임을 발견하고, 50퍼센트의 경우에 스핀이 아래임을 발견한다. 마찬가지로 모든 임의의 방향에 따른 두 번째 입자 측정에서 두 결과 각각은 50퍼센트 확률로 등장한다. 두 번째 입자를 측정하는 실험자는 따라서 순전히 우연히 한 번은 스핀이 위임을 발견하고 다른 한 번은 아래임을 발견할 것이다. 이 연쇄 속에는 정보가 들어 있지 않다. 우리가 동일한 방향에 대한 측정을 양편에서 하고 그 결과를 비교했을 때 비로소 우리는 이 독특한 상관이 존재하고 우리가 항상 반대 결과를 얻는다는 것을 안다. 우리는 결과들을 비교했을 때 비로소 그것을 알게 될 것이다.

우리가 논하는 두 번째 질문은 '무엇에 의해 얽힘이 파괴되는가'이다. 우리가 한 입자에서 특정한 방향으로 스핀을 측정하고, 이어서 그에 직각으로 측정하고 또 다른 방향으로 측정을 계속할 때, 두 번째 편에서 같은 측정이 이루어진다면, 우리가 완벽한 상관을 볼 수 있을까? 대답은 '아니다'이다. 왜냐하면 첫 번째 측정 이후 얽힘이 파괴되기 때문이다. 측정이 이루어지자마자 각각의 입자는 잘 정의된 상태를 가지고 측정된 방향에 따라 잘 정의된 스핀을 가진다. 이 시점에서부터 두 입자는 완전히 독립적으로 행동하며 최초 측정 이후에는 흥미로운 상관이 존재하지 않는다.

벨이 제안한 형태의―매우 일반적인 형태이기도 하다―국소적 실재론 모형이 불가능하다는 사실은 흔히 **양자물리학의 비국소성**으로 일컬어진다. 양자역학과 국소적 실재론 사이에 모순이 있다는 것은 사실 큰 문제가 아닐 수도 있다. 진짜 문제는 자연이 실제로 어떻게 행동하는가이다. 국소적 실재론이 타당한가, 아니면 양자역학이 타당한가? 두 이론 중 어느 것이 실험적으로 옳은지 결정되어야 한다. 벨이 1964년 이 모순을 이론적으로 구성했을 때는 양자역학이나 국소적 실재론 중 어느 쪽이 옳은지 확실히 입증하는 실험이 불가능했다. 그러나 그 이후 수많은 실험들이 실시되었고, 그 실험들은 단 하나의 예외만 제외하고 모두 양자물리학이 옳음을 보여주었다.

그 실험들 대부분은 물질 입자의 얽힘이 아니라 광자의 얽힘을 고찰했다. 빛은 다양한 방식으로 흥분시킨 원자에서 방출된다. 우리는 특정한 자극을 주어 원자가 즉각 두 개의 광자를 방출하게 할 수도 있다. 그 두 광자는 편광에서 서로 얽힐 수 있다. 직관적으로 말해서 편광이란 전자기장의 진동 방향이다. 우리는 이미 빛이 본질적으로 그런 진동의 전파라는

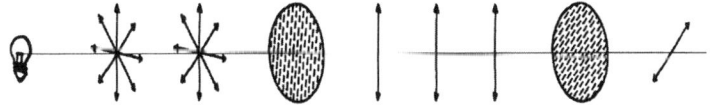

〈그림 11〉 빛의 편광. 전등에서 나온 빛은 편광되지 않았다. 빛이 편광기를 통과하면 한 방향의 편광만 남는다. 그 빛이 다시 처음 편광기에 대해 비스듬히 놓인 편광기를 통과하면 두 편광기 사이의 각에 따라 달라지는 양만큼 빛의 일부만 남는다. 두 편광기가 서로에 대해 수직으로 놓여 있으면 전혀 빛이 통과하지않고, 평행하게 놓여 있으면 두 번째 편광기에서 빛이 모두 통과한다.

것을 보았다. 그림 11에 이것이 더 자세히 표현되어 있다. 예를 들어 백열등에서 방출된 빛은 편광되어 있지 않다. 그 빛에는 모든 생각 가능한 편광 방향과 모든 생각 가능한 진동 방향이 있다. 그 빛을 편광기에 통과시키면 한 가지 진동 방향만 남는다. 흥미로운 것은 이 실험의 개별 광자에 대한 의미이다. 전등에서 방출되는 광자도 편광되어 있지 않다. 그러므로

광자들 중 일부가 첫 번째 편광기를 통과한다. 그 광자들은 모두 한 방향으로 편광된다. 바로 편광기의 방향에 따라 편광된다. 그 광자들이 이제 첫 번째 편광기와 일정한 각을 이룬 두 번째 편광기를 만나면 어떤 놀라운 일이 벌어진다. 각각의 편광된 광자는 편광기를 통과하거나 그러지 못할 확률을 가진다. 따라서 광선의 전체 광도는 앞서 논의한 전자기파의 경우에서처럼 크게 줄어든다. 특별한 것은, 개별 광자에 대해서는 그것이 편광기를 통과할지 여부가 전혀 확정되어 있지 않다는 것이다. 광자가 우연히 편광기를 통과하면 광자는 새로운 방향으로 완벽하게 편광된다.

얽힘에 대한 가장 간단한 광자 실험들에서 사람들은 광자쌍을 방출하는 광원을 이용한다. 광자들은 편광기에 부딪히고 편광기 각각은 임의의 방향으로 놓여 있을 수 있으며, 사람은 언제 일치가 일어나는지 조사한다. 즉, 사람들은 두 편광기의 방향을 조절하여 광자 두 개가 편광기를 통과할 때의 방향을 탐지한다. 이것은 스핀 실험과 매우 유사하다. 스핀 실험에서 우리는 슈테른-게를라흐 자석의 방향을 양쪽에서 바꿨었다. 광자에서도 완벽한 상관이 일어난다. 즉, 두 광자가 편광기를 통과하거나 통과하지 않는 경우들이 생긴다. 광원의 성질에 따라서 두 편광기가 평행이거나 서로 수직일 때 그런 경우들이 생긴다(그림 12).

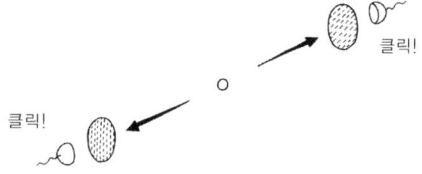

〈그림 12〉 광자쌍의 편광 측정. 광원이 광자쌍을 방출하고, 각각의 광선에 편광기가 설치된다. 이제 두 광자가 얼마나 자주 각각의 편광기를 통과하는지 측정한다. 광자가 편광기를 통과할 확률은 두 편광기 사이의 각의 함수로 정해진다.

이런 종류의 첫 실험들은 미국에서 프리드먼Stuart Freedman과 클로저John Clauser에 의해 실시되었다. 그 실험들은 양자물리학의 예측들을 입증했고 벨 부등식의 위배 상황을 보여주었다. 흥미로운 것은 클로저의 실험 동기였다. 그는 세계가 양자역학적 얽힘이 함축하는 것처럼 엉망일 수는 없다고 생각했다. 그러므로 그가 얻은 예기치 못한 실험 결과들은 더욱 신뢰할 만하다. 그 실험 결과는 국소적 실재론적 세계관이 유지될 수 없음을 보여준다. 이런 종류의 가장 유명한 실험들은 1980년대 초, 파리에서 아스페Alain Aspect와 동료들에 의해 이루어졌다. 오랫동안 그것들은 얽힌 쌍들의 양자역학을 보여주는 가장 정밀한 실험으로 평가 받았다.

당시 아직 인스부르크 대학에 있던 나의 연구진은 매우 흥미로운 특수한 질문에 관심을 기울였다. 국소적 실재론을 구제할 길이 원리적으로 있었다. 그러기 위해서는 입자들이 측정될 때 서로를 안다고, 즉 정보가 교환된다고 가정해야 했다. 예를 들어 광원이 두 입자를 보낼 때 입자 각각의 스핀을 어느 방향으로 측정할지의 정보를 입자들이 가지는 방법이 있을 수 있다. 그렇다면 광원은 선택된 방향에 대해서 양자역학의 결과를 산출하는 입자쌍들을 매우 쉽게 방출할 수 있을 것이다. 한편 입자 각각이 다른 입자가 어떤 방향으로 측정되는지 아는 것도 가능할 수 있다. 이 경우에도 정보교환을 통해 양자역학의 예측이 충족될 수 있을 것이다. 이것이 양자물리학의 예측들이 국소적 실재론 모형에 의해 충족되는 방식들이다.

이미 벨 자신은 이 가설들이 실험적으로 검증될 수 있음을 확실히 보여주었다. 모든 정보는 기껏해야 빛의 속도로 전달될 수 있다. 그런 실험에서는 두 입자가 측정되는 방향을 마지막 순간에, 입자들이 광원에서 방출되고 나서 측정이 이루어지기 직전에 바뀌어야 한다. 광원은 어떤 방향으로 실제 측정이 이루어질지 당연히 모른다. 그러므로 광원은 잘못된 편광을 가진 입자쌍들도 방출할 수밖에 없다. 마찬가지로 두 입자 사이의 모든 정보 전달은 너무 느릴 것이다. 아인슈타인의 상대성이론에 따르면 정보는 최대 빛의 속도로 전파되는데, 첫 번째 입자는 자신이 원래 예정된 것과 다른 방향으로 측정된다는 정보를 마지막 순간에 두 번째 입자에게 전해야 한다. 이는 불가능한 일이다. 바이스의 박사논문의 일환으로 인스부르크 대학의 내 연구진들이 실시한 실험에서 측정 위치 두 곳은 서로 약 300미터 떨어져 있었다. 광선이 그 거리를 지나려면 최소 1.2마이크로초(마이크로초는 100만분의 1초이다)가 필요하다. 이는 엄청나게 빨라 보이지만 더 빠른 전자 스위치를 써서 빛의 편광을 측정하는 방향을 마지막 순간에, 10분의 1마이크로초 이내에 바꿀 수 있다. 실험에서 그 방향 변경은 우연의 원리에 의해 이루어졌는데도, 양자물리학의 예측이 옳음이 입증되었다. 제네바 대학의 니콜라 기생Nicolas Gisin이 주도한 그룹이 주도한 다른 실험들에서는 얽힘이 최소한 20킬로미터까지 유지된다는 것이 증명되었다.

  이제 양자물리학의 예측을 벗어날 길은 없는 것일까? 이제껏 논의된 모든 실험들은 원리적으로 광자를 항상 탐지할 수는 없다는 문제를 가지고 있다. 존재하는 모든 탐지 장치들은 기술적인 이유로 입자들의 일부만 탐지하고 나머지는 버린다. 따라서 자연이 아주 특이하게 생겨 먹어서 우리는 양자물리학의 예측을 입증하는 일부 입자들만 보지만, 모든 입자들을 고려하면 국소적 실재론이 옳다는 주장이 최소한 가능하다. 그러나 그 가능성은 2001년 미국의 와인랜드David Wineland와 동료들의 실험 결과에 의해 제거되었다. 그들이 실험한 것은 서로 멀리 떨어지지 않고 가깝게 있는 원자들의 얽힘이었다. 그 실험에서는 정보교환이 일어날 수도 있었다. 우리의 실험과 와인랜드의 실험은 모두 국소적 실재론 세계관이 옳지 않음을 보여주었다.

그러므로 우리는 국소적 실재론 세계관이 자연관찰과 일치할 수 없고 따라서 세계와 불일치한다는 결론에 도달한다. 이중 – 이중 슬릿 실험에서도 우리는 얽힘을 다루었던 것이 분명하다. 충분히 큰 광원은 서로 반대 방향으로 날아가는 광자들을 방출한다. 그러나 개별 입자가 어떤 경로를 취할지는 전혀 확정되어 있지 않다. 이는 말하자면, 그림 7에서 두 입자 중 어느 것의 경우에도 입자가 두 슬릿 중 어느 쪽을 선택할지 결정되지 않았음을 의미한다. 봄의 실험에서도 입자의 스핀은 측정 이전에는 확정되어 있지 않다. 그러나 두 입자 중 하나가 측정되어 어느 경로를 거치는지 정해지면, 동시에 자동적으로 다른 입자가 어느 슬릿을 통과하는지가 정해진다. 두 입자 중 하나의 길이 확정된 순간부터 간섭은 더 이상 일어나지 않는다. 그러나 경로가 측정되지 않으면, 우리는 두 가능성들을 중첩해서 생각해야 한다. 오른쪽 입자가 위쪽 길을 가고 왼쪽 입자가 아래쪽 길을 갈 가능성과, 오른쪽 입자가 아래쪽 길을 가고 왼쪽 입자가 위쪽 길을 갈 가능성의 중첩을 생각해야 한다. 이 가능성들의 중첩(얽힘)이 두 입자가 각각의 이중 슬릿 너머에서 측정되었을 때 간섭무늬를 만드는 것이다.

5 양자 세계의 한계와 프랑스 왕자

우리는 앞에서 1802년에 영이 행한 빛의 이중 슬릿 실험을 언급했다. 당시에 광자는 전혀 알려지지 않았다. 플랑크가 '절망의 행동'으로 양자를 도입한 이후, 영국의 물리학자 테일러는 매우 약한 빛을 이용한 이중 슬릿 실험을 했다. 이미 언급했듯이 그의 실험 장치는 단순히 매우 약한 광원과 이중 슬릿, 그리고 사진 필름을 빛이 차단된 상자에 넣은 것이었다. 빛의 세기는 매우 약해서 이중 슬릿 너머에는 대개 광자가 없고 가끔씩만 광자 하나가 등장해 필름의 특정 부위를 검게 변색시켰다. 그럼에도 불구하고 테일러는 예상대로 어둡고 밝은 간섭무늬를 얻었다. 그러므로 각각의 광자가 두 슬릿이 모두 열려 있는지에 대한 정보를 가지고 있는 것이 분명하다는 결론이 나왔다.

정확히 말하면 테일러의 실험이 간섭무늬가 개별 광자들에 의해 만들어진다는 것을 결정적으로 증명한 것은 아니었다. 다른 설명도 최소한 원리적으로 생각해 볼 수 있다. 양자물리학을 벗어나서 다음과 같이 생각해 볼 수 있다. 즉, 빛은 실제로 파동인데, 그 파동이 연속적이지 않고 오직 우리가 광자라고 부르는 것에 해당하는 '다발'로만 존재한다고 생각할 수 있다. 이렇게 생각하면 아마도 덜 파격적인 설명이 가능할 것이다. 왜냐하면 파동 간섭은 고전적인 빛 파동에서처럼 일어나는데 단지 우리가 그 파동의 세계를 연속적으로 측정할 도구를 가지지 못한 것뿐이라고 말할 수 있으니까 말이다. 이런 설명은 개별 광자가 언제 장치 속에 있는지 확실히 말할 수 있게 실험을 구성하여, 그 실험을 여러 광자들에 대해 수행할 때 제거된다. 그러나 그런 실험을 하려면 광자가 광원과 탐지 장치 사이에 있는지에 대한 정보를 확보해야 할 것이다. 언뜻 보기에 여기에는 문제가 있는 듯이 보인다. 왜냐하면 우리는 간섭무늬를 얻으려면 광자가 거치는 길을 아는 것이 허용되지 않는다고 배웠기 때문이다.

하지만 간단한 해결책이 있다. 우리는 개별 광자가 길을 어떤 형식으로도 확정하지 않고 움직인다는 점을 상기해야 한다. 우리가 쓰는데 그 광원이 개별 광자를 방출할 때 우리가 그 광자가 택하는 길을 전혀 모르도록 방출한다고 해 보자. 실제로 그런 광원을 다음과 같이 구현할 수 있다. 우리는 한 번에 두 개씩 광자를 방출하는 광원을 이용할 수 있다. 이제 우리가 두 광자 중 하나는 탐지하고 다른 하나만 이중 슬릿 장치로 보내면, 우리는 특정 시점에 오직 한 광자만이 장치 속에서 움직인다는 것을 안다. 물론 매 초 방출되는 광자쌍의 수가 매우 적어서 특정 시기에 장치 속에는 오직 한 광자만이 있을 수 있다는 전제가 필요하다. 두 번째 전제는 두 입자가, 이중–이중 슬릿에서 논한 것처럼 서로 얽히지 않아야 한다는 것이다. 광원이 매우 작아서 한 입자에 대한 측정이 다른 입자의 경로에 대한 진술을 허용하지 않는다면 쉽게 그렇게 될 것이다. 프랑스의 물리학자인 그랑지에Philippe Grangier와 아스페가 그런 실험을 실시했다. 그 실험은 이 명백한 개별 광자 상황에서도 기대된 간섭무늬를 보여주었다. 그러므로 개별 광자에 대해서도 양자 간섭이 일어난다는 것은 양자물리학에 의해 예측되었을 뿐 아니라 실험적으로 입증되었다. 지금까지 우리는 오직 빛의 간섭만을 다루었다.

우리는 앞에서 간섭 현상이 축구공 분자와 같은 커다란 대상에서도 일어난다는 것을 언급했다. 그것은 무슨 말이었을까? 우리는 어느 프랑스 왕자의 천재성에 감사해야 한다. 1924년 프랑스의 전통 있는 귀족 출신인 드 브로이Louis de Broglie는 파리에서 논문을 발표하여, 빛이 파동의 성질을 가질 뿐 아니라 질량이 있는 모든 입자들이 파동성을 가진다고 주장했다. 그 논문은 새로운 학문 세계를 향한 과감한 첫걸음이었다. 그것이 사변이 아니라 확고한 물리학이라는 것을 보증하기 위해 베를린에 있는 아인슈타인에게도 그 논문에 대한 평이 요구되었다. 아인슈타인은 그 논문이 중요한 연구라는 것을 즉시 간파하고 높은 점수를 주었다. 논문에 대한 평에서 아인슈타인은, 이제는 유명해진 다음과 같은 말을 했다. '그는 거대한 베일의 한 자락을 들췄다.'

드 브로이의 주장은 정확히 무엇이고, 그것의 질량 있는 입자에 대한 함축은 무엇일까? 그리고 질량 있는 입자와 빛 입자는 어떻게 다를까? 이 질문에 답하려면 약간 공부가 필요하다. 특정한 질량을 가진 물체를 가속시키려면 즉, 점점 더 빠르게 만들려면 에너지가 필요하다. 자전거를 탈

때 우리는 페달을 힘껏 밟아서 그 에너지를 직접 생산한다. 자동차에서는 엔진 속에서 연료가 연소되어 에너지가 산출된다. 아인슈타인의 상대성이론 이전에 사람들은 물체를 임의로 가속시킬 수 있다고 생각했다. 당연히 그 생각은 일상적인 경험과도 대립한다. 빠르게 달리는 자전거를 가속시키기는 더 힘들다. 자동차 역시 최고 속도에 이르면 거의 더 이상 가속할 수 없다. 그것은 우리가 일상에서 항상 마찰을 극복해야 하기 때문이다. 자전거의 경우에는 회전하는 바퀴의 마찰과 공기의 저항 등이 있다. 그러나 우리가 공기가 없는 공간 속에서 물체를 가속시킨다면, 고전물리학의 법칙들이 완벽하게 타당할 것이다. 따라서 물체를 임의의 속도로 가속시킬 수 있을 것이다.

그러나 아인슈타인의 상대성이론에 따르면 추가적인 문제가 있다. 상대성이론에 따르면 광속은 절대적인 최고 속도이다. 광속은 매우 크다. 초속 299,792,458미터이다. 정확히 말해서 질량 있는 물체는 절대로 광속에 도달하지 못한다. 물체의 속도가 광속에 점점 가까워질수록 그 물체를 더 가속시키려면 더 큰 에너지가 필요하다. 그리고 그 에너지 소모는 광속에 다가갈수록 점점 더 커진다. 실제로 한 물체를 완벽한 광속에 도달하게 하려면 무한히 많은 에너지가 필요하다. 우리는 이 사정을 다음과 같이 이해할 수 있다. 움직이는 물체가 점점 더 광속에 가까워지면 질량이 점점 더 커진다. 물체가 지닌 질량은 가속에 저항한다. 장난감 차는 자동차보다 훨씬 쉽게 가속시킬 수 있다. 왜냐하면 질량이 훨씬 작기 때문이다. 우리가 한 물체를 광속에 가깝게 가속시키면 물체의 질량은 더 커진다. 만일 우리가 실제로 광속에 도달한다면, 질량은 무한대가 될 것이다. 이는 질량 있는 물체를 광속으로 가속시키는 것이 불가능하다는 것을 다르게 표현한 것이다. 그러나 우리는 광자가 실제로 빛의 속도로 움직인다고 말했다. 그렇다면 광자는 무한히 큰 질량을 가지고 있는가? 그것은 당연히 불가능하다. 올바른 설명은 광자가 정지질량을 가지고 있지 않다는 것이다. 다시 말해서 우리가 광자를 멈추게 한다면, 광자에게는 질량이 없다. 그래서 우리는 전자나 원자와는 달리 광자를 질량 없는 입자로 분류한다.

드 브로이가 보이고자 했던 것은 질량 있는 입자들도 광자와 똑같이 파동성을 가진다는 것이었다. 드 브로이는, 만일 자신의 가설이 옳다면 전자와 같이 질량 있는 입자들도 빛과 마찬가지로 간섭현상을 보여야 한다고 주장했다. 실제로 전자를 이용한 간섭 실험이 곧 실행되었고, 이어서 중성자를 비롯한 많은 입자들을 이용한 실험들도 이루어졌다. 질량 있는 입자를 가지고도 빛을 이용한 것과 같은 이중 슬릿 실험을 실행할 수 있어야 했다. 그 실험들은 실제로 기대한 결과들을 산출했다. 1957년 튀빙겐의 왼손Claus Jönsson은 전자를 이용한 이중 슬릿 간섭 실험에 성공했다. 나의 연구진은 1988년에 전자보다 2,000배나 무거운 중성자를 이용한 간섭 실험에 성공했고, 카르날Olivier Carnal과 믈리네크Jürgen Mlynek는 1990년에 원자 광선으로 간섭 실험을 실행하는 데 성공했다.

이제 흥미로운 질문은 이것이다. 이중 슬릿 간섭현상을 관찰할 수 있는 대상의 최대 크기는 얼마일까? 혹시 한계가 있을까? 우리는 왜 일상에서 그런 현상을 관찰하지 못하는가? 어떤 근본적인 이유가 있어서 한계가 존재할까, 아니면 그저 적절한 기법을 사용하지 않았기 때문에 한계가 존재하는 것일까? 이 질문들을 명확하게 제시한 사람은 슈뢰딩거였다. 1935년 최초로 '얽힘' 개념을 사용한 그의 논문에서 슈뢰딩거는 정확히 다음과 같은 질문을 던졌다. 거시적인 계에 대해서 즉, 커다란 계에 대해서 양자 간섭이 관찰될 수 있을까? 슈뢰딩거는 커다란 계들이 그런 양자적인 행동을 보이는 것은 완전히 불합리함을 보이려 했다. 이를 위해 그는 유

〈그림 13〉 슈뢰딩거의 고양이. 고양이가 방사성 원자와 독약과 함께 갇혀 있다(위). 얼마 후에 있을 수 있는 가능성은 두 가지이다(중간). 원자가 붕괴하여 고양이가 독약을 마셨든지, 원자가 붕괴하지 않아 고양이가 살아 있든지, 둘 중 하나이다. 양자물리학에 따르면 (아래) 두 가능성의 중첩이 최소한 원리적으로 일어날 수 있다.

명한 고양이 역설을 고안했다(그림 13). 그는 고양이와 독가스 장치가 함께 들어 있는 강철통을 상상했다. 그 장치는 방사성 원자로 되어 있어서 어느 시점에선가 작동할 수 있다. 통 속에는 그 원자와 함께 원자의 붕괴를 측정하는 가이거 관이 들어 있다. 가이거 관에 의해 전동으로 망치가 작동되고, 망치는 독가스가 들어 있는 그릇을 때린다. 그러므로 원자가 붕괴하면 망치가 독가스 그릇을 깨뜨려 고양이가 죽게 된다. 반대로 원자가 붕괴하지 않으면, 고양이는 아직 얼마간 삶을 유지할 수 있다.

이 상황에서 양자역학은 다음과 같은 방식으로 작용한다. 1시간 이내에 원자가 붕괴할 확률이 50퍼센트라고 해 보자. 그렇다면 양자물리학에서는 1시간이 지난 후에 원자가 두 상태 '붕괴되었음'과 '붕괴되지 않았음'의 중첩 상태에 있다고 이야기한다. 이것은 우리가 이중 슬릿에서 보

앉던 것과 똑같은 상황이다. 이중 슬릿에서도 우리는 입자가 위 슬릿을 통과했는지, 혹은 아래 슬릿을 통과했는지 말할 수 없었다. 이 상황을 양자물리학적으로 기술하기 위해 사람들은 광자가 두 가능성의 중첩 상태에 있다고 이야기한다. 이어서 슈뢰딩거는 양자역학이 보편적으로 타당하지 않다고 생각할 이유는 없다고 주장한다. 그렇다면 양자역학은 망치나 독가스 그릇이나 고양이 같은 커다란 계에도 타당해야 할 것이다. 따라서 고양이도 '죽음'과 '삶'의 중첩 상태에 있어야 할 것이다. 그리고 이것은 매우 납득하기 힘든 상상임에 분명하다. 정확히 말해서 슈뢰딩거가 제시한 상황은 고양이와 방사성 원자와 망치와 독가스 그릇이 연루된 매우 복잡하게 얽힌 상태를 다루고 있다.

많은 물리학자들과 철학자들은 죽은 고양이와 산 고양이의 중첩 상태를 관찰할 수 없을 것이라고 주장한다. 대개 그들은 살아 있는 고양이가 필연적으로 주변으로부터 고립될 수 없는 계라는 것을 그 근거로 든다. 그것이 무슨 말일까? 이중 슬릿에 대한 우리의 논의로 되돌아가 보자. 그때 우리는 양자 간섭 즉, 슬릿을 통과하는 두 파동의 중첩이 오직 입자가 어느 경로를 택하는지에 대한 정보가 어디에도 전혀 없을 때만 일어난다는 것을 배웠다. 그 정보는 여러 가지 방식으로 출현할 수 있다. 예를 들어 입자가 실험 장치 속을 통과하면서 다른 입자와 부딪히고, 사람들이 그 부딪힌 입자를 관찰하여 충돌이 일어난 위치를 알아낼 수 있다. 이를 바탕으로 간섭을 일으키는 입자가 어느 경로를 택했는지 알 수 있을 것이다. 또는 간섭을 일으키는 입자 자체가 이를테면 광자를 방출할 수도 있다. 이때 사람들은 그 광자가 어디에서 오는지, 위 슬릿을 지나는 입자에서 오는지 혹은 아래 슬릿을 지나는 입자에서 오는지 현미경으로 관찰할 수 있을 것이다. 이 모든 경우에 우리는 간섭을 일으키는 입자가 주변과 연결되어 있다고 말할 수 있다. 그 연결이 입자가 택한 경로에 대한 정보를 주변으로 운반한다. 그리고 그 정보가 있는 경우에는 간섭무늬가 발생하지 않는다. 사람들은 이러한 간섭의 소멸을 결흩어짐(Dekohärenz, decoherence)이라고 부르기도 한다.

고양이가 다양한 방식으로 주변과 상호작용하고 있다는 것은 명백한 사실이다. 고양이는 일정한 체온을 유지하므로 지속적으로 광자를 방출한다. 그 광자는 물론 인간의 눈에는 보이지 않는 적외선 영역의 빛 입자이다. 또한 고양이는 호흡을 한다. 그러므로 고양이의 생사 여부에 관한 정보가 주변에 도달하여 '죽은 고양이'와 '산 고양이'의 중첩 상태가 원리적으로 없음을 확실히 입증할 많은 가능성들이 있다고 사람들은 통상적으로 주장한다.

우리 연구진을 비롯한 실험자들에게는 어떤 현상을 관찰하는 것이 자연 법칙에 위배되지는 않지만, 그 현상을 결코 관찰할 수 없으리라는 주장은 당연히 커다란 도전이다. 따라서 그 현상을 관찰하는 것이 가능함을 보이는 과제는 매우 재미있는 연구 프로그램들을 위한 동기가 된다. 뿐만 아니라 통상적인 주장이 논리적으로 명료하지 않은 것도 사실이다. 우리는 다른 살아 있는 계를 동원한 실험을 전혀 무리 없이 상상할 수 있다. 반드시 고양이가 실험에 사용되어야 하는 것은 아니다. 예를 들어 작은 박테리아나 아메바를 사용할 수도 있다. 그 생물들은 살기 위해 필요한 모든 것과 함께 작은 통 속에 고립될 것이다. 박테리아의 경우 그것은 그다지 어려운 일이 아닐 것이다. 고양이의 경우에는 기본적인 생명 활동을 지원하기 위한 장치가 필요할 것이다. 예를 들어 산소를 공급해야 하고 적절한 온도를 유지해야 할 것이다. 그러나 생물과 생명 활동을 지원하는 장치들로 이루어진 계 전체를 매우 작은 강철 통에 넣고 그 통의 외벽을 매우 훌륭하게 고립시킬 수 있을 것이다. 그 복합적인 계로부터 외부로 열복사가 일어나지 않도록 만들 수 있을 것이다. 매우 성능이 좋은 단열 처리를 하고 통 외벽의 온도를 매우 낮추면 원리적으로 그 목표에 도달할 수 있다. 이런 방식으로 강철통 전체와 그 안에 들어 있는 생물이 주변과 전혀 상호작용하지 않도록 만들 수 있다. 그렇게 한다면 전체 계를 다양한 상태들의 중첩 상태에 있도록 만드는 것이 충분히 가능할 것이다. 물론 이 모든 것을 실제로 실험적으로 구현하기가 매우 쉽다고 주장하는 것은 아니다. 커다란 거시적인 계가 양자 중첩 상태에 있는 것이 관찰되려면 아마도 시간이 더 필요하고 기술적인 진보가 일어나야 할 것이다. 그러나 그런 관찰이 실패로 돌아갈 이유는 근본적으로 없다. 이는 실험물리학자들에게는 특별히 관심을 끄는 상황이다. 더 큰 계가 양자 간섭 상태에 있는 것을 어떻게 관찰할 수 있을까? 점점 더 큰 계들의 양자 간섭을 관찰하는 것은 현재 실험물리학에서 중요한 목표이다.

양자 간섭이 발견되는 더 큰 계를 찾는 노력에서 양자 축구공 분자는 현재 세계 최고 기록이다. 그러므로 앞서 우리가 루치아와 마르쿠스를 만난 곳인 빈 대학 실험물리학 연구소의 실험실로 돌아가 보자.

실험에 사용되는 축구공 분자는 섭씨 약 650도를 유지하는 가마에서 방출된다. 그 분자들은 그 높은 온도에서 기화되어 작은 슬릿을 통해 밖으로 나온다. 그것들은 약 1미터 날아간 후 이중 슬릿 대신에 다중 슬릿을, 즉 격자를 만난다. 분자들이 측정되는 위치는 약 1미터 더 떨어진 곳이다. 비외른과 슈테판이 컴퓨터 화면에서 보는 것은 영사막 상에서의 축구공 분자들의 분포와 다르지 않다. 그것은 이중 슬릿 실험에서 밝고 어두운 줄무늬에 대응된다. 다만 이번에는 무늬가 빛으로 이루어진 것이 아니라 매우 무거운 입자들로 이루어진다는 것이 다르다. 다시 말해서 이상적인 경우 미세한 격자를 지나 1미터 떨어진 관찰 구역에는 축구공 분자가 도달하지 않는 장소들과 매우 많은 축구공 분자들이 도달하는 장소들이 생겨난다. 이중 슬릿에서와 마찬가지로 격자에서도 이 결과를 양자 간섭으로 설명할 수 있다. 각각의 개별 축구공 분자에 인접한 두 개 이상의 격자 슬릿을 통과한 파동을 대응시킬 수 있다. 관찰 구역의 일부 장소들에서는 그 파동들이 서로 상쇄되어 축구공 분자들이 도달하지 않고, 다른 장소들에서는 파동들이 서로 보강된다.

이 실험은 분자가 매우 뜨겁기 때문에 더욱 흥미롭다. 온도가 650도라는 것은 분자들이 주변으로부터 고립되지 않았음을 의미한다. 분자들은 광원에서 탐지 장치로 날아가는 동안에(따라서 격자 슬릿을 통과할 때에도) 달궈진 물체가 빛을 방출하듯이 광자들을 방출한다. 우리의 축구공 분자의 경우 그 빛을 육안으로 볼 수는 없다. 왜냐하면 축구공 분자가 충분히 뜨겁지 않기 때문이다. 방출되는 빛은 가시광선이 아니라 적외선이나 열선이다.

그런 열선의 방출로 인해 결흩어짐이 일어나지 않는 이유는 무엇일까? 앞서 우리는 계가 주변으로부터 고립되지 않을 때 결흩어짐이 일어난다고 배웠지 않은가. 대답은 간단하고 예상 밖이다. 간섭이 일어나는지 여부를 결정하는 핵심적인 기준이 입자가, 즉 우리의 경우에는 축구공 분자가 어떤 경로를 취했는지에 대한 정보가 주변에 있는지 여부라고 주장했다. 우리의 실험과 관련해서 이는, 오직 축구공 분자들이 방출한 열선을 정확히 조사해서 축구공 분자들이 택한 경로를 알아낼 수 있을 때만 간섭이 사라진다는 것을 의미한다. 그런데 바로 그렇게 축구공 분자들의 경로를 알아내는 것은 불가능하다. 그 이유 또한 매우 간단하다. 그 이유를 이해하려면, 분자가 택한 경로를 구체적으로 알아내는 방법을 따져 보기만 하면 된다. 가장 단순한 방법은 현미경을 써서 축구공 분자가 방출하는 적외선이 어디에서 오는지 관찰하는 방법일 것이다. 그러나 현미경을 써서 작은 세부를 관찰하는 데는 근본적으로 정밀도의 한계가 있다. 그 한계는 사용되는 빛의 파장에 기인한다. 즉, 현미경은 사용되는 빛의 파장보다 더 멀리 떨어져 있는 점들만 구분할 수 있다. 우리의 경우에 축구공 분자가 방출하는 빛의 파장은 5마이크로미터이다. 우리는 그 길이를 격자의 인접한 두 슬릿 사이의 거리와 비교해야 한다. 그 거리는 불과 1/10마이크로미터이다. 그러므로 인접한 두 간섭 경로 사이의 거리는 풀러렌에서 방출되는 빛의 파장보다 훨씬 작다. 따라서 세상에 있는 어떤 현미경으로도 적외선을 방출하는 축구공 분자가 어디에 있는지 관찰할 수 없다.

풀러렌이 방출한 광자들이 풀러렌 분자가 택한 경로를 측정하는 데 도움을 주지 못하므로, 우리는 경로에 대한 정보가 밖으로 나오지 않았다고 결론짓는다. 그러므로 간섭이 일어나야 하고, 실제로 실험에서 간섭이 관찰되었다. 그러나 풀러렌 분자가 실제로 얼마나 많은 광자들을 방출하는지도 중요하다. 우리의 경우에 풀러렌 분자가 방출하는 광자들은 매우 적다. 다시 말해서 우리는 각각의 개별 광자로부터 경로에 관해 매우 적은 개연적인 정보를 얻을 수 있다. 실제 실험에서는 광자의 수가 충분히 적어서 간섭무늬에 영향을 미치지 않는다. 그러나 매우 많은 광자들이 방출된다면, 그러니까 이를테면 수천 개의 광자가 방출된다면, 모든 광자들로부터 얻은 정보를 종합하여 경로를 측정할 수 있을 것이다.

우리는 풀러렌 분자들을 인공적으로 가열해서 실험을 했다. 가열은 매우 강한 레이저 광선에 의해 이루어졌다. 풀러렌 분자들이 약 3,000도 정도로 가열되자, 분자들은 매우 많은 광자들을 방출했고 간섭무늬는 실제로 사라졌다. 결론적으로 우리는 이 경우에 주변과의 충분히 강한 연결에 의해 결흩어짐이 일어나는 것을 목격한 것이다.

그러나 여전히 풀러렌 분자 자신이 광자를 방출했는지 여부를 '안다'고 주장할 수 있을지도 모른다. 개별 분자는 광자를 방출할 때 간섭 경로 상의 어딘가에 있어야 하고, 그 분자는 속성상 광자를 아직 방출하지 않은 분자와 구분될 것이라는 주장이다. 이런 주장이 가능할 수도 있지만, 그렇게 주장할 경우 우리는 또다시 이중 슬릿에서 분석했던 함정에 빠진다. 경로를 정확히 측정할 수 없다면, 분자가 어떤 특정한 경로를 거쳤다고 이야기할 수 있는 권리가 우리에게는 없다. 달리 표현한다면, 관찰 영역에서 기록되는 축구공 분자들은 자신이 빛을 방출했음을 비록 '알지만', 그때 어떤 경로를 거쳤는지는 모른다. 이 역시 양자물리학에서 정보가 얼마나 중요한지 다시 한번 보여준다.

도대체 얼마나 큰 대상까지 양자 속성들을 관찰할 수 있을까 하는 일반적인 질문을 던질 수 있다. 혹은 보다 구체적으로, 얼마나 큰 대상에 대하여 드 브로이 파장을, 이를테면 이중 슬릿 간섭을 통해 관찰할 수 있을까 라는 질문을 던질 수 있다. 일반적인 문제는 입자가 무거워질수록 입자의 드 브로이 파장이 짧아진다는 것이다. 풀러렌의 경우에 우리가 설정한 온도에서 물질파 파장이 겨우 수 피코미터이다. 피코미터는 1조분의 1미터이다. 얼마나 큰 대상에서까지 그런 양자 간섭을 관찰할 수 있는지 알아내는 것은 분명 흥미로운 연구 프로그램이다. 그 문제에 대한 결론은 오직 실험만이 줄 수 있다.

6 우리가 존재하는 이유

 방금 우리는 물질적인 대상에 잘 정의된 파장을 가진 파동을 대응시킬 수 있다는 기발한 주장을 드 브로이가 내놓았다는 것을 배웠다. 그 파장은 이른바 드 브로이 관계식에 의해 주어진다. 플랑크 작용양자 h를 입자의 운동량으로 나누면 그 파장을 얻을 수 있다(입자의 운동량은 질량과 속도의 곱이다). 그러므로 드 브로이 파장은 플랑크 작용양자를 입자의 질량과 속도의 곱으로 나눈 것과 같다. 이 관계식은 여러 차례 실험적으로 입증되었다. 우리의 풀러렌 실험과 관련해서 그 사실을 자세하게 논의했다.

 드 브로이 파동을 이용하는 흥미로운 방법 중 하나는 그 파동으로 원자 구조를 탐구하는 것이다. 원자의 내부 구조는 물리학에서 가장 흥미로운 연구 주제 중 하나이며, 현대 양자 이론의 발전 속에서 중요하게 다루어졌다. 모든 각각의 원자는 우선 원자핵과 원자핵을 공전하는 전자들로 이루어진다. 일단 매우 소박하게 상상한다면, 원자핵과 전자들의 운동을 태

양과 행성들의 운동에 비유할 수 있다. 원자핵은 양으로 대전되어 있고 전자들은 음으로 대전되어 있다. 이 음전하와 양전하의 인력으로 인해 전자들은 원자핵 주위의 궤도에 구속된다. 그런데 전자에게는 임의의 모든 궤도가 허용되는 것이 아니라 특정한 몇 개의 궤도만 허용된다는 것이 이미 오래 전에 실험에서 밝혀졌다.

이제 문제는 '그 잘 정의된 궤도들을 어떻게 설명하는가'이다. 드 브로이의 파동 가설에서 도움을 얻을 수 있다. 전자가 원자핵 주위의 궤도를 움직인다고 매우 소박하게 상상해 보자. 그 전자에는 특정한 파동이 부여되어 있다. 그러므로 우리는 원형으로 움직이면서 끝에서 자신과 다시 이어지는 파동을 상상할 수 있다. 그 파동이—따라서 원자가—안정적이려면, 파동이 자신을 소멸시켜서는 안 된다. 다시 말해서, 파동이 한 바퀴 돌아왔을 때 처음과 반대로 진동해서는 안 된다. 그러므로 파동은 원자핵을 한 바퀴 돈 후에도 처음과 똑같이 진동해야 한다. 이는 전자의 궤도의 길이가 드 브로이 파장의 정수배가 되어야 함을 의미한다. 드 브로이 파장은 또한 전자가 원자핵에서 얼마나 떨어져 있는지에 의해서도 결정된다. 이를 다음과 같이 상상할 수 있다. 원자핵에 더 가까운 전자는 더 큰 속도를 얻고 따라서 더 짧은 드 브로이 파장을 얻는다. 그러나 엄밀히 말해서 이런 상상들은 이해를 돕기 위한 수단에 불과하다.

전자 궤도를 결정하는 일은, 혹은 더 정확히 말해서 원자 내부에 있는 전자의 상태를 규정하는 일은 이미 언급한 슈뢰딩거 방정식의 해에 근거해서만 가능하다. 슈뢰딩거 방정식에서 전자의 파동함수를 얻을 수 있다. 그런데 슈뢰딩거 방정식은 여러 해들을 가진다. 따라서 가능한 다양한 파동함수들이 있고, 그것들 각각에 대응해서 다양한 전자궤도들이 있다. 보어는 직관적인 보조 수단으로 전자궤도를 도입했다. 오늘날 그 궤도들은 원자핵에서 비교적 멀리 떨어진 전자에 대해서만 타당하다. 원자핵 근처에 있는 전자들에 대해서는 사정이 더 복잡하다. 그 전자들의 상태는 드럼 막의 진동 상태와 가장 비슷하다. 원자핵 근처에 있는 전자들의 양자역학적 상태는 드럼 막의 진동과 유사하면서 3차원적으로 진동하는 상태이다. 전자의 상태와 관련해서 흔히 전자가 궤도를 (마치 물이 그릇을 채우듯이) '채운다'는 표현이 사용된다. '채워진 상태'라는 표현도 사용된다. 그러나 이 표현들은 오해의 소지가 있다. 측정해 보면 전자는 언제나 특정한 한 지점에서 발견되기 때문이다. 실제로 전자의 상태를 말해 주는 것은 우리가 나중에 논의하게 될 확률 함수이다. 3차원적인 진동 상태가 나타내는 것은, 실험을 할 경우 우리가 어디에서 전자를 발견할 수 있는지를 말해 주는 확률이다. 그러므로 전자의 상태를 어떤 실재적인 진동이나 심지어 전자궤도로 상상하는 것은 실제 사태와 거리가 멀다.

그러나 그런 상상이 주는 중요한 이점은, 그 상상을 통해 원자 내의 전자 상태들의 다양한 에너지를 규정할 수 있고, 그로부터 직접적으로 관찰 가능한 실험적 귀결들을 얻을 수 있다는 것이다. 원자가 빛을 방출하는 것은, 전자가 한 에너지 상태에서 다른 에너지 상태로 옮겨가는 것을 의미한다. 즉, 전자가 한 흥분 상태에서 다른 흥분 상태로, 혹은 파동함수의 한 상태에서 다른 상태로 옮겨 가는 것이다. 이 에너지 이행은 슈뢰딩거 방정식을 통해 매우 정확하게 규정될 수 있다. 그렇게 규정된 결과는 다시 특정한 종류의 원자에서 나오는 빛을 정확히 측정함으로써 실험적으로 정밀하게 검증될 수 있다. 빛의 에너지를 측정한다는 것은 간단히 빛의 색, 즉 진동수, 혹은 파장을 측정한다는 것이다. 서로 다른 흥분 상태들 사이에서 전자가 이행하면서 빛을 방출하는 것을 양자 도약이라 부른다. 양자 도약은 언제나 자발적으로 일어난다. 다시 말해서 양자 도약은 우리가 앞에서 설명한 바와 같이 객관적이며 더 이상 설명할 수 없는 확률의 법칙에 의해 지배된다. 그러므로 양자 도약은 통상적으로 사용되는 말의 의미와 달리 새로운 품질이나 특별한 이득을 창출하는 어떤 대단한 것이 아니라 매우 작은 현상이며, 어떤 외적인 영향도 받지 않고 자발적으로 일어난다.

'전자가 원자핵에 끌림에도 불구하고 왜 원자핵으로 떨어지지 않는가'라는 질문은 또 다른 중요한 문제이다. 전자들이 계속해서 에너지를 소모한다고 생각할 수도 있을 것이다. 그러나 해답은 결국 하이젠베르크의 불확정성원리에 있다. 전자가 원자핵 속으로 떨어지기 위해서는, 전자가 원자핵의 크기에 국소화되어야 한다. 즉, 전자의 위치 불확정성이 매우 작아야 한다. 그런데 그렇게 되면 전자의 운동량 불확정성은 커진다. 따라서 전자가 큰 운동량으로 원자핵을 벗어날 가능성이 커진다.

다양한 화학적 원소들의 차이도 중요한 관심사이다. 그 차이는 파울리의 배타원리의 귀결이다. 파울리의 배타원리에 따르면, 모든 양자 속성들이 일치하는 두 전자는 존재할 수 없다. 그러므로 모든 전자들이 가장 낮은 에너지 수준에 머물 수는 없다. 전자들은 화학적 원소마다 다른 전자 상태들을 취해야 한다.

마지막으로 양자물리학은 왜 다양한 화학적 원소들에 대응하는 원자들이 있고, 그 원자들이 왜 안정적인지도 설명한다. 다시 말해서 양자물리학을 통해서 비로소 화학이 가능하고, 화학을 통해서 비로소 우리의 몸속에서 일어나는 모든 화학적 과정들과 함께 우리 자신이 가능하다. 역시 원자로 이루어진 다른 물질들 역시 양자물리학 없이는 생각할 수 없다.

III 쓸모없는 것이 주는 이득

"각하, 각하는 언젠가 거기에서 세금을 거두게 될 것입니다."

— 전기의 의미를 묻는 영국의 재무부장관에게 패러데이가 건넨 말

지금까지는 주로 근본적인 질문들에 논의를 할애했다. 우리는 세계가 우리와 무관하게 관찰에 독립적으로 자신의 속성들을 가진다는 통상적인 견해가 옳지 않을 수 있음을 보았다. 전 세계적으로, 특히 70년대 이래로 양자물리학을 멋지게 입증한 매우 많은 실험들이 수행되었다. 내 경우에도 역시 마찬가지이지만 그 모든 실험들을 이끈 일차적인 동기는 양자역학을 이해하고 양자물리학의 예측들이 실제로 얼마나 기묘한지를 가능한 한 명확하고 단순하게 실험을 통해 이해하는 것이었다.

90년대 초까지만 해도 이 분야에 종사하는 과학자들은 자신들이 공학적인 응용 가능성과는 거리가 먼 영역에서 작업하고 있다고 생각했다. 나 역시 그렇게 생각했다. 왜냐하면 나는 개별 양자들을 다루는 이 기초적인 연구가 무언가 실용적인 의미를 가질 수 있을 것이라고 생각할 수 없었기 때문이다. 누군가 내게 그 모든 것이 다 무슨 소용이냐고 물었다면 당시 나의 대답은 다음과 같았을 것이다. '어디에도 쓸모가 없습니다. 실용적인 관점에서 본다면 이 연구는 무의미합니다. 셰익스피어의 희곡이나 베토벤의 9번 교향곡과 마찬가지로 무의미합니다. 그 예술 작품들과 마찬가지로 이 연구 역시 공학적인 응용 가능성에서 동기를 얻지 않았습니다. 그럼에도 우리는 그런 쓸모없는 일들을 합니다. 음악을 작곡하는 사람들이 있고 희곡과 시를 쓰는 사람들이 있듯이 양자물리학의 기반에 관한 실험을 하는 사람들이 있습니다. 그런 쓸모없는 일을 하는 것은 호모 사피엔스라는 종에 속한 모든 인간의 정체성의 일부인 듯합니다. 호기심, 어떤 실용적인 응용으로부터도 동기를 얻지 않은 순수한 호기심은 분명 인간 정체성의 일부입니다.' 어쩌면 지금 우리가 가진 호기심을 진화론적으로 설명할 수 있을지도 모른다. 호모 사피엔스가 있기 훨씬 전에 우리의 조상들 중 일부는 성장한 곳에 그냥 머물지 않고 항상 가까운 언덕 너머에, 또 가까운 산 너머에 무엇이 있는지 살폈다. 그 호기심 많은 조상들은 분명 자청해서 더 큰 위험을 감수했을 것이다. 그 조상들은 인류의 진화에 매우 본질적인 기여를 했다. 왜냐하면 그들은 근본적으로 새로운 가능성들을 열었기 때문이다. 기초 학문들의 기여와 업적 또한 그 호기심의 산물이라고 할 수 있다.

그러나 1990년대에 매우 놀라운 발전이 시작되었다. 사람들은 갑자기 양자물리학의 기초 연구를 실용적으로 응용할 가능성들을 이야기하기 시작했다. 새로운 응용은 새로운 형태의 정보 전달 및 처리 방식을 개발하는 것과 관련이 있었다. 현존하는 방식을 양적으로 능가할 뿐 아니라 질적으로 혁신하는 새로운 방식들이 논의되기 시작했다. 양자물리학의 응용에 관한 논의가 이루어진 가장 중요한 두 영역은 양자통신 quantum-communication과 양자컴퓨터 quantum-computer이다. 양자통신에서는 양자물리학적인 방법을 이용한 정보 전달을 연구한다. 기술적으로 가장 발전된 분야는 양자암호학이다. 양자암호학에서 사람들은 안전하게 정보를 전달하기 위해 양자 상태들을 이용한다. 양자 순간이동에서는 한 계의 양자 상태를, 그 상태가 지닌 정보를 확인하지 않은 상태에서, 임의의 다른 장소로 완벽하게 옮길 수 있다. 이와 관련된 더 많은 이야기는 다음 장에서 이루어질 것이다.

1 줄리엣에게 보내는 로미오의 비밀 편지

암호학은 허가되지 않은 수신자가 근본적으로 이해할 수 없는 방식으로 정보를 전달하는 방법을 연구한다. '암호' 하면 사람들은 항상 첩보원이나 군사적인 응용을 떠올린다. 그러나 암호화된 정보를 가장 많이 주고받는 분야는 경제 분야이다. 모든 은행들은 그들의 암호가 경쟁사에게 알려지지 않도록 애쓴다. 또한 중요한 사업 문서가 일반에게 공개되는 것은 커다란 참사일 것이다. 암호학은 매우 다양한 방식으로 공학에 응용될 수 있다. 암호를 이용하는 매우 통상적인 방법의 하나는 비밀 열쇠를 사용하는 것이다. 한 가지 간단한 예를 들어 보자. 로미오는 줄리엣에게 다음과 같은 소식을 보내고자 한다.

treffe dich um mitternacht (자정에 너를 만날 것이다)

이 소식을 암호화하는 매우 간단한 방법은, 각각의 철자를 알파벳에서 특정한 수만큼 다음 위치에 있는 철자로 대체하는 것이다. 각각의 철자를 세 자리 오른쪽에 있는 철자로 대체하기로 로미오와 줄리엣이 합의했다고 가정해 보자. 즉, A는 D가 되고, B는 E가 되는 것이다. 따라서 위에 있는 소식 'treffe dich um mitternacht'는 다음과 같은 암호문이 될 것이다.

wuhih glfk xp plwwhuqdfkw

이 암호문이 줄리엣에게 전달되고, 줄리엣은 모든 철자를 세 자리 앞의 철자로 바꾸기만 하면 원래의 소식을 읽어 낼 수 있다. 카이사르에게서 연원한다고 하여 카이사르 암호라 불리는 이 암호 체계의 문제점은 분명하게 드러난다. 누군가 암호의 원리를 알아내기만 하면, 철자를 적당한 다른 철자로 바꿈으로써 암호화가 이루어진다는 것을 알아내면, 그 사람은 여러 가능성들을 직접 시도해 봄으로써 즉시 원래 소식을 손에 넣을 수 있다.

이 암호 체계의 두 번째 문제는, 암호화된 소식이 중간에서 탈취되고 해독되었는지 여부를 전혀 알 수 없다는 점이다. 암호화된 소식을 받은 줄리엣은, 티볼트도 그 소식을 알고 만남을 방해하기 위해 자정에 매복할지 여부를 전혀 알 수 없다.

약간 더 발전된 암호화 방법은, 모든 각각의 철자를 고정된 위치만큼 옮기는 것이 아니라, 새 철자 각각의 위치를 나타내는 수를 각각 다르게 선택하는 것이다. 예를 들어 다음과 같은 글귀를 열쇠로 선택해 보자.

quantenphysik und philosophie(양자물리학과 철학)

우리는 각각의 철자에 알파벳에서 그 철자의 위치에 해당하는 수를 할당한다. 그렇게 하면 다음과 같은 수열을 얻을 수 있다.

17, 21, 1, 14, 20, 5, 14, 16, 8, 25, 19, 9, 11, 0, 21, 14, 4, 0, 16, 8, 9, 12, 15, 19, 15, 16, 8, 9, 5

예를 들어 q는 알파벳에서 17번째 철자이므로 17로 대체했다. 단어들 사이의 공백에는 0을 집어넣었다.

같은 방법으로 글귀 'treffe dich um mitternacht'를 암호화하면 다음과 같은 수열이 된다.

20, 18, 5, 6, 6, 5, 0, 4, 9, 3, 8, 0, 21, 13, 0, 13, 9, 20, 20, 5, 18, 14, 1, 3, 8, 20

이제 암호화된 두 수열을 두 줄로 표기하고 각 항을 더해 보자.

20	18	5	6	6	5	0	4	9	3	8	0	21	13	0	13	9	20	20	5	18	14	1	3	8	20
17	21	1	14	20	5	14	16	8	25	19	9	11	0	21	14	4	0	16	8	9	12	15	19	15	16
37	39	6	20	26	10	14	20	17	28	27	9	32	13	21	27	13	20	36	13	27	26	16	22	23	36
10	12	6	20	26	10	14	20	17	1	0	9	5	13	21	0	13	20	9	13	0	26	16	22	23	9

표에서 첫 번째 줄은 원래 글귀이고 두 번째 줄은 열쇠이다. 세 번째 줄

은 두 줄의 합이며, 마지막으로 네 번째 줄은 최종적으로 전달할 암호문이다. 그 암호문은 아직 수로 되어 있다. 합을 통해 얻어진 수열에서 일부 항들은 26보다 크다. 그러나 철자에 대응하는 수는 26이 최대이므로 우리는 26보다 큰 모든 수에서 27을 빼서 위의 네 번째 수열을 얻었다. 우리는 이 암호문을 다시 철자로 번역한다. 그렇게 하면 다음과 같은 암호문이 얻어진다.

zlftzjmtqa jmu mtim zpuwc

이것이 전달되는 암호화된 소식이다. 이제 줄리엣은 알려진 열쇠

quantenphysik und philosophie

를 수열로 번역하고, 자신에게 전달된 비밀 소식에서 그 수열을 빼면 쉽게 암호를 해독할 수 있다. 뺄셈의 결과가 0보다 작을 때는 항상 27을 더해서 최종값을 얻는다.

암호를 뚫으려는 티볼트가 해야 하는 작업은 약간 더 어렵다. 이렇게 암호화된 비밀 소식을 해독하려면 당연히 암호해독 열쇠, 즉 글귀 quantenphysik und philosophie를 알아야 한다. 그런데 이 열쇠 역시 현대적인 컴퓨터를 통해 매우 쉽게 알아낼 수 있다. 만일 우리가 소식과 열쇠가 모두 단어들로 되어 있다는 것을 안다면, 우리는 엄청나게 많은 가능한 조합들을 고성능 컴퓨터로 일일이 조사해서 쉽게 비밀을 알아낼 수

있다. 이 단점을 극복하려면 전혀 의미가 없는 문자열이나 수열을 열쇠로 사용해야 할 것이다. 그런 문자열이나 수열을 우연열Zufallsfolge이라 할 수 있다. 우연열은 숫자나 문자의 열로 순전히 우연적으로 조합되며, 연속되는 두 숫자나 문자 사이에는 아무런 관계가 없다. 미국의 수학자 버냄 Gilbert Vernam(1890~1960)은 1917년에 그런 암호화 체계를 발견했다. 당시 그는 AT&T에서 독일인들이 뚫을 수 없는 암호를 개발하는 임무에 종사하고 있었다. 그는 두 가지 조건이 갖추어진다면 자신이 발견한 암호화 체계가 절대적으로 안전하다는 것을 증명할 수 있었다.

첫째, 열쇠가 완벽한 우연열이어야 하며, 둘째, 단 한 번만 사용되어야 한다. 두 번째 조건은 왜 있을까? 로미오와 줄리엣이 한 우연열을 열쇠로 가지고 있고 그 열쇠를 이틀에 걸쳐 두 번 사용한다고 가정해 보자. 그렇다면 암호를 뚫으려는 사람은, 두 개의 비밀 소식을 뺄셈하기만 하면 해결에 다가갈 수 있다. 그렇게 하면 우연열의 수치들이 제거되고 두 비밀 소식의 차가 남는다. 현대적인 컴퓨터를 쓰면 그 차를 매우 빠르게 해독할 수 있다. 이제 단지 모든 조합들의 목록을 조사하고 시행착오를 거치면 두 개의 의미 있는 소식을 얻을 수 있다. 그러므로 버냄이 제시한 두 조건만 충족된다면 로미오와 줄리엣은 원리적으로 다른 사람이 도청할 수 없는 방식으로 소식을 교환할 수 있다. 이제 남은 유일한 문제는 두 사람이 동일한 비밀 열쇠를 사용해야 한다는 것이다. 그러므로 열쇠를 모종의 방법으로 주고받거나 제3자를 통해 교환해야 한다. 최선의 방법은 두 사람이 서로 만나는 것일 것이다. 하지만 두 사람이 오랫동안 만나지 못할 이유가 있다면 어떻게 할까? 그렇다면 신뢰할 수 있는 열쇠 전달자가 필요하다. 그리고 바로 거기에 이 암호 체계의 근본적인 문제점이 있다. 왜냐하면 열쇠가 안전하게 전달되었는지를 절대로 확신할 수 없기 때문이다.

이제 양자암호가 나설 차례이다. 양자암호는, 로미오와 줄리엣이 동일한 열쇠를 가지도록 하는 데, 그리고 그 열쇠가 도청자에 의해 모종의 방식으로 입수되거나 복사되지 않았다는 것을 확인하는 데 개별 광자를 이용하는 것을 근본 발상으로 한다. 다양한 기본 개념의 양자암호들이 존재한다. 미국인 베네트Charles Bennett와 캐나다인 브래서드Jules Brassard가 고안한 기본 개념에서는 로미오가 줄리엣에게 광자들을 보내야 하며, 그 광자들 중 일부가 열쇠이다. 여기에서 나는 우리가 언급한 바 있는 얽힌 광자를 이용하는 방법만을 설명하려 한다. 그 방법을 처음 고안한 사람은 에커트Artur Ekert이다. 그는 영국 옥스퍼드 대학에서 젊은 물리학도로 공부하던 시절에 그 방법을 처음 생각해 냈다. 최근에 그는 케임브리지 대학의 교수가 되었다.

그 양자암호화 방법이 처음으로 실현된 것은 인스부르크 대학의 내 연구진(엔네바인, 시몬, 바이스, 바인푸르터)에 의해서이다. 기본 개념은 비교적 간단하다. 먼저 얽힌 광자들을 산출할 수 있는 광원을 마련한다. 로미오와 줄리엣은 얽힌 광자 각각을 받는다. 서로 얽힌 두 입자는 각자 독자적으로 아직 아무런 속성도 가지지 않는다는 것을 상기하자. 그러나 한 입자의 속성이 측정되면, 다른 입자는 즉시 그에 대응하는 속성을 얻는다. 인스부르크에서 이루어진 양자암호 실험에서는 양자의 편광을 얽힌 속성으로 이용했다. 편광은 특수한 안경(편광 안경)을 써서 쉽게 확인할 수 있다는 특징이 있다. 우리가 이미 배웠듯이 빛은 전자기 진동으로 이루어진다. 우리가 쉽게 진동시킬 수 있는 줄과 마찬가지로 전자기장도 빛의 전파 방향에 수직으로 진동한다. 편광 안경은 그 진동을 수평으로 진동하는 성분과 수직으로 진동하는 성분으로 분해한다. 두 성분 중 하나는(대개의 안경에서는 수직으로 진동하는 성분은) 통과되고 수평으로 진동하는 성분은 흡수된다(그림 11). 하지만 두 성분을 모두 통과시키면서 상이한 방향으로 방출하여 서로 분리되도록 만드는 특수한 편광 장치들 — 흔히 결정을 이용한다 — 도 있다. 양자물리학적으로 광자의 편광은 우리가 봄의 실험에서 보았던 기본입자의 스핀과 똑같은 방식으로 행동한다. 스핀이 임의의 측정 방향에 대해서 위와 아래일 수 있는 것과 마찬가지로, 편광도 둘 중 하나이다. 개별 광자의 편광은 오직 주어진 각각의 방향에 대해서 나란하거나 수직일 수 있다. 다시 말해서 한 광자의 편광을 측정하면, 결과는 두 가지 가능성밖에 없다. 편광은 측정 방향에 나란하게 진동하든지, 아니면 수직으로 진동한다.

　양자암호 실험에 쓰이는 광자는 얽힌 광자쌍으로서, 광자 각각은 전혀 편광되어 있지 않다. 이때 흥미로운 것은, 우리가 두 광자 중 하나를 측정하기만 하면, 그 광자는 수직이나 수평 중 하나의 편광을 가지게 된다는 것이다. 그때 다른 광자는 아무리 멀리 떨어져 있어도 상관없이 첫 번째 광자의 편광 방향에 수직으로 편광되어야 한다. 이것은 봄의 실험에 나오는 얽힌 입자들과 완전히 같은 행동이다. 봄의 실험에서도 개별 입자들은 스핀을 가지지 않았다. 그러나 한 입자가 측정되면, 그 입자는 우연적으로 스핀을 얻고, 다른 입자는 반대의 스핀을 얻었다.

그러므로 매우 많은 광자쌍들을 산출하고 측정하면, 로미오는 예를 들어 다음과 같은 편광들의 열을 얻을 수 있다. HVVHVHHHVHV. 이때 V는 수직인 편광을 나타내고 H는 수평인 편광을 나타낸다. 줄리엣은 이 열을 정확히 수직으로 변환한 열, 즉 VHHVHVVVHVH를 얻는다. 그렇게 로미오와 줄리엣은 모두 우연열을 손에 넣는다. 그렇게 우연열을 얻는 것은 양자암호 열쇠의 보안성을 위한 중요한 전제임을 상기하자. 이제 로미오와 줄리엣은 그들이 가진 열들을 동일한 우연열로 번역할 수 있다. 편광 열을 0과 1의 열로 바꾸는 방법을 쓸 수 있을 것이다. 로미오는 모든 H를 0으로 바꾸고 모든 V를 1로 바꾸어 다음과 같은 수열을 얻는다.

0 1 1 0 1 0 0 0 1 0 1

한편 줄리엣은 H를 1로 바꾸고 V를 0으로 바꾸어 동일한 수열을 얻는다. 이제 이 열쇠를 소식을 암호화하는 데 사용할 수 있다. 우리는 0에서 26까지의 수가 아니라 0과 1만 가지고 있다. 그러므로 우리는 소식을 0과 1의 열로 번역해야 한다. 모든 컴퓨터가 바로 그 일을 한다. 그렇게 모든 정보를 이진수열로 만드는 것이다. 그리고 이제 로미오와 줄리엣은 앞에서 서술한 것과 원리적으로 동일한 방식으로 암호문을 만들고 해독한다. 전달할 소식이 1 1 1 1 1 0 0 0 0 0 이라고 해 보자. 줄리엣은 그 소식에 간단히 열쇠를 더한다.

```
  1 1 1 1 1 0 0 0 0 0    소식
  1 0 1 0 1 1 0 0 1 0    열쇠
+
─────────────────────────
  0 1 0 1 0 1 0 0 1 0    암호화된 소식
```

이 덧셈에서 우리는 1+1 = 0으로 정했다. 앞에서 우리가 덧셈의 결과가 너무 클 때 27을 뺀 것과 마찬가지로 이번에는 2를 뺀 것이다. 이제 이 암호화된 소식이 로미오에게 전달되고, 로미오는 앞에서 서술된 것과 동일한 방식으로 간단하게 암호를 해독한다. 로미오는 전달된 암호화된 소식에서 열쇠를 뺀다. 이때 그는 1+1 = 0의 역인 등식 0-1 = 1을 추가적인 규칙으로 사용해야 한다.

우리의 실험이 정확히 이런 식이었다. 우리는 두 개의 얽힌 광자를 산출하여 서로 다른 측정 장소로 보냈다. 그렇게 해서 동일한 두 개의 우연적인 열쇠가 만들어졌다. 우리는 그 열쇠를 이용해서 비밀 소식을 전송했

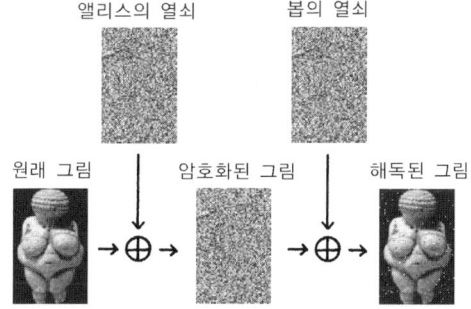

〈그림 14〉 양자암호를 이용한 비밀소식 전달. 앨리스는 원래 그림인 빌렌도르프의 비너스를 위에서 무작위한 회색점들로 된 그림으로 표현된 그녀의 열쇠와 합성한다. 암호화된 그림은 모종의 방식으로 봅에게 전달된다. 전달은 완전히 공개적으로 이루어져도 좋다. 봅은 그가 가진 열쇠의 도움으로 다시 원래 그림을 얻을 수 있다.

다. 우리가 전송한 소식은 유명한 빌렌도르프의 비너스 사진이었다(그림 14). 위의 그림에 있는 두 열쇠는 한눈에 보기에도 완전히 우연적인 화소들의 집합이다. 그 두 열쇠는 우리가 방금 설명한 것과 똑같은 방식으로 우연열로부터 생성되었다. 그 작업을 맡은 사람은 앨리스와 봅이다. 그들이 생성시킨 우연열로부터 두 열쇠가 만들어진 것이다. 그 두 열쇠가 동일하다는 것은 자세히 들여다보면 알 수 있다. 전송할 비너스 사진은 우리가 설명한 방식대로 디지털 기호로 변환되어 열쇠와 합쳐졌다. 암호화된 소식(암호화된 그림)은 슈퍼컴퓨터를 써서 알아낼 수 있는 정도의 정보도 포함하지 않는다. 봅은 자신이 가진 열쇠를 써서 원래의 그림을 얻을 수 있다. 모든 물리적인 작업이 그렇듯이 이 과정에서도 가끔 오류가 발생할 수 있다. 예를 들어 얽힌 광자쌍의 상관이 완벽하지 않을 때 오류가 발생한다. 그러나 그 오류가 너무 많지만 않다면, 오류는 쉽게 수정될 수 있다.

양자암호가 가진 위력은 두 가지 중요한 일을 한꺼번에 해결한다는 것이다. 첫째, 양자암호는 버냄이 암호화를 위해 요구한 우연열을 제공한다. 그리고 그 우연열은 임의로 길 수 있다. 로미오와 줄리엣은 그들의 광원을 계속해서 작동시켜 0과 1로 된 긴 열을 만들어 낼 수 있다. 둘째, 양자암호에서는 두 열쇠가 동시에 생성되므로, 열쇠를 로미오에게서 줄리엣에게 전달할 필요가 없다. 측정 이전에 개별 광자들은 편광을 가지지 않으므로, 광원에서 로미오나 줄리엣에게 전달되는 편광도 없다. 편광은 개별 측정에 의해서, 어떤 숨은 이유도 없이 완벽하게 우연적으로 비로소 생성된다. 두 번째 광자도 측정 순간에 비로소 첫 번째 광자의 편광에 수직인 편광을 얻는다.

당연히 도청자가 열쇠를 손에 넣으려 하는 경우가 있을 수 있다. 도청자는 얽힌 광자들이 통과하는 경로의 한 지점에 개입해야 할 것이다. 간단한 방법은 줄리엣이 광자를 받기 전에 광자를 측정하고, 측정 결과에 따라서 그에 해당하는 광자 하나를 다시 줄리엣에게 보내는 것이다. 그러나 우리는 그런 도청자를 매우 쉽게 무력화시킬 수 있다. 로미오와 줄리엣이 각자 독자적으로 계속해서 편광기의 방향을 바꾸면 된다. 편광기가 서로 45도 다른 두 방향을 반복해서 선택하도록 만들기만 하면 충분하다. 그렇게 하면 로미오와 줄리엣은 편광기들의 방향이 우연히 일치했을 때만 완벽한 상관을(두 사람에게 동일한 결과를) 얻을 것이다. 그러므로 두 사람은 언제 어떤 편광을 선택할지에 대한 정보를 추가로 교환하고, 방향이 같을 때의 측정 결과만 취해야 한다.

왜 이렇게 하면 도청자를 물리칠 수 있을까? 도청자 역시 선택한 방향을 알아내려고 노력할 수 있을 텐데 말이다. 그러나 도청자의 노력은 확률 상 절반이 오류일 것이다. 그 경우 도청자는 편광이 다른 광자를 보낼 것이며, 로미오와 줄리엣은 자신들의 열쇠가 서로 맞지 않는다는 사실에서 도청자가 있다는 사실을 쉽게 알 수 있다. 이를 위해 그들이 열쇠 전체를 확인해야 하는 것은 아니다. 열쇠가 되는 수열에서 몇 자리만 서로 비교하고 그것이 서로 일치하는지 아니면 몇 자리가 서로 다른지 확인하는 것으로 충분하다. 너무 많은 자리에서 불일치가 있으면 무언가 문제가 있다는 뜻이므로 소식을 암호로 전달하는 데 그 열쇠를 쓰지 않을 수 있다. 이 모든 통신과 정보교환은 전적으로 공개적으로 이루어지고 모든 사람에게 도청되어도 좋다. 왜냐하면 이 정보교환에서는 열쇠에 대한 정보가 전혀 교환되지 않기 때문이다. (로미오와 줄리엣이 서로 비교한 자리들은 나중에 열쇠에서 당연히 폐기해야 한다.)

로미오와 줄리엣 중 누가 먼저 측정을 하는지가 중요할까? 아니다. 그것은 전혀 중요하지 않다. 누가 측정을 하든 그는 완전히 우연적인 결과를 얻을 것이고 다른 사람은 그 결과에 대응하는 결과를 얻을 것이다. 또한 더욱 흥미로운 점도 있다. 특수상대성이론에 따르면 절대적인 동시성은 없다. 그러므로 로미오와 줄리엣이 각자의 광자를 정확히 동시에 측정한다고 가정하는 것은 문제성이 있다. 두 사람의 측정 중 어느 것이 더 먼저일까? 이 문제 역시 중요하지 않다. 상대성이론에 따르면, 로미오와 줄리엣의 측정이 우리가 보기에 정확히 동시에 이루어졌다고 해서, 그 두 측정이 다른 모든 관찰자에 대해서 정확히 동시에 이루어진 것은 아니다. 특히 우주선을 타고 매우 빠르게 두 사람 앞을 지나는 관찰자는 두 측정이 동시적이지 않다고 판단할 것이다. 또한 그 우주선이 어느 방향으로 날아가느냐에 따라서 어느 측정이 더 먼저인지도 달라질 수 있다. 우주선이 한 방향으로 날고 있으면 우주선 속의 비행사는 줄리엣의 측정 결과가 더 먼저이고 그것이 로미오의 측정 결과에 영향을 미친다고 생각한다. 그러나 반대 방향으로 날아가는 비행사는 로미오의 결과가 더 먼저이고 그것이 줄리엣의 결과를 결정한다고 생각한다. 그렇게 두 비행사는 시간적인 순서에 대해서 서로 다른 견해를 가진다. 그러나 로미오와 줄리엣이 받은 열쇠는 결국 항상 완벽하게 동일한 열쇠이다.

이 단순한 예에서 이미 알 수 있듯이 양자역학은 공간과 시간의 의미에 대해서, 특히 원인과 결과 개념에 대해서 우리에게 새로운 가르침을 준다. 어떤 측정 결과가 다른 측정 결과를 확정하는 것일까? 어떤 것이 원인이고 어떤 것이 결과일까? 우리는 두 입장이 모두 가능하며 관찰자들이 각자의 운동 상태에 따라 다른 입장을 가질 수 있음을 안다. 순수한 객관적 우연의 개념이 인과 개념을 깨뜨린 첫 번째 사례였다면, 이것은 인과 개념을 깨뜨린 두 번째 사례이다.

2 앨리스와 봅

 과학 소설이나 과학 영화에는 순간이동teletransportation을 통해 사람을 우주선에서 행성으로 혹은 반대로 보내는 이야기가 흔히 등장한다. 순간이동의 기본 개념은 매우 간단하다. 이동할 대상은 스캐너에 들어가고, 스캐너는 그 대상으로부터 모든 정보를 읽는다. 그 정보가 수신자에게 보내지고, 수신자는 그 정보를 토대로 대상을 다시 구성한다. 순간이동에는 다양한 양태가 존재한다. 원래의 물질도 모종의 방식으로(정확한 방식은 유감스럽게도 아직 제시되지 않았다. 아마도 에너지의 형태로 이동시킬 수 있을 것이다) 이동시켜 대상을 재구성하는 양태도 있고, 마찬가지로 과학 소설에 등장하는 양태로, 수신 장소에 있는 물질로부터 대상을 재구성하는 양태도 있다. 우리에게 흥미로운 것은 이 모든 양태들에서 물질과 정보의 분리가 전제된다는 것이다. 이 모든 순간이동 방법이 클로닝(복제)에도 이용될 수 있다. 한 인간의 모든 정보를 읽어 내어 그 정보와 새로운 물질, 즉 원자와 분자 등으로부터 똑같은 인간을 다시 구성할 수 있을 것이다. 실제로 그런 생각이 과학 소설들에 등장한다. 그것은 고전 물리학적으로 충분히 가능한 일이다.

그러나 양자물리학은 순간이동에 근본적인 문제점이 있음을 말해 준다. 그 문제점은, 계가 어떤 정보를 가지고 있는지를, 그리고 어떤 정보가 불필요한지를 미리 알기 전에는 계가 지닌 전체 정보를 측정을 통해 얻는 것이 불가능하다는 데 있다. 이 문제는 하이젠베르크의 불확정성원리 때문에 생긴다. 이미 앞에서 언급했듯이, 그 원리에 따르면 한 입자의 위치와 운동량, 즉 속도를 동시에 측정하는 것은 불가능하다. 우리는 그 둘 중에 무엇을 알고자 하는지를 결정해야 하며, 나머지는 측정하지 않고 남겨 두어야 한다. 그러나 대상을 구성하는 모든 입자들의 정보를 확보하기 위해서는 위치와 운동량이 모두 필요하다. 이는 과학 소설에 나오는 순간이동이, 모종의 방식으로 한 대상의 정보 전체를 읽어 내어 다른 곳으로 보내고 그곳에서 대상을 재구성한다는 기획이 실현될 수 없음을 의미한다.

그러므로 우리는 대상이 지닌 정보를, 그 정보를 측정하지 않고, 다시 말해 그 정보가 결정됨 없이, A에서 B로 보내는 방법을 발견해야 한다. 양자물리학이 바로 그 방법을 제공한다. 그 방법의 기본 개념을 제시한 것은 6명의 물리학자들이다. 미국의 베네트와 우터스William Wooters, 캐나다의 브래서드와 크레포Claude Crepeau, 영국의 조자Richard Josza, 이스라엘의 페레스Asher Peres가 그들이다. 이는 오늘날 물리학, 특히 이론물리학에서 흔히 이루어지는 국제적인 협력의 전형적인 사례이다. 국제적인 협력은 대개 몇 사람이 학회에서 만나 어떤 문제를 토론하고, 한 사람이 착상을 내놓고, 다른 사람이 그것을 발전시키고, 또 다른 사람이 새로운 응용 가능성을 발견하는 식으로 이루어진다. 이어서 또 다른 사람이 인터넷을 통해 새로운 관점을 도입하는 일 등이 일어난다. 언급한 6명의 물리학자가 내놓은 멋진 착상은, 정보가 현존하지 않는 상태에서 정보를 읽어 내지 않으면서 즉, 정보를 결정하지 않으면서 정보를 전달하는 데 양자역학적인 얽힘을 이용한다는 것이다. 그러니까 어떤 의미에서 보면, 현존하지 않는 것을 전달한다는 것이다.

우리의 양자 순간이동에 참여하는 두 사람의 이름이 앨리스와 봅이라고 해 보자. 앨리스는 특정한 상태의 양자계를 가지고 있으며 그 상태를 모른다. 그녀는 봅도 그것과 정확히 똑같은 계를 가지기를 원한다. 가장 간단한 해결책은 앨리스가 그녀의 양자계를 봅에게 그냥 보내는 것이다. 그러나 여러 이유들 때문에, 예를 들어 기술적인 결함이 생겨서 앨리스와 봅이 충분히 좋은 전송 경로를 확보하지 못한다고 가정해 보자. 앨리스와 봅은 어떻게 할 수 있을까? 두 사람은 순간이동을 시도하기로 한다. 이를 위해 그들은 보조적으로 얽힌 입자쌍 하나를 생산한다. 이 일은 앨리스나 봅, 혹은 제삼자에 의해 이루어질 수 있다. 그것은 부차적인 문제이다(우리는 일단 개별 입자들이 순간이동된다고 가정한다). 앨리스와 봅은 얽힌 입자를 하나씩 받는다. '얽힘'이란 두 입자 중 어느 것도 독자적으로 속성들을 가지지 못한다는 것을 의미한다. 그러나 두 입자 중 하나가 측정되면, 그 입자는 속성을 얻고, 두 번째 입자도 즉각적으로 그에 대응하는 상태를 얻는다. 얽힌 두 대상의 예로 우리는 잘 정의된 머리색을 지니지 않은 얽힌 쌍둥이를 언급했다. 하지만 우리가 한 쌍둥이를 관찰하면, 그 쌍둥이는 즉각적으로, 완전히 우연적으로, 예를 들어 '금발'의 머리색을 얻고, 다른 쌍둥이는 그가 얼마나 멀리 있든 상관없이 같은 순간에 동일한 머리색을 얻는다.

    순간이동을 위해서 앨리스는 한 가지 일만 하면 된다. 그녀가 할 일은 이동시키려 하는 입자를 얽힌 입자쌍 중에서 그녀가 받은 입자와 얽히게 만드는 것이다. 이것은 무슨 뜻일까? 원래의 입자를 서로 얽힌 보조적인 두 입자 중 하나와 얽히게 함으로써 우리는 그 두 입자가 서로에 대해 어떻게 행동하는지에 대한 정보를 얻는다. 논의를 간단히 하기 위해 얽힌 보조 입자쌍은 측정 결과가 서로 동일하도록 생산되었다고 가정하자. 또한 앨리스가 만들어 내는 얽힘에 의해서 얽히는 두 입자도 동일해진다고 가정하자. 그렇다면 봅의 입자는 앨리스가 가지고 있던 원래 입자와 동일할 것이다. 봅의 입자는 원래 입자가 가지는 모든 속성들을 가지며, 원래와 다른 어떤 차이도 확인할 수 없을 것이다.

    그렇다면 이제 봅이 지닌 입자가 원래 입자일까? 그것은 원래 다른 입자였다고 주장할 수도 있을 것이다. 그 입자는 실제로 두 개의 보조 입자 중 하나로 다른 원천에서 원래 입자와는 분리된 상태로 생산되었다. 이제 우리는 다음과 같은 철학적 질문을 제기해야 한다. 원래의 것은 무엇일까? 우리 앞에 놓여 있는 것이 원본임을 어떻게 알까? 혹은 누군가 우리에게 입자를 보여주면서 그것이 원본이라고 주장한다면, 그것이 실제로 원본인지 어떻게 확인할 수 있을까? 아마도 유일한 가능성은 그것이 원본과 동일한 상태에 있는지를 확인하는 것일 것이다. 그것이 모든 속성에서 원본과 일치한다면, 그것이 원본이 아니라고 주장하는 것은 무의미할 것이다.

다른 한편 훌륭한 복사본을 생각해 보자. 복사본은 항상 특정한 속성에서 원본과 구분된다. 컬러 복사를 이용해서 만든 위조 지폐의 경우에서 보듯이 복사본은 사용된 종이나 인쇄의 세부 상태가 원본과 다르다. 위조 지폐는 매우 그럴듯해 보일 수 있지만, 대개 만져 보면 이미 무언가 다르다는 것이 느껴진다. 뿐만 아니라 위조를 막기 위한 많은 속성들도 있다. 그 속성들은 복사되지 않는다. 예를 들어 화폐에는 홀로그램이나 초정밀 인쇄 등이 있다. 그것들은 빛에 비추어 보아야만 드러난다. 팩스에서도 사정은 마찬가지이다. 팩스는 문자와 도안을 매우 잘 전달하지만, 전송된 것이 원본이 아니라는 것을 육안으로도 쉽게 확인할 수 있다. 그러나 우리가 만일 복사본의 차이가 확인되지 않도록 복사를 하는 매우 좋은 복사기를 가지고 있다면, 혹은 복사본과 원본의 차이가 전혀 드러나지 않는 팩스를 가지고 있다면, 우리는 그 장치들로 원본을 복사하는 것이 아니라 복제하는 것이라고 말해야 옳다. 그때 우리는 두 개의 원본을 가지게 될 것이다.

그러나 양자역학은 우리에게 그런 일이 근본적으로 불가능하다는 것을 가르쳐 준다. 완벽한 복사(복제)가 일어난다면, 우리는 갑자기 두 개의 동일한 계를 가지게 될 것이다. 그 두 계는 동일한 정보를 가질 것이고, 따라서 정보가 두 배가 되었을 것이다. 양자역학은 이 '기적적인 정보의 증가'를 허용하지 않는다. 그렇다면 우리의 순간이동에서는 무슨 일이 일어나는 것일까? 우리는 앞에서 성공적인 순간이동이 일어난 후 봅의 입자는 원래 입자가 가진 모든 속성들을 가진다고 설명했다. 그렇다면 우리는 갑자기 두 개의 동일한 복제본을 가지게 된 것일까? 이 질문에 대한 답은 우리가 '얽힘'의 의미를 다시 한번 숙고하면 곧바로 주어진다. 원본은 앨리스가 가진 한 입자와 얽혔고 따라서 모든 속성들을 잃었다. 원본은 '얽힘'에 의해서 무질Robert Musil의 유명한 소설 『특성 없는 남자Mann ohne Eigenschaften』의 주인공처럼 아무 속성이 없는 입자가 된 것이다. 간단히 말해서 원본은 사라지고, 우리는 원본의 모든 속성들을 가진 새로운 입자를 다른 장소에서 가지게 되는 것이다. 그러니까 오직 순간이동된 원본이 존재하게 되는 것이다.

이를 다른 방식으로 설명할 수도 있다. 앨리스와 얽힌 광자를 포함한 장치 전체가 슬릿이 뚫린 상자 속에 있다고 해 보자. 우리는 그 슬릿으로 광자를 들여보낼 수 있다. 또한 광자가 나오는 다른 슬릿도 있다. 우리가 광자 하나를 상자에 집어넣을 때마다 반대편에서는 정확히 동일한 속성들을 가진 광자 하나가 나온다. 또한 그 광자에 어떤 조작이 가해졌음을 확인할 길은 전혀 없다. 이런 상황이라면, 원래 광자가 상자를 그냥 관통한 것과 다를 바 없다. 따라서 이동된 광자가 원래 광자와 다르다고 말하는 것은 물리학적으로도 철학적으로도 무의미하다.

간과하지 말아야 할 점이 하나 더 있다. 이제까지 우리의 논의에는 시간이 빠져 있었다. 돌이켜보면, 앨리스가 얽힘을 만들어 내자마자 순간이동된 광자가 원래 광자의 속성들을 곧바로 얻었다. 이때 봅의 광자는 앨리스로부터 얼마든지 멀리 떨어져 있을 수 있다. 그렇다면 정보를 얼마든지 빠르게, 특히 광속보다 빠르게 전달하는 데 성공한 것이 아닌가? 이 질문에 대한 대답은, 앨리스에 의해 수행되는 원본의 얽힘 과정이 내가 앞에서 서술한 것처럼 그렇게 단순하지 않다는 것이다. 실제로는 두 개의 광자들에 대해서 내가 언급한 하나의 얽힌 상태만 있는 것이 아니라 세 개의 얽힌 상태들이 더 있다. 앨리스는 이 네 가지 얽힌 상태들 중 어느 것이 실현될지를 전혀 제어할 수 없다. 결과는 완전히 우연적이며, 앨리스는 측정의 결과로 어떤 얽힘이 있게 될지에 전혀 영향을 미칠 수 없다. 따라서 네 경우들 중 한 경우에서만, 즉 내가 앞에서 논한 경우에서만 봅의 광자가 즉각적으로 원본의 속성들을 가지게 된다. 다른 모든 경우에서는 봅의 광자를 회전시켜야 하며, 회전 방법은 앨리스가 어떤 결과를 얻었는지에 따라 정해진다. 앨리스는 그녀가 어떤 측정 결과를 얻었는지 봅에게 알려주어야 하고, 봅은 그 입자를 앨리스의 말에 따라 회전시켜야 한다. 그런데 이 정보 전달은 '고전적인 정보 전달'이다. 이때 전달되는 정보는 예컨대 전파를 통해 광속보다 느린 속도로 전달된다. 그러므로 봅은 자신의 입자를 모종의 방식으로 보존하면서 앨리스의 측정 결과를 기다리고 그에 따라 자신의 입자를 회전시켜야 한다 — 이 일은 광속보다 느리게 이루어질 수밖에 없다. 이와 같이 상황은 매우 까다롭다. 비록 정보는 한 입자에서 다른 입자로 지체 없이(순간적으로) 전달되지만, 그 순간적인 정보 전달은 앨리스와 봅이 실제로 이용할 수 있는 제대로 된 정보 전달이 아니다. 그러므로 상대성이론과의 불화는 일어나지 않는다.

우리 실험진은 1997년에 행한 첫 실험에서 (부메스터, 판, 아이블, 바이푸르터가 참여했다) 광자의 편광을 순간이동을 통해 약 1미터 떨어진 곳으로 옮기는 데 성공했다. 그 후 광자의 다른 속성들을 옮기는 순간이동 실험들도 실시했다. 특히 개별 광자가 아니라 레이저 광선 전체가 진동하는 방식을 이동시키는 순간이동 실험도 실시했다. 현재 빈에 있는 우리의 연구실에서는, 도나우 강을 건너 800미터 떨어진 곳으로 이동시키는 순간이동 실험이 진행되고 있다.

정보의 본성과 관련된 개념적인 논의와 상관없이, 순간이동은 완전히 새로운 세대의 컴퓨터인 양자컴퓨터들 간의 정보 전달과 관련해서 중요한 의미를 가지게 될 것이다. 일반적으로 양자역학적 상태를 출력하는 양자컴퓨터가 있다면, 그 상태를 관찰하고 측정할 경우, 그 상태가 지닌 정보의 일부는 없어질 것이다. 그러나 우리가 그 상태를 곧장 다른 양자컴퓨터에 입력한다면, 정보는 손실되지 않을 것이다.

이처럼 양자물리학이 가져온 다양한 새로운 정보 전달 및 처리에 관한 발상들은 서로 밀접하게 연결되어 있다. 한편에서 양자컴퓨터는 커다란 수를 인수분해하는 것에 기초를 둔 암호들을 뚫을 수 있게 해 준다. 다른 한편에서 양자컴퓨터는 양자암호를 통해서, 슈퍼컴퓨터조차도 침입할 수 없는 안전한 정보 전달 방법을 제공한다. 그 암호 체계의 보안성은 양자물리학에 의해 보장된다. 또한 양자 순간이동은 미래의 양자컴퓨터들이 서로 손실 없이 정보를 교환할 수 있게 만들 가능성들을 제공한다.

3 완전히 새로운 세대

"정보는 물리적이다." — 란다우어 Rolf Landauer

모든 컴퓨터는 정보를 처리하는 기계이다. 흥미로운 사실은 컴퓨터가 처리하는 모든 정보가 모든 각각의 컴퓨터 속에서 동일한 방식으로, 즉 비트의 형식으로 기술된다는 것이다. 한 비트는 최소량의 정보이며 오직 '0'이나 '1'의 값을 가질 수 있다. 한 컴퓨터 속에 있는 정보 전체는, 그 정보가 수학적인 수이든 편지 속의 글귀이든 사진이든 혹은 심지어 컴퓨터를 작동시키는 프로그램이든 상관없이, 그런 비트들로 구성되어 있다. 그 정보들은 모두 '0'이거나 '1'일 수밖에 없는 매우 많은 비트들의 집합일 뿐이다. 이 엄청난 양의 비트들은 컴퓨터 속에서 모종의 방식으로 물리적으로 구현되어야 한다. 그렇게 비트를 물리적인 계로 구현하는 데는 매우 다양한 방식들이 있을 수 있다. 가장 단순한 가능성은, 전기적인 스위치를 물리적인 계로 취하는 것이다. 스위치가 닫혀 있고 전류가 흐르면, 우리는 그것을 '1'로 나타낸다. 스위치가 열려 있고 전류가 흐르지 않으면, 우리는 그것을 '0'으로 나타낸다. 그러니까 바로 비트 값 '1'이 스위치 '켜짐'에, 비트 값 '0'이 스위치 '꺼짐'에 대응한다고 할 수 있다. 이런 의미에서 보면 우리는 예를 들어 방에서 불을 켜거나 끌 때마다 물리적인 계의 상태를, 즉 스위치의 상태를 바꾸는 것이다. 그때 그 상태는 특정한 비트 값에 대응한다. 스위치의 변화는 물리적인 효과를 일으킨다. 불이 켜지거나 꺼진다. 최초의 컴퓨터들은 실제로 그런 스위치들로 구성되었다. 물론 그 스위치들은 전기적으로 작동되었다. 그런 스위치들로는 당연히 많은 연산을 수행할 수 없다. 그러나 현대적인 초고속 컴퓨터에서도 동일한 원리가 사용되고 있다. 단지 속도가 빨라졌을 뿐이다.

현대적인 컴퓨터에서도 컴퓨터 자체 속에 혹은 저장 매체 속에 비트를 구현하는 다양한 방법들이 있다. 비교적 간단한 예로 CD를 살펴보자. CD에서 비트들은 CD 표면에 있는 작은 홈으로 실재화된다. CD를 햇빛에 비추어 보면 그 홈들을 관찰할 수 있다. CD를 적당한 각도로 바라보면 여러 색의 반사광을 볼 수 있을 것이다. 그 다채로운 반사광은 비트를 대신하는 많은 작은 홈들이 있음을 알려준다. 이때 그 정보가 베토벤 교향곡인지 아니면 새로운 컴퓨터 프로그램인지는 아무 상관이 없다. 모든 정보는 동일한 방식으로 CD에 수록된다.

양자물리학이 동원되면 비트를 실재화하는 일이 어떻게 달라질까? 개별 비트를 물리적으로 나타내기 위해서는 최소한 두 가지 이상의 상태로 존재할 수 있는 양자계가 필요하다. 우리는 그 두 상태를 전기 스위치에서와 마찬가지로 비트 값 '0'과 '1'로 취급할 수 있다. 단순한 물리적인 예로 광자의 편광을 들어보자. 수평 방향으로 편광된 광자를 비트 값 '0'

에, 수직 방향으로 편광된 광자를 비트 값 '1'에 대응시킬 수 있다. 어떤 물리적 상태에 어떤 비트 값을 할당할지는 임의로 결정할 수 있다. 우리가 중시하는 것은 두 비트 값에 대응하는 두 상태가 쉽게 구분 가능하고 혼동되지 않아야 한다는 것뿐이다. 또한 예를 들어 우리가 광자를 정보교환에 이용하려 한다면, 동일한 상태에 동일한 비트 값을 할당하도록 합의해야 한다. 그렇지 않을 경우 우리는 정보를 올바로 인지하지 못할 것이다. 그것은 마치 우리가 모두 알파벳 철자를 사용하지만, 일부 독자들이 예를 들어 'A'를 다른 의미로 이해하는 것과 같다.

새로운 가능성으로 논의되는 양자컴퓨터는 우리가 이미 언급한 양자물리학의 두 속성에 기반을 두고 있다. 중첩과 얽힘이 그것이다. 한 양자계가 여러 상태들의 겹침일 수 있다는 것을 표현하기 위해 우리는 중첩이라는 개념을 사용했다(우리가 살펴본 이중 슬릿 실험에서는 계가 한 슬릿을 통과한다는 상태와 다른 슬릿을 통과한다는 상태의 겹침이 있었다). 비트와 관련해서 이것은, '0'과 '1'에 대응하는 상태로 존재할 수 있는 양자계가 그 두 상태의 겹침으로도 존재할 수 있음을 의미한다. '0'과 '1'의 겹침 혹은 중첩이 가능한 것이다. 또한 중첩에서 '0'과 '1'이 차지하는 비중은 다양할 수 있다. 이렇게 다양한 값의 정보들이 겹치는 것을 현재까지의 컴퓨터는 구현할 수 없었다. 모든 현존하는 컴퓨터는 고전물리학의 원리에 따라 작동한다. 따라서 겹침은 질적으로 완전히 새로운 어떤 것이다. 미국 물리학자 슈마허Ben Schumacher는 양자물리학의 비트, 즉 양자 비트를 큐비트Qubit라는 새로운 명칭으로 부를 것을 제안했다. 그 명칭은 양자 비트가 독특한 겹침 상태에 있을 수 있음을 시사한다.

한편 얽힘은 양자컴퓨터에서 어떤 역할을 할 수 있을까? 앞에서 우리는 얽힘이, 두 개 이상의 양자계들이 떨어져 있는 거리와 상관없이 서로 결합될 수 있는 특이한 방식이라는 것을 배웠다. 양자컴퓨터와 관련한 얽힘의 의미를 이해하려면, 우리는 최소한 두 큐비트로 저장할 수 있는 정보를 생각해야 한다. 고전적인 비트에서는 각각의 비트가 '0' 혹은 '1' 일 가능성이 있다. 따라서 두 비트의 조합 '00', '01', '10' 그리고 '11' 이 가능하다. 두 개의 고전적인 비트로 이루어진 계는 이 네 가지 상이한 상태로 존재할 수 있으며, 더 이상의 상태는 없다. 반면에 두 큐비트의 경우에는 사정이 완전히 다르다. 우선 각각의 큐비트가 '0' 과 '1' 의 임의의 중첩으로 존재할 수 있다. 이때 임의의 중첩이 가능하다는 말은, 한 큐비트 안에서 '0' 과 '1' 이 차지하는 비중이 다양할 수 있음을 의미한다. 각각의 큐비트에 대해서 무한히 많은 가능성들이 있으므로 두 큐비트의 조합에 대해서도 무한히 많은 가능성들이 있다. 하지만 이것이 얽힘을 의미하는 것은 아니다. 얽힘의 역할을 알아보기 위해 다음과 같은 상황을 살펴보자. 두 큐비트가 동일하고, 또한 그것들이 '0' 이거나 '1' 이라는 것을 우리가 알게 되었다고 가정하자. 다시 말해서 우리가 조합 '00' 혹은 '11' 을 가지고 있음을 우리는 안다. 만일 이것이 고전적인 비트의 상황이라면, 우리는 두 가능성 '00' 과 '11' 이 각각 50:50의 확률을 가지고 있다고 말할 수 있을 것이다. 그러나 큐비트에서는 사정이 완전히 다르다. 이중 슬릿과 관련된 논의에서 우리는, 양자계의 상태에 둘 이상의 가능성이 있고 또한 두 상태 중 어떤 것이 실제로 우리 앞에 있는지에 대한 정보가 전혀 없을 경우에, 우리가 중첩을 전제해야 한다는 것을 배웠다.

그것이 우리가 지금 논의하는 큐비트들과 관련해서 무슨 의미를 가질까? 우리는 두 큐비트가 '00' 혹은 '11'임을 안다고 가정했다. 따라서 만일 더 이상의 정보가 없으면, 그 두 가능성의 중첩을 전제해야 한다. 즉, 우리는 매우 특이한 상황에 처한 것이다. 두 큐비트 중 어느 것도 잘 정의된 값을 가지지 않는다. 하지만 두 큐비트 중 하나를 측정하면, 그것은 완전히 우연적으로 '0'이나 '1'의 값을 얻을 것이며, 두 번째 큐비트는 자동적으로 동시에 같은 값을 얻을 것이다. 따라서 어떤 의미에서는 큐비트들이 잘 정의된 정보를 가지지 않는다고 말할 수도 있다. 큐비트들이 어떤 정보를 가지고 있는지 우리가 모를 뿐 아니라, 그것들이 어떤 정보를 가지는지가 어떤 방식으로도 확정되어 있지 않다. 그렇지만 그것들은 공통된 정보를 가진다. 측정할 경우 그것들은 동일한 정보를 가져야 한다.

이는 양자컴퓨터와 관련해서 흥미로운 귀결을 가진다. 이진법으로 표기된 비트 값 '00'이 수 '0'에 대응하고 비트 값 '11'이 수 '3'에 대응한다는 것을 상기하자. 왜냐하면 $1 \times 2 + 1 = 3$이기 때문이다. 그러므로 우리가 양자컴퓨터에 '00'과 '11'의 중첩 상태에 있는 두 큐비트를 주면, 우리는 상이한 두 수 '0'과 '3'의 중첩 상태를 주는 것이다. 이제 양자컴퓨터는 이 두 입력을 가지고서 중첩 상태에서 연산을 수행할 것이다. 다시 말해 양자컴퓨터 전체는 우리가 그것에 '0'이나 '3'을 입력했을 때 일어나는 다양한 과정들에 대응하는 매우 복잡한 중첩 상태에 있게 될 것이다.

최종적으로 양자컴퓨터는 우리에게 입력 '0'과 입력 '3'에 대한 연산 결과들의 중첩을 제공할 것이다. 그러므로 우리는 그 두 결과를 동시에 얻는다. 애초에 '0'과 '3'을 순차적으로 컴퓨터에 집어넣을 필요가 없다. 유일한 문제는 우리가 두 가능성들의 중첩을 출력으로 가진다는 것이다. 출력을 측정하면 우리는 완전히 우연적으로 '0'에 대한 대답이나 '3'에 대한 대답 중 하나를 얻게 될 것이다. 그러나 중요한 것은, 다양한 입력들이나 다양한 수들에 공통되는 속성들을 찾으려 할 때, 그 작업이 양자컴퓨터에 의해서 고전적인 컴퓨터보다 훨씬 빠르게 완수될 수 있다는 것이다. 우리는 양자컴퓨터에 모든 다양한 입력들의 중첩을 입력하고 출력으로 그 공통된 속성을 요구할 수 있다.

이 다소 추상적인 설명이 '알고리즘'이라 불리는 특정한 수학적 연산에 구체적으로 구현된 한 예를 살펴보자. 수학에서 중요한 문제 중 하나는 수를 그것의 인수들로 분해하는 것이다. 예를 들어 15를 15 = 3×5로 분해할 수 있다. 작은 수를 소인수분해하는 것, 즉 소수들로 분해하는 것은 어려운 일이 아니다. 그러나 중요한 문제는 '매우 큰 수에 대해서도 빠른 소인수분해 방법이 존재하는가'이다. 매우 큰 수들에 대해서는 사실상 그것이 어떤 소수에 의해 나누어지는지를 시행착오를 거쳐 알아내는 것보다 더 빠른 소인수분해 방법이 아직까지 없다. 그리고 소인수분해 과정을 획기적으로 가속하는 길은 없거나 최소한 알려져 있지 않다.

쇼어Peter Shor는 1994년에 양자컴퓨터가 소인수분해를 획기적으로 가속할 수 있음을 발견했다. 양자컴퓨터를 통한 소인수분해의 핵심적인 특징은 얽힌 상태들을 이용한다는 것이다. 또한 쇼어의 발견이 중요한 의미를 지니는 이유는, 오늘날 우리가 커다란 수의 소인수분해에서 직면하는 난점을 정보의 암호화에 이용하고 있기 때문이다. 사람들은 어떤 현대적인 컴퓨터도 적절한 시간 안에 소인수분해할 수 없는 커다란 수를 암호화 과정에 사용한다. 만일 쇼어의 알고리즘이 양자컴퓨터에서 실현된다면, 그 암호화 방법은 한순간에 무용지물이 될 것이다. 양자컴퓨터가 지닌 다른 장점들도 있지만, 우리는 그에 관한 논의를 하지 않으려 한다. 우리가 알아야 할 핵심적인 사실은, 고전적인 컴퓨터에서보다 양자컴퓨터에서 훨씬 더 빠르게 수행되는 알고리즘들이 있다는 것이다.

양자컴퓨터가 조만간 실현될 것인지에 대해서, 그리고 그 양자컴퓨터가 어떤 모습일지에 대해서는 아직 대답할 수 없다. 오늘날 전 세계는 양자컴퓨터 개발을 놓고 치열하게 경쟁하고 있다. 그 경쟁은 분명 새로운 공학을 위한 핵심적인 주춧돌을 놓게 될 것이다.

공학적인 사안들에 대한 논의는 이것으로 마무리하자. 이 책의 나머지 부분에서 우리는 다시 앞에서 살펴본 실험들의 철학적 의미에 논의를 집중할 것이다. 나는 그 실험들이 우리에게 요구하는 세계관의 변화가 대단히 커서, 그 변화와 비교하면 모든 가능한 공학적 귀결들은 사소하다고 확신한다.

IV 아인슈타인의 베일

"중요한 것은 모든 것을 가능한 한 단순하게 만드는 것이다.
그러나 너무 단순하게 만들면 안 된다."

— 아인슈타인

1 기호와 실재

우리는 이미 양자물리학의 몇 가지 중요한 실험들을 논의했고, **중첩**이나 **얽힘** 같은 특이한 개념들을 접했다. 또한 우연이 양자물리학에서 매우 본질적인 역할을 한다는 것을 알게 되었다. 이제 우리는 다음과 같은 질문에 관심을 집중하고자 한다. 그 모든 것을 어떻게 이해할 수 있는가? 그 모든 것은 무엇을 의미하는가? 아인슈타인은 드 브로이가 커다란 베일의 한 자락을 들췄다고 생각했다. 그렇다면 그 베일 뒤에는 무엇이 있을까? 자연의 참된 얼굴을 가린 베일 뒤에는 무엇이 있을까? 세계의 참된 모습은 어떠할까?

한 가지 언급해 둘 것이 있다. 양자물리학이 현대적으로 정식화된 것은 약 70년에서 80년 전이다. 양자물리학 이론은 처음에는 매우 사변적이었지만, 시간이 지나면서 그 이론의 예측들을 매우 훌륭하게 입증하는 실험들이 점점 더 많이 수행되었다. 또한 그 실험들은 물리학자들이 그 이론의 진리성을 확신하게 하기에 충분할 만큼 매우 높은 정확도로 예측들을 입증했다. 즉, 이론물리학자가 어떤 것을 계산할 수 있다면, 얼마든지 정밀하게 계산할 수 있다. 이어서 실험물리학자들이 실재가 정말로 그러한지 검증하면, 이론물리학자들의 예측들이 매우 정확하게 입증되는 것을 발견할 수 있을 것이다. 물리학에서 사용되는 '이론'과 '실험'의 개념은 일상에서보다 훨씬 더 정확한 의미를 가진다는 것을 언급할 필요가 있을 것 같다. 일상적인 언어 사용에서 이론은 흔히 실재와 관련이 적은, 순전히 생각으로만 구성한 체계를 의미한다. 흔히 우리는 상대방에게 '그것은 순전히 이론일 뿐이야!'라고 말하며, 이때 말하고자 하는 바는 그 상대방의 생각이 일상에서 동떨어져 거의 무의미하다는 것이다. 흔히 우리는 현실 위에 굳게 선 건강한 정신의 소유자들은 이론을, 그런 복잡한 궤변을 필요로 하지 않는다고 말한다.

    그러나 물리학에서 말하는 이론은 전혀 다르다. 물리학에서 말하는 이론은 실재를 구체적으로 기술한다. 독자들은 이렇게 반문할지도 모른다. 그렇다면 이론물리학자들은 왜 그렇게 많은 수식들을 사용하고, 실재를 기술한다면서 왜 그렇게 복잡한 용어들을 사용하는가? 실제로 이론물리학자들이 사용하는 언어는 수학이며, 왜 자연이 수학으로 그렇게 잘 기술되는지는 아직까지 궁극적으로 이해되지 않았다. 이론물리학자의 연구는 어떻게 이루어질까? 우선 연구를 위한 출발점을 찾아야 한다. 그것은 어떤 기초적인 발상일 수 있다. 그는 그 발상이 가진 관찰 가능한 귀결들을 찾아낼 것이다. 혹은 특정한 실험을 더 정확하게 기술하려는 노력이 출발점이 될 수도 있다. 어떤 경우에든 이론가는 수학적인 등식을 출발점으로 삼는다. 이론가가 다루는 등식에는, 예를 들어 $E=mc^2$에는 일반적으로 수가 거의 혹은 전혀 들어 있지 않고 대신에 많은 철자들이 들어 있다. 그 철자들은 무엇을 의미할까? 사람들은 왜 등식에 철자를 사용하는 것일까? 왜 등식이 예를 들어 2+3=5처럼 수로만 이루어지지 않는 것일까? 우리는 수로만 이루어진 이 등식을 곧바로 이해한다. 그 등식은 원래 다음과 같은 것을 의미했을 것이다. 곡식 두 자루와 세 자루를 합하면 다섯 자루이다. 이것은 5천 년 전 유프라테스 강과 티그리스 강 사이의 메소포타미아 지역에 살던 세금징수관이 했을 법한 말이다. 그 지역은 오늘날의 이라크 지방으로 우리가 아는 바에 따르면 문명의 요람이 된 곳이다. 인류는 그곳에서 최초로, 최소한 입증할 수 있는 한계 내에서는 최초로, 오늘날 고고학적 유물을 통해 알 수 있는 형태로 수를 사용했다. 도시들로 이루어진 조직화된 국가가 등장하면서 수를 사용하는 일은 필수가 되었다. 국가는 오늘날까지도(국민들에게 부담을 지우면서) 개인들이 전체를 위해 이른바 세금을 납부할 것을 요구한다. 세금을 거두기 위해서는 시민들의 재산을 파악해야 한다. 세금을 거두는 사람은 시민들이 어떤 생업에 종사하는지 알아야 하고, 시민들이 세금에 불만을 품어 도주하지 않고 생업을 유지하도록 적당히 세금을 거둘 수 있어야 한다.

우리는 등식 2+3=5에 있는 수들로부터 어떻게 등식 $E=mc^2$에 있는 철자들로 옮겨 갈 수 있을까? 등식들이 구체적인 수들에만 타당한 것이 아니며, 우리가 등식에서 철자를 말하자면 수가 들어갈 자리로 사용할 수 있음을 발견한 것은 아마도 인간의 정신이 이룬 가장 큰 성취일 것이다. 그 발견은 아랍의 수학자들이 이룬 대수학의 발견이다. 등식 속의 철자는 이제 무언가를 의미할 수 있다. 철자는 때로 특정한 수 하나를 의미한다. 예를 들어 우리가 3+2=a라고 쓰면, 누구나 즉시 a가 5 대신에 사용되었다는 것을 안다. 왜냐하면 이 등식은 수 5에 대해서만 참이기 때문이다. 그러므로 a는 특정한 수가 있을 자리를 나타내며 더 이상의 의미는 없다. 메소포타미아-수메르 문명의 세금징수관에게는 등식 3+2=a가 다음과 같은 질문에 대한 대답일 수 있다.

"첫 번째 농부가 내게 곡식 세 자루를 주고, 두 번째 농부가 두 자루를 주면, 나는 얼마나 많은 곡식 자루를 가지는가, 나는 총 몇 자루의 곡식을 세금으로 거두는가?"

등식 속의 a는 세금징수관이 거둔 곡식 자루의 수를 의미할 것이다.

물리학에서 사용되는 등식도 같은 의미를 지닌다. 그 등식들은 이를테면 세금징수관이 거두는 곡식 자루와 같이 우리가 세계에서 관찰할 수 있는 사물들 간의 관계를 나타내며, 그 관계를 일반적인 기호를 써서 표현한다. 이때 사용되는 기호는 일반적으로 라틴어 철자들이다. 그러나 그리스어 철자나 심지어 히브리어 철자가 사용되는 경우도 흔히 있다.

이제 설명한 바에 기초해서 유명한 등식 $E=mc^2$을 해석해 보자. 이 등식에서 기호 E, m, c는 무엇을 나타낼까? 벌써 우리는 중요한 한 가지 사실을 접하게 되었다. 그 기호들의 의미는 누군가에 의해 확정되어야만 한다. 만일 그렇지 않다면, 위의 등식 전체는 전혀 무의미해질 것이다. 각 기호의 구체적인 의미가 확정되지 않는 한, 나중에 그 등식을 읽는 사람은 그 등식을 가지고 아무것도 할 수 없을 것이다. 그 등식을 만든 아인슈타인은 기호 E, m, c에 정확한 의미를 부여했다. 철자 E는 에너지, m은 질량, c는 빛의 속도를 나타낸다. 복합 기호 c^2은 c에 자기 자신을 한 번 곱한 것을 의미한다. 즉, c^2은 c×c와 같다. 그러므로 아인슈타인의 유명한 등식의 의미는 다음과 같다.

"에너지는 질량 곱하기 빛의 속도 곱하기 빛의 속도와 같다."

이로써 우리는 등식 속의 기호들을 번역했지만, 그 등식이 실제로 무엇을 의미하는지는 아직 모른다. 우리는 아직 그 등식을 우리의 실제 생활에 이용할 줄 모른다. 그러므로 우리는 아직 더 많은 것을 알아야 한다. 먼저 우리가 다양한 양들을 어떤 단위들로 측정하는지 알아야 한다. 그 사정은 우리가 언급한 메소포타미아의 세금징수관에게도 마찬가지이다. 만일 그가 곡식 자루의 개수를 언급한다면, 그는 자루가 얼마나 큰지, 그 자루 속에 얼마나 많은 곡식이 들어가야 하는지 말해야 한다. 그 모든 것들이 모두에게 잘 알려져 있어야 한다. 세금징수관은 자루를 가능한 한 크게 만들어서 세금을 많이 거두려 할 것이다. 반대로 농부들은 가능한 한 작은 자루를 사용하려 할 것이다. 따라서 곡식 자루의 크기를 결정하는 사람이 필요하다. 중세의 유럽에서는 사람들에게 측정단위의 크기를 알려 주는 표식을 흔히 교회에 새겼다. 오늘날 빈 중심에 있는 슈테판스돔에 가면 그런 표식을 볼 수 있다. 그곳에서 우리는 물질의 양을 측정하는 데 사용하는 서로 다른 두 가지 길이 척도를 볼 수 있으며, 제빵업자가 고객에게 판매할 수 있는 빵 덩어리의 최소 크기를 일러 주는 둥근 판도 볼 수 있다.

우리의 등식과 관련해서도 에너지 E, 질량 m, 광속 c를 측정하기 위한 단위들이 필요하다. 사람들은 질량을 킬로그램(kg) 단위로 측정하기로 합의했다. 우리는 속도를 m/s(m:미터, s:초)로 측정하며, 에너지에 대해서는 비교적 덜 알려진 단위인 줄(J)이 있다. 그렇다면 $E=mc^2$은 무엇을 의미할까? 이 등식은 최소한 두 가지 수준에서 해석할 수 있다. 첫 번째 수준에서 이 등식은 모든 각각의 질량이 특정한 크기의 에너지에 해당한다는 것을 의미한다. 그러므로 등식 $E=mc^2$에서 광속이 매우 크다는 사실이 중요해진다. 빛은 약 3억 m/s의 속도로 전파된다. 즉, 빛은 1초에 3억 미터, 30만 킬로미터를 이동한다. 그 거리는 지구를 거의 8바퀴 도는 거리이다. 그러므로 아인슈타인의 등식은 매우 흥미로운 의미를 가진다. 모든 질량은 매우, 매우 작다 할지라도 커다란 양의 에너지와 같다. 지름이 1밀리미터인 매우 작은 물방울의 질량을 예로 들어 보자. 아인슈타인의 등식에 따르면 그 질량은 약 5천만 줄의 에너지에 해당한다. 그것이 어느 정도 크기의 에너지인지 쉽게 설명할 수 있다. 그 에너지는 약 100리터의 물을 끓일 수 있는 에너지이다. 그러므로 아인슈타인의 등식이 함축하는 것은, 만일 질량을 직접 에너지로 변환시킬 수 있다면, 엄청난 양의 에너지를 얻을 수 있다는 것이다. 비교적 작은 원자폭탄이 가공할 위력을 발휘하는 것도 같은 이유 때문이다. 원자폭탄 속의 질량은 전체의 1,000분의 1만 에너지로 변환된다. 그러나 그것만으로도 엄청난 폭발과 파괴를 일으키기에 충분하다.

간단히 요약해 보자: 우리는 선택한 물리학 등식 $E=mc^2$를 이해하기 위해, 먼저 등식에 있는 각각의 기호가 무언가 특정한 것을, 즉 에너지와 질량과 광속을 나타낸다는 것을 배웠다. 더 나아가 우리는 그 등식이 직접적인 귀결들을 지닌 매우 구체적이고 물리적인 진술을 의미할 수 있음을 배웠다. 그 등식은 질량이 엄청난 양의 에너지로 변환될 수 있음을 의미할 수 있다. 그러므로 관찰을 기술하는 것과 관련해서 우리의 등식이 어떤 의미를 가지는지 성공적으로 해석했다. 우리가 예를 들어 한 물체의 질량을 측정하려 한다면, 특정한 관찰들을 수행해야 한다. 질량을 저울에 얹고 무게를 측정해야 한다. 우리가 속도를 측정하려 한다면, 측정하고자 하는 물체가 정해진 거리를 얼마나 빨리 이동하는지 살펴보아야 한다.

현실 속에서 관찰하고 측정할 수 있는 양에 수학적인 등식을 통해 서로 관련을 맺는 수를 부여할 수 있다는 사실은 믿을 수 없을 만큼 중요하고 흥미로운 사실이다. 그 사실, 자연 관찰에서(물리학자들이 말하는 '자연'은 생물에 국한되지 않는다) 수학이 매우 중요하다는 사실은 아마도 인류가 이룬 가장 중요한 발견 중 하나일 것이다. 그 발견은 오직 유럽 문명에서만 이루어졌다. 그 발견이 얼마나 놀라운 것이었는지를 오늘날 제대로 느끼기는 쉽지 않다. 왜 자연은 수학적인 법칙에 따라서 행동하는 것일까? 우리가 직접적으로 논하는 구체적인 경우에 국한해서만 수학적인 법칙들을 사용할 수 있는 것이 아니다. 수학적인 법칙은 보편적으로 타당하다. 행성들의 궤도, 별의 생성, 비행기가 떨어지지 않고 날 수 있다는 사실, 한 생태계 속에서 포식 동물들과 먹이 동물들의 균형, 그리고 그 밖의 수많은 것들, 이 모든 것들은 수학적인 법칙에 의해 기술될 수 있다. 수학이 자연을 기술하는 데 이토록 효율적인 이유를 전혀 이해할 수 없다고 아인슈타인은 말한 바 있다. 그는 또한 단지 수를 다루는 수학이 그토록 정확하게 자연과 대응한다는 것은 사실상 비합리적인 일이라고까지 말했다. 자연과 수학의 일치가 지니는 의미는 아무리 높이 평가해도 지나치지 않다. 아인슈타인의 등식 $E=mc^2$은 질량이 모종의 방식으로 에너지에 대응한다는 것을 의미할 뿐 아니라, 질량과 에너지 사이에 정확하게 성립하며 수로 표현되는 관계가 있다는 것을 말해 준다. 그러므로 일정한 양의 질량을 에너지로 변환시킨다면, 얼마나 많은 에너지를 얻을지 정확하게 계산할 수 있다.

이론가들은 특정한 수학적 등식에 근거를 두고 관찰 가능한 양들 사이의 관계를 계산한다. 역학의 근본 법칙들로부터 행성의 궤도를 계산하는 것을 예로 들 수 있을 것이다. 그 계산에 필요한 것은 수학적인 중력 법칙과 이른바 관성 법칙뿐이다. 이론가는 이 법칙들로부터 행성이 태양을 한 바퀴 돌기 위해 필요한 시간과 태양으로부터의 거리 사이의 정확한 관계를 얻는다. 우리는 이렇게 이론적으로 예측된 결과를 행성 운동을 정확히 관찰함으로써 매우 정확하게 검증할 수 있다. 그리고 우리는 행성 궤도가 계산에 정확히 일치하는 것을 알게 된다. 만일 정확히 일치하지 않는다면, 우리의 이론적인 추론에, 즉 우리가 토대로 삼은 등식들에 무언가 오류가 있음이 분명하다. 사람들은 실제로 그런 오차를 태양에 가장 가까운 행성인 수성의 궤도에서 발견했고, 그 오차는 아인슈타인의 일반상대성이론에 의해서 비로소 설명될 수 있었다.

이처럼 물리학 이론은 무언가 모호한 것이 아니라 오히려 매우 정확하다. 물리학 이론은 특정한 근본 전제들에서 출발해서 수학의 도움으로 새로운 결론들을, 매우 구체적인 실험적 결론들을 계산하고, 세부적인 관찰들을 예측한다. 또한 그 예측은 대략적이지 않고, 정확히 측정 가능한 엄밀한 방식으로 이루어진다. 물리학 이론은 어떤 모호한 것이 아니며, 순전히 생각에 의해서 만들어져 실재와 아무 상관이 없는 상상의 산물도 아니다. 오히려 정반대이다. 물리학 이론은 매우 정확한 수학적 방법들로 세계와 실재에 대해 확실히 검증 가능한 진술을 한다. 따라서 물리학 이론은 언제든지 반박될 수 있다.

이제 실험의 역할에 대해서 언급할 차례이다. 물리학 실험 역시 일상의 실험과는 전혀 다른 의미와 역할을 가진다. 사람들은 흔히 인생에서는 실험을 하지 말아야 한다는 교훈적인 의미의 말을 한다. 아무 목표도 없이 오직 시도하기 위해서 이리저리 대충 시도하지 말아야 한다는 의미일 것이다. 왜냐하면 그렇게 해서는 아무것도 얻을 수 없기 때문이다.

물리학 실험은 그 말이 염두에 두는 실험과 전혀 다르다. 물리학 실험에서 물리학자는 말하자면 자연의 계략을 알아내려 애쓴다. 그는 자연이 어떻게 행동하는지 알아내려고 한다. 이를 위해 필요한 것은 맹목적이고 무계획적인 실험이 아니라 잘 숙고되고 계획된 실험, 즉 계획된 시도이다. 모든 좋은 실험은 자연에게 던지는 질문이다. 실험자의 과제는 그 질문을 가능한 한 정확하게 실험으로 구현하고, 자연이 가능한 한 정확한 대답을 내놓을 수 있도록 하는 것이다. 그 질문은 다양한 종류일 수 있다. 예를 들어 다음과 같은 질문이 있을 수 있다. '에너지와 질량 사이의 관계가 실제로 아인슈타인이 자신의 유명한 등식에서 주장한 것처럼 그렇게 정확할까?' 만일 그 관계를 검증하려고 한다면, 등식 $E=mc^2$이 자연관찰과 비교해서 실제로 정확하게 맞는지 살펴보아야 한다. 우리가 질량을 에너지로 변환시킬 때, 실제로 예견된 에너지 E가 정확히 나올까? 당연한 일이지만, 그런 실험은 세심하게 고안되고 매우 정확하게 수행되어야 하며 엄정한 숙고를 요구한다.

그러나 역시 정확하게 수행되는 또 다른 종류의 실험들도 존재한다. 예를 들어 우리는 한 물리량의 값을 지금까지 누구도 관찰하지 않은 맥락에서, 그것에 대해서 아직 이론이 없는 새로운 맥락에서 물을 수 있다. 광속의 측정이 그런 종류의 실험이었다. 그 실험에서는 아직 밝혀지지 않은 양인 빛 신호의 전파속도를 가능한 한 정확하게 측정해야 했다.

광속을 측정한 사람들은 항상 정확히 동일한 측정값에 도달했다. 따라서 사람들은 광속을 또 하나의 근본적인 자연 상수로, 즉 우주 전체에서 어디에서나 동일한 양으로 도입하는 데 합의했다. 그러므로 앞에서 논의한 자연 상수인 플랑크 작용양자 h와 마찬가지로 광속의 정확한 값을 이론으로부터 도출하는 것은 불가능하다. 오늘날 우리가 아는 한, 광속의 값은 그냥 자연으로부터 주어진다. 그러나 광속의 크기가 왜 다르지 않고 지금의 크기인지를 설명할 수 있게 만들어 주는 이론이 개발될 가능성을 배제할 수는 없다. 어쩌면 미래의 어느 날 그런 이론이 개발될지도 모른다. 그러나 오늘날의 관점에서 그런 이론은 먼 미래의 음악일 뿐이다.

지금까지 우리는 물리학 이론과 실험이 무엇인지 살펴보았으며, 그 둘 사이에 정확한 관계가 성립한다는 것을 알게 되었다. 그 관계는 이론물리학자가 내놓은 수학적인 공식들에 대한 정확한 해석을 통해 주어진다. 모든 각각의 수학적 기호에 대해서 우리가 실험에서 관찰할 수 있는 특정한 물리량이 정확히 대응한다는 것을 명료히 하는 작업이 바로 그 해석이다. 이런 종류의 해석을 나는 1차 해석이라 명명하고자 한다. 이론이 공허한 생각의 산물에 머물지 않고 실험적으로 검증될 수 있으려면 그런 1차 해석이 반드시 필요하다. 실험물리학자들에게도 수식 해석은 중요하다. 왜냐하면 그 해석을 통해서 비로소 그들이 실험에서 관찰할 수 있는 것들이 주어지며, 그 해석을 통해서 말하자면 계가 실험 속으로 옮겨지기 때문이다.

또 다른 종류의 해석도 있다. 그 해석은 이론과 실험 사이의 관계를 확립하는 것을 훨씬 넘어선다. 그 해석은 이를테면 다음과 같은 질문을 제기한다: 우리가 방금 논의한 등식 $E=mc^2$이 도대체 무엇을 의미하는가? 우리의 세계에 관한 어떤 근본적인 생각이 그 등식 속에 들어 있는가? 우리는 그 이론을 철학적으로 어떻게 이해할 수 있는가? 그 등식은 자연에 의해 '검증'되었으며 보기에도 썩 좋은 수학적인 관계식에 불과할까, 아니면 그 등식 속에 훨씬 더 많은 것들이 들어 있을까? 즉, 이 경우에는 더 높은 차원의 해석이 요구되는 것이다. 말하자면 한 이론이 어떤 의미를 가지며, 그 이론이 우리의 세계관에 대해서는 어떤 귀결을 가지는지에 대해 대답하려는 형이상학적 노력이 요구되는 것이다. 이 해석을 나는 2차 해석이라 부른다. 다시 등식 $E=mc^2$을 예로 들어 보자. 이 등식 속에 어떤 심오한 것이 들어 있을까? 이 질문에 대답하기는 당연히 매우 어렵다. 왜냐하면 그러기 위해서는 어쩔 수 없이 수학적으로 증명 가능한 것들의 영역을 벗어나 의미와 직관과 이해와 통찰과 심층적인 뜻이 있는 수준에 발을 들여놓아야 하기 때문이다. 그래서 어떤 사람들은 2차 해석이 종교적인 문제라고 여긴다.

우리가 예로 든 등식 $E=mc^2$에 대해서 많은 물리학자들이 내놓는 현대적인 해석은, 에너지와 질량이 실제로 동일하다는 것, 말하자면 동일한 동전의 양면이라는 것이다. 그래서 사람들은 질량-에너지 등가성이라는 말을 사용하기도 한다. 등가의 의미는 두 사물의 가치가 완전히 같다는 것, 즉 두 사물이 완전히 동일한 의미를 가진다는 것이다. 따라서 사람들은 에너지가 단지 질량의 다른 형태이며, 질량이 에너지의 다른 형태라고도 말한다. 질문을 한층 더 심화하여, 이 모든 사태가 왜 이러한지 물을 수 있다. 우리는 등식 $E=mc^2$이 아인슈타인의 상대성이론에서 도출되었음을 안다. 상대성이론은 공간과 시간에 대한 완전히 새로운 이해를 가져온 이론이다. 그 이론에서 우리는 공간과 시간이 서로 다른 두 개념이 아니라 에너지와 질량처럼 서로 변환될 수 있다는 것을 배웠다. 그래서 우리는 **시공연속체**라는 표현을 사용한다. 이 수준에서 등식 $E=mc^2$은 공간과 시간이 하나의 통일체라는 것을 의미한다. 이로써 매우 심층적인 해석 수준에 도달했다. 우리는 더 나아가 이렇게 물을 수 있다. 공간과 시간은 왜 통일체인가? 왜 우리는 시공연속체를 이야기하는가? 이 질문들은 열어 둘 수밖에 없다. 왜냐하면 우리는 현재까지 이 질문들에 대한 더 심층적이고 적절한 대답을 발견하지 못했기 때문이다.

요약하자면, 우리는 다양한 수준의 해석이 있을 수 있음을 보았고, 그중에서 두 수준을 근본적으로 구분할 수 있음을 배웠다. 첫 번째 수준은 실험에서 기호들에 대응하는 것이 무엇인지를 정확히 제시한다는 의미에서 이론의 기호들을 해석하는 수준이다. 그리고 두 번째 수준은 이해의 문제, 더 심층적인 의미의 문제를 다루는 수준이다. 이제 양자물리학과 관련해서 그 두 수준의 해석을 알아보자.

2 양자물리학의 해석 모형들

 양자물리학과 관련해서도 첫 번째 수준의 해석을 이야기할 수 있다. 그 해석은 수학적인 기호들이 실험에서 가지는 매우 정확한 의미를 다룬다. 한편 두 번째 수준의 해석에서는 천차만별의 견해들이 있다. 앞서 논의했던 이중 슬릿 실험으로 돌아가 보자. 먼저 핵심적인 사항들을 간략히 돌아보자(그림 3, 40쪽). 슬릿이 둘 다 열려 있을 때는 간섭무늬를 얻지만, 슬릿이 하나만 열려 있을 때는 영사막에 균질적인 회색 무늬가 생긴다. 또한 개별적인 광자들로 실험을 해도 동일한 간섭무늬가 생긴다는 것을 알게 되었다. 이 현상에 대한 고전적인 설명은 두 슬릿을 통과하는 파동을 기반으로 한다. 그 두 부분 파동으로부터 간섭이 일어난다는 것이다. 다시 말해서 밝은 장소들에서는 파동들이 서로 보강하고, 어두운 장소들에서는 파동들이 서로 상쇄한다. 슈뢰딩거가 정식화한 양자역학, 즉 **파동역학**이라고도 불리는 이론에서는 이른바 **파동함수**가 그 파동의 역할을 맡는다. 슈뢰딩거는 파동함수를 나타내는 기호로 그리스어 철자 ψ(프사이)를 도입했다. 슈뢰딩거는 파동함수 ψ의 구체적인 상황에서의 모양과 시간에 따른 변화를 특정한 실험에서, 또는 우리가 선택한 계에서 계산할 수 있게 해 주는 수학적인 방정식을 발견했다. 그 슈뢰딩거 방정식은 분명 역사상 발견된 것 중에서 가장 중요한 방정식이라고 할 수 있다. 이미 언급했듯이 그 방정식은 반도체나 레이저 같은 다양한 물질들과 계들의 행동을 이해할 수 있게 해 준다.

그러므로 이중 슬릿 실험에서 우리가 논의해야 할 것은 부분 파동의 겹침과 중첩이 아니라 두 부분 파동함수의 겹침과 중첩이다. 우리는 두 슬릿이 모두 열려 있을 때 얻어지는 두 부분 파동함수의 중첩을 이야기해야 한다. 그러나 우리는 그 파동함수를 더 이상 현실적이고 실재적인 파동으로 생각해서는 안 된다. 그래서 우리는 확률 함수라는 표현을 사용한다.

확률 함수는 분명 매우 추상적인 개념이다. 보른$_{Max Born}$에 따르면 확률 함수의 의미는 오직, 확률 함수의 세기가 특정한 장소에서 입자를 발견할 확률을 나타낸다는 것뿐이다. 수학적으로는 그 확률을 얻기 위해 $|\psi|^2$, 즉 ψ의 절대값의 제곱을 계산한다. 흥미롭게도 파동함수에 대한 이 해석을 제시한 사람은 슈뢰딩거 자신이 아니라 보른이었다. 이 해석에 들어 있는 생각은 보편적이다. 그 생각에 따르면, 우리는 특정한 입자를 어떤 위치에서 발견할 확률을 계산할 수 있을 뿐 아니라, 원자가 광자를 방출할 확률 등등 여러 가지 확률을 계산할 수 있다. 이와 같은 ψ의 확률 해석은 양자물리학의 수식들을 실험적인 관찰과 연결하기 위한 가장 중요한 연결고리이다. 말하자면 이것을 1차 해석이라 할 수 있다.

확률 해석을 명확하게 정식화한다는 것은 양자 이론의 예측들을 실험적으로 매우 정확하게 검증할 수 있게 만들고, 또한 검증한다는 것을 의미한다. 흥미롭게도 양자물리학은 불확정성과 개연성과 모든 해석 문제들에도 불구하고, 물리학이 지금까지 제시한 것 중 가장 정확한 이론적인 예측들을 제시했고, 그 예측들은 또한 가장 정확하게 실험적으로 입증되었다. 그 예측들이 얼마나 정확한지 간단히 살펴보자.

우리가 살펴볼 예측이 다루는 것은 전자의 자기모멘트이다. 실질적으로 모든 기본 입자들이 그러하듯이 전자도 비록 약하지만 자기장을 지닌다. 그 자기장은 전자의 자기모멘트로 수량화된다. 전자의 자기모멘트를 나침반 바늘의 자기장에 비유할 수 있다. 양자물리학은 전자의 자기모멘트를 믿기 힘들 정도로 정확하게 계산하는 데 성공했다. 오늘날의 이론적인 지식에 의하면 전자의 자기모멘트는 $1159.652460(12)(75) \cdot 10^{-6}$단위이다. 이때 이야기된 단위는 우리의 논의와 관련해서 중요하지 않다. 우리에게 중요한 것은 오히려 실험물리학자들이 이 전자의 자기모멘트를 매우 정확하게 측정했다는 것이다. 현재 그들이 도달한 실험적인 결과는 $1159.6521869(41) \cdot 10^{-6}$단위이다. 이론적 예측과 실험적 결과를 비교해보면 매우 정확한 일치를 볼 수 있다. 당신이 지금 보고 있는 두 수에서 첫 번째 자리들의 수 7개가 일치한다. 물리학자들은 전문용어를 써서 두 수가 7개의 유의미한 자리에서 일치한다고 말한다. 오늘날 우리가 이해하는 바로는, 두 수 간에 매우 작은 불일치가 있는 것은 한편으로는 실험이 불확실하게 이루어졌기 때문이고, 다른 한편으로는 이론적인 계산이 충분히 발전하기 못했기 때문이라고 추정된다. 앞으로 수 년 안에 분명 더 많은 자리에서 일치가 이루어질 것이다. 자기모멘트 계산에서는 중첩의 원리도 이용된다. 물론 그 원리가 이용되는 방식은 추상적이라고 할 수 있다. 사람들은 자기모멘트가 가질 수 있는 모든 가능한 상태들을 조사하고 그것들을 모두 중첩시킨다. 그러나 현재 수준의 일치도 오직 이 분야의 실험과 이론이 모두 엄청나게 진보했기 때문에 가능하다. 그 일치는 양자 이론이 자연을 정확하게 재현할 수 있다는 것을 보여주는 증거이다. 그 일치는 또한 꾸준한 노력을 통해서 전자의 자기모멘트라는 한 양을 그토록 정확하게 측정하는 것을 가능하게 만든 실험물리학자들을 위한 가시적인 찬사이다.

그 밖에도 양자 이론이 실험적으로 입증된 사례들은 무수히 많으며, 오늘날까지 양자 이론을 반박한 사례는 단 한 번도 없었다. 그러므로 우리는 양자 이론이 매우 튼튼한 기반 위에 있으며 오늘날 우리의 자연 기술에서 중심적인 위치를 차지할 뿐만 아니라 미래에도 역시 그러할 것이라고 안심하고 전제할 수 있다. 그러나 우리가 아직 대답하지 않은 질문은 (사실상 우리는 아직 그 질문을 명확하게 제시하지도 않았고 다양한 가능성들을 논의하지도 않았다) '양자 이론이 자연에 대해서 도대체 무슨 말을 하는가'라는 질문이다. 양자 이론의 심층적인 의미는 무엇일까? 우리는 세계의 본질에 관하여 양자 이론으로부터 무엇을 배울 수 있을까? 자연의 참모습을 가리는 아인슈타인의 베일을 걷을 때 우리는 무엇을 보게 될까?

양자역학이 철학적으로 의미심장하다는 사실은 처음부터 명백했다. 명백하지 않은 것은 양자역학이 우리의 세계관과 관련해서 철학적으로 가지는 의미였다. 우리가 곧 보게 되듯이, 가능한 해석 제안들은 부족하지 않았다. 오히려 많은 과학자들이 자신의 상상력을 증명하는 데 명예를 걸었고, 양자물리학에 대한 수많은 다양한 해석들을 제시했다. 우리는 그 해석들 중 몇 가지를 살펴볼 것이다. 그 해석들은 모두 세계에 관한 필연적이지 않은 견해들이다.

이미 언급했듯이 양자물리학과 양자 이론의 발전에 기여한 많은 사람들은 그 이론이 매우 근본적으로 새롭다는 것을 분명하게 깨달았다. 플랑크와 아인슈타인도 최초로 그것을 깨달은 사람에 속한다. 우리는 플랑크가 흑체복사에 대한 수학적 설명을 발견하고, 그 발견과 관련해서 절망의 행동을 언급했다는 것을 알고 있다. 또한 양자를 전제하지 않는 대안적 설명을 찾기 위해 매우 오랫동안 노력했다. 그는 아마도 양자를 전제하는 데서 비롯되는 귀결들을 피하려 한 것으로 보인다. 양자 이론의 해석 문제를 처음으로 명시적으로 제시한 것은 아인슈타인이었다. 그는 양자물리학의 초창기에 이미, 우연이 담당하는 새로운 역할에 관해 불만을 토로했다. 이 책에서 이미 그에 관해 언급했다. 문제는 양자물리학에서 우연이 새로운 성질을 가진다는 데 있다. 그 우연은 모종의 방식으로 설명할 수 있는 것이 아니다. 오히려 개별 사건들은 그 자체로 우연적이고 더 이상의 설명은 근본적으로 불가능하다. 훗날 아인슈타인은 이 비판을 반복했고 양자물리학에 대한 다른 종류의 비판도 새롭게 제시했다.

하지만 우리는 우선 해석 문제에 초점을 두고, 다양한 물리학자들이 제안한 해석들을 살펴보기로 하자. 일반적으로 가장 핵심적인 문제로 지적되는 것은 중첩의 원리이다. 중첩의 원리는 사물들이 상이한 가능성들의 겹침으로 존재할 수 있다는 것을 말한다. 이중 슬릿 실험에서 중첩은 풀러렌 분자가 한 슬릿을 통과할 가능성과 다른 슬릿을 통과할 가능성의 겹침으로 존재한다는 것을 의미한다. 이 중첩의 의미는 슈뢰딩거의 고양이에서 극단화된다고 할 수 있다. 불쌍한 고양이는 '죽음'이라는 가능성과 '삶'이라는 가능성의 겹침으로 존재한다. 우선 우리가 중첩과 관련해서 언어상의 문제를 가진다는 것을, 더 정확히 말하자면 다양한 방식으로 부정확하고 그릇되게 말할 수 있다는 것을 지적할 필요가 있다. 심지어 물리학자들도 '이중 슬릿 실험에서 입자는 동시에 두 슬릿을 통과한다' 혹은 '고양이는 살아 있으며 동시에 죽었다' 따위의 말을 매우 흔히 한다. 그런 말들은 매우 큰 흥미를 유발하지만, 세계관과 관련된 혼란을 초래한다. 한 입자가 동시에 두 슬릿을 통과한다는 것이 무슨 말인가? 한 마리의 고양이가 살아 있고 죽었다는 것이 무슨 말인가? 이런 말들은 분명 불합리하다! 하지만 다른 한편 우리는 중첩의 원리를 알고 있고, 그 원리는 올바른 것이 분명하다. 방금 보았듯이 양자물리학은 그것이 내놓은 실험적인 예측들이 정확하고 놀랍도록 정확하게 입증되었기 때문에 옳은 이론으로 여겨진다. 따라서 양자역학적 진술들의 핵심을 이루는 중첩의 원리는 자연 기술에서 중심적인 부분으로 남을 것이다. 비록 지식의 진보에 의해 그 자연 기술에 중요한 변화가 일어나게 된다 할지라도 말이다.

그러므로 슈뢰딩거의 고양이와 관련해서 다음과 같은 질문을 제기할 수 있다. 우리가 그 고양이의 상태가 '죽음'이라는 상태와 '삶'이라는 상태의 겹침이라고 말할 때, 그것은 무슨 의미일까? 그리고 우리가 측정을 수행할 때, 즉 고양이를 관찰할 때, 한 상태나 다른 상태가 확정되는 것은 왜일까? 우리는 고양이가 죽었다는 것을 혹은 살아 있다는 것을 확인한다. 이중 슬릿 실험에서도 사정은 정확히 동일하다. 입자는 위 슬릿을 통과할 가능성과 아래 슬릿을 통과할 가능성의 겹침으로 존재한다. 입자가 위 슬릿을 통과할지, 혹은 아래 슬릿을 통과할지는 '입자 자신도 모른다.' 측정을 하면, 즉 경로를 측정할 수 있는 탐지 장치를 설치하면, 매번 각각의 풀러렌이 두 경로 중 하나를 택했음을 확인하게 된다. 양자역학적인 기술 속에 포함된 그 수많은 가능성들 중에서 갑자기 단 하나의 가능성이 현존하게 되는 것은 왜일까? 그 겹침이 갑자기 깨지고 사라지는 것은 또 왜일까?

이 질문들에 대한 핵심적인 대답은 이것이다. 양자역학적인 계는 관찰에 의해서 말하자면 축소된다. 축소된다는 표현 대신에 '환원된다'는 표현도 가능하다. 학자들은 양자역학적인 상태의 환원 문제를 이야기하며 그 문제를 측정 문제라고도 표현한다. 측정 문제는 일차적으로 다음과 같은 질문으로 대변된다. 겹쳐 있는 다수의 가능성들 중에서 하나의 구체적인 가능성이 실험 속에서 출현할 때 실제로 일어나는 일은 무엇인가? 우리가 이중 슬릿 실험을 통해서 풀러렌의 경로를 측정한다면, 풀러렌은 더 이상 두 가능성의 겹침으로 존재하지 않는다. 오히려 우리는 풀러렌이 두 경로 중 하나에 있는 것을 발견한다. 우리가 고양이를 관찰하자마자 고양이는 더 이상 죽음과 삶의 겹침으로 존재하지 않고, 살아 있거나 아니면 죽었다. 두 번째 질문은 '다수의 가능성들 중에서 왜 유독 우리가 관찰하는 가능성이 실현되는가'이다. 어떤 실험 결과가 어떤 확률로 실현될지에 대해서는 논란의 여지가 없다. 그 질문에 대한 답은 확률 해석에 의해 명확하게 제시된다. 그러나 문제가 되는 것은, 실제로 무슨 일이 일어나는가, 혹은 '우리가 고양이를 어떻게 이해해야 하는가' 라는 질문이다.

  주목할 만한 한 대답은 에버레트Hugh Everett의 다수 세계 해석many worlds interpretation에 의해 제공된다. 그 해석은 양자역학적인 상태가 항상 실재의 완벽한 기술이며, 측정에 의해서 그 상태로부터 손실되는 것은 아무것도 없다고 전제한다. 그러므로 고양이는 죽었고 또한 살아 있다. 아무것도 측정에 의해 손실되지 않는다는 것은 무엇을 의미할까? 매우 간단하다 — 각각의 가능성이 모두 실현된다는 것이다. 즉, 우리가 관찰을 수행할 때, 고양이가 관찰 속에 살아 있는 세계와, 고양이가 죽은 세계가 동시에 있게 된다. 모든 각각의 측정과 관찰에서 우주는 다수의 우주들로 쪼개지며, 그 각각의 개별 우주들 속에서 여러 가능성들 중 하나가 양자물리학이 예측한 대로 실현된다. 이 해석에 따를 경우 구체적인 실험에서, 예를 들어 고양이가 분명히 살아 있는 것을 관찰할 수 있다고 간단히 설명할 수 있다. 마찬가지로 입자가 아래 슬릿이 아니라 위 슬릿을 통과했다는 우리의 관찰도 쉽게 설명된다. 우주가 쪼개질 때 우리의 의식도 쪼개지며, 쪼개진 각각의 우주 속에는 우리 자신의 의식의 계승자가 있다. 그 계승자는 한 우주 속에서 고양이가 죽은 것을 확인할 것이며, 다른 우주 속에서는 고양이가 생생하게 살아 있는 것을 확인할 것이다.

  이 해석은 말하자면 문제를 해소시킨다. 이 해석은 문제가 존재하지 않는다고 아주 간단하게 선언한다. 그러나 그로 인해 매우 큰 대가를 치른다. 첫째, 이 해석은 매우 비경제적이다. 지속적으로 진행되는 양자역학적 과정에 의해 생겨나는 무수한 세계들을 상상하는 것 자체가 단순한 일이 아니다. 그러나 우리가 생물학에서 늘 확인하듯이 자연은 때로 낭비벽이 있다고 반론할 수 있을지도 모른다. 그러나 이 해석이 지닌 결정적인 문제점은, 이 해석을 어떤 생각 가능한 방식으로도 증명할 수 없다는 것이다. 우리는 다수의 쪼개진 우주들이 실제로 존재한다는 것을 어떤 방식으로도 증명할 수 없다. 이 세계에서 죽은 고양이를 보고 있는 나는 그 속에서 고양이가 살아 있는 다른 세계 속의 나에게 접근할 수 없다.

다수 세계 해석은 지성사에서 여러 차례 매우 성공적으로 작용한 한 근본적인 전제를 거스른다. 그 전제는, 필연성이 없는 사물이나 양이나 항목을 지어내지 말아야 한다는 것이다. 그 전제는 오캄의 면도날이라 부른다. 오캄은 자신의 면도날로 철학에 있는 모든 잉여 요소들을 잘라 내려 했던 중세의 철학자이다. 그러므로 다수의 세계 없이도 작동할 수 있는 다른 해석들이 있다면, 무엇 때문에 그 많은 세계들을 지어내겠는가?

그러므로 다수 세계 해석은 우리가 가진 해석 문제들 중 어느 것도 해결하지 못한다. 예를 들어 그 해석은 우리가 이 우주 속에서 가지고 있는 의식이 왜 우리에게 관찰되는 바로 이 사건들의 연쇄를 보는지 설명하지 못한다. 고양이가 산 것으로 관찰되는지 혹은 죽은 것으로 관찰되는지는 다수 세계 해석에서도 완전히 우연적이다. 또한 그 속에서 고양이가 다른 상태로 관찰되는 다른 세계들이 있다는 것을 안다 해도 아무 도움을 얻을 수 없다. 다수 세계 해석이 지닌 또 다른 문제점은, 그것이 어떤 새로운 귀결도 가지지 못한다는 것이다. 다수 세계 해석을 동원해야만 가능한 물리학적인 논의는 존재하지 않는다. 그렇다면 왜 굳이 신 포도를 따먹겠는가?

영국계 미국 물리학자 봄은 양자포텐셜을 동원하는 전혀 새로운 해석을 제안했다. 다수 세계 해석이 중첩을 매우 진지하게 받아들여 중첩이 어디에서나 항상 실현되고 측정에 의해서도 사라지지 않는다고 보는 것과 달리, 봄은 반대의 길을 간다. 그는 어떤 계도 중첩 상태로 존재하지 않는다고 말한다. 그는 양자역학적 실험 속에서 입자는 항상 입자이며 한 순간도 파동이 아니라고 주장한다.

그렇다면 예를 들어 이중 슬릿 실험을 어떻게 이해할 수 있을까? 모든 얌전한 입자들과 마찬가지로 이중 슬릿 실험에서 행동하는 입자도 항상 잘 정의된 고유한 경로를 따른다. 즉, 모든 각각의 입자는 오직 두 슬릿 중 하나를 통과한다. 그렇다면 봄은 간섭무늬의 등장을 어떻게 설명할까? 간섭무늬는 밝고 어두운 줄무늬였으며 우리는 각각의 입자에 확률 파동을 부여함으로써 그 무늬를 설명했다. 그러나 그것은 양자역학적인 설명이었다. 봄은 사태를 다르게 본다. 봄에게 파동은 그가 제안하는 새로운 물리적 양, 이른바 양자포텐셜을 계산하기 위해 동원되는 보조 수단에 불과하다. 그 양자포텐셜은 인도-장(Führungsfeld, leading field)처럼 작용한다. 그것은 모든 각각의 입자가 자신의 고유한 경로를 거쳐 실험 장치 속을 움직이도록 인도한다. 구체적으로 말해서 양자포텐셜은 두 슬릿이 열려 있을 경우 더 많은 입자들이 간섭무늬의 밝은 줄에 도달하도록 만든다. 당연히 양자포텐셜은 두 슬릿이 열려 있는지, 혹은 한 슬릿만 열려 있는지에 따라 달라진다. 슬릿이 하나만 열려 있을 경우 양자포텐셜은 간섭무늬를 만들어 내지 않는다.

이미 오래 전에 아인슈타인이 이와 유사한 논증을 했다. 당시 그는 각각의 입자를 그것의 경로로 인도하는 이른바 도깨비 파동 ghostwave을 언급했다. 그러므로 봄은 1952년에 새로운 해석을 제안하면서 아인슈타인이 그 제안에 동조할 것이라고 확신했다. 그러나 실망스럽게도 아인슈타인은 그 해석이 '너무 싸구려'라고 평했다.

봄의 해석이 지닌 가장 중요한 문제들은 무엇일까? 다수-세계 해석과 마찬가지로 봄의 해석에서도 결정적인 문제는 검증 불가능성이다. 이중 슬릿 실험에서 개별 입자들이 실제로 어떤 경로를 거치는지 알고자 한다면, 이중 경로상에 탐지 장치들을 설치할 수 있을 것이다. 그러나 그렇게 하면 양자포텐셜이 달라지고 입자들은 전혀 다른 경로를 택할 것이다.

봄의 해석에서 매우 중요한 또 다른 문제는 얽힌 입자들과 관련해서 불거진다. 얽힌 입자들과 관련해서 우리는 한 입자에 대한 관찰이 즉시 그리고 직접적으로 다른 입자의 관찰 결과에 영향을 미친다는 사실을 확인했다. 우리는 그 사정을 다음과 같이 기술했다. 한 입자에 대한 측정이 다른 입자를, 그것이 얼마나 멀리 있든 상관없이 잘 정의된 한 상태로 투사시킨다(Projizieren, project). 봄의 양자포텐셜이 이런 결과를 가능케 하려면, 양자포텐셜은 단 한 번의 관찰에 의해서 모든 공간에서, 심지어 세계 전체에서 즉시 변화해야 한다. 전적으로 실재한다고 상정된 양자포텐셜은 따라서 광속의 제한에 얽매이지 않아야 한다. 이것은 매우 수긍하기 힘든 결론이다. 봄의 해석에 대한 다른 반박들도 있지만, 그것들은 너무 전문적이어서 이 책에서는 다루지 않을 것이다.

그러나 양자포텐셜에 대한 또 하나의 중요한 반박은 오캄의 면도날에 의해 주어진다. 우리가 실제 사태를 양자포텐셜 없이도 양자포텐셜을 동원할 때와 마찬가지로 잘 설명할 수 있다면, 양자포텐셜은 필요하지 않을 것이다.

　이렇게 다수-세계 해석은 중첩을 매우 진지하게 받아들여 겹침에서 갈라지는 모든 가지들이 동시에 그리고 항상 존재한다고 주장하고, 봄의 해석은 반대의 입장을 취하여 중첩이 전혀 존재하지 않는다고 주장한다. 반면에 중첩의 존재를 비록 받아들이지만, 그것의 의미를 미시 세계 영역으로 제한하여 희석시키는 시도들도 있다. 그런 시도들은 비록 미시적인 입자들에서는 중첩이 존재하지만, 예를 들어 고양이 같은 거시적인 세계의 대상들에 대해서는 사정이 다르다는 것을 설명해야 한다. 그런 시도들은 우리가 실제로 거시적인 중첩을 관찰하지 못한다는 사실에 의해 지지되는 것처럼 보인다. 당구공은 한 장소에만 있고, 고양이는 살아 있든지 아니면 죽었다. 이렇게 양자 중첩이 사라지는 현상을 결흩어짐이라 부른다. 만일 우리가 충분히 큰 계에서 항상 결흩어짐이 일어나게 만드는 메커니즘을 안다면, 거시적인 중첩을 배제할 수 있을 것이다. 혹은 최소한 우리가 현실적인 이유들로 인해 결흩어짐이 항상 일어난다는 것을 논증할 수 있다면, 우리는 거시적인 중첩을 배제할 수 있을 것이다. 이 두 번째 입장은 오직 잠정적으로만 타당하다는 위험성을 가지고 있다는 것을 이미 분명히 알 수 있다. 실제로 우리는 개별 양자계들에 대한 실험이 가능해진 이후 지금까지 최근 30년의 짧은 기간 동안에 믿기 힘들 만큼 크게 진보했다. 앞으로 사정이 어떻게 될지 즉, 우리가 얼마나 큰 계에서 실제로 중첩을 관찰하게 될지는 전혀 예측할 수 없다. 중첩을 미시 세계로 한정하는 시도들은 잠정적으로만 유효한 것이 분명하다. 그러나 그 시도들이 언제까지 유효할지는 아무도 알 수 없다. 커다란 대상에 대한 실험에서 양자 중첩을 관찰하는 데 성공하는 그 날, 그 시도들은 타당성을 잃는다. 그 날은 우리가 육안으로 볼 수 있는 대상들의 양자 중첩이 관찰되는 날이다. 얼마나 더 있어야 그 날이 올지, 혹은 그 날이 과연 올지는 아무도 모른다.

미래의 실험적 발전이 어디로 향하든 관계없이 지금 우리는 해석에 관한 논의의 현 상황을 개진하고자 한다. 방금 논한 견해를 취하는 사람들, 즉 거시적인 대상의 중첩을 결코 관찰할 수 없을 것이라고 말하는 사람들 중에서도 크게 두 부류가 있고 두 가지 상이한 견해가 있다. 한 학파는 거시적인 중첩이 원리적으로도, 이론적으로도 불가능해서 결코 등장해서는 안 된다고 말한다. 두 번째 학파는 그런 중첩이 이론적으로는 허용 가능할지 몰라도 거시적인 계를 그런 중첩 상태에 놓이게 하는 것이 현실적으로 불가능하기 때문에, 그런 중첩은 결코 관찰되지 않을 것이라고 말한다. 또한 그런 중첩이 이루어진다 할지라도 매우 빠르게 파괴될 것이라고 그들은 말한다.

거시적인 계의 중첩이 결코 일어나지 않으리라는 것을 어떻게 원리적으로 증명할 수 있을까? 현존하는 양자 이론은 그런 중첩을 배제할 가능성을 제공하지 않는다. 오직 매우 작은 계에 대해서만, 매우 작은 입자에 대해서만 중첩이 원리적으로 가능하다는 이야기가 양자 이론 어디에도 없다. 그러므로 그런 중첩을 원리적으로 또한 영원히 배제하려면 이론을 바꾸어야 한다. 예를 들어 이탈리아 물리학자 기라르디Giancarlo Ghirardi, 리미니Alberto Rimini, 베버Tulio Weber 그리고 미국 물리학자 펄Philip Pearle이 제안한 이론은 아주 간단하게 양자역학적 상태의 자발적 환원을 상정한다.

그 이론에 따르면 한 상태의 파동이 전파될 때에도, 예를 들어 이중 슬릿 실험의 경우에도 관찰 없이 때때로 파동이 환원된다. 그러므로 그런 자발적인 환원 이후에는 입자가 더 이상 공간 전체에서 발견될 수 없고 좁은 영역에서만 관찰될 수 있다. 입자는 그 영역에서 다시 새롭게 확산된다.

이런 이론들은 관찰되는 계가 클수록 더 자주 자발적인 환원이 일어난다는 것을 단순히 아무런 논증 없이 전제한다. 개별적인 기본 입자들에서는 자발적인 환원이 매우 드물게 일어나서 우주의 지속 기간 동안에 실제로 환원이 한 번도 일어나지 않으며, 먼지 입자의 경우에는 우리가 중첩을 결코 관찰하지 못할 정도로 자주 자발적인 환원이 일어나고, 슈뢰딩거의 가련한 고양이의 경우에는 중첩이 당연히 관찰할 수 없을 정도로 드물게 일어난다고 그 이론들은 주장한다. 그러므로 엄밀히 말한다면 우리는 지금 양자역학의 해석에 관한 논의를 하는 것이 아니라, 양자역학 이론의 변형에 관한 논의를 하고 있는 것이다. 우리가 논하는 것은 더 이상 하이젠베르크와 슈뢰딩거의 이론이 아니라 변형된 이론들이다. 그 변형된 이론들이 자연과 일치할 가능성은 얼마든지 열려 있다. 판정은 미래의 실험들에 의해 내려질 것이다. 그러나 양자 이론이, 그것이 세계관적으로 또한 개념적으로 중요한 바로 그 지점에서, 즉 미시적인 계와 거시적인 계의 경계에서 다양한 자발적 환원 이론들이 주장하는 것처럼, 붕괴하리라는 것을 보여주는 조짐은 전혀 없다. 그러므로 그런 이론들은 합리적인 사유보다는 바람을 배경에 가지고 있는 것으로 보인다. 나는 개인적으로 머지않아 실험이 이 이론들을 분명하게 반박하게 되리라고 믿는다.

이미 언급했듯이 두 번째 가능성은, 비록 거시적인 중첩이 이론에 의해서 원리적으로 배제되지는 않지만, 그 중첩이 결코 일어나지 않을 것이기 때문에, 혹은 일어난다 할지라도 즉시 사라질 것이기 때문에 결코 관찰되지 않을 것이라고 말하는 것이다. 이 해석은 결흩어짐 개념을 중요하게 사용한다. 결흩어짐이 무엇인지 역시 이중 슬릿 실험에서 가장 쉽게 알 수 있을 것이다. 우리는 두 파동 각각이 이중 슬릿 장치의 두 슬릿 중 하나를 통과한다고 말했다. 그 두 파동이 관찰 영역에서 일부 장소에서는 상쇄되고 일부 장소에서는 서로 보강되는 방식으로 겹치는 것이다. 그러나 그런 상쇄와 보강은 두 파동이 서로에 대해서 일정한 관계에 있으면서 규칙적으로 진동해야만 가능하다. 상쇄 간섭의 경우에는 두 파동이 정확히 반대로 진동해서 서로를 상쇄해야 한다. 한편 보강 간섭의 경우에는 두 파동이 동일하게 진동하여 서로를 보강해야 한다. 이렇게 두 파동이 상대적으로 일정한 방식으로 진동할 때, 우리는 그 둘이 결이 맞는coherent 파동들이라고, 혹은 일반적으로 완벽한 결맞음coherence이 이루어졌다고 말한다. 양자역학적 중첩에서는 중첩되는 상태들의 결맞음이 매우 중요하다. 이중 슬릿과 관련해서 뿐만 아니라 슈뢰딩거의 고양이와 관련해서도 결맞음은 매우 중요하다. 이 경우에도 상태 '죽음'과 상태 '삶'이 서로 결맞아야 한다.

우리의 양자역학적 계가 시간의 흐름 속에서 결맞음을 잃을 가능성은 얼마든지 있다. 그런 일은 주변과의 상호작용에 이해 일어날 수 있다. 그 상호작용은 매우 다양한 형태로 일어날 수 있다. 예를 들어, 우리가 이중 슬릿 실험에서 입자가 어디에 있는지 보려고 계에 빛을 비추면, 계와 주변의 상호작용이 일어난다. 우리는 조명으로 계를 교란한 것이다. 두 부분 파동들의 고정된 관계를 교란시켜 그들이 더 이상 서로에 대해 고정된 관계로 진동하지 못하게 만든다. 따라서 그들은 예전처럼 완벽하게 서로를 상쇄하거나 보강하지 못하게 된다. 즉, 우리는 결맞음을 잃는다. 결과적으로 영사막의 간섭무늬가 사라진다. 최종적으로 우리는 줄무늬가 없는 균질적인 회색을 얻는다. 이것이 바로 결흩어짐이다. 앞에서 이미 배운 것을 이어서 다음과 같이 매우 일반적으로 말할 수 있다. 계의 상태에 대한 정보가 계로부터 주변으로 옮겨질 때 결흩어짐이 일어난다. 그런 정보가 없다면 결맞는 중첩이 이루어진다.

슈뢰딩거의 고양이의 경우에는 수많은 다른 결흩어짐 메커니즘도 있다. 예를 들어 온도가 절대영도가 아닌 한, 모든 충분히 큰 계가 주변에 열을 방출한다는 사실도 결흩어짐 메커니즘이다. 고양이가 호흡을 한다는 것, 즉 주변의 공기 분자들과 상호작용한다는 것 등은 차치하더라도, 절대영도가 전혀 아닌 체온을 지녀야 하는 고양이가 열선을 방출한다는 것은 분명한 사실이다. 그러므로 고양이는 전혀 닫힌 계가 아니다. 고양이는 주변으로부터 끊임없이 교란 당하며, 따라서 고양이의 양자역학적 상태들은 서로 거의 결맞음을 이루지 않는다. 계가 클수록 결흩어짐도 더 강해진다는 것을 쉽게 생각할 수 있을 것이다. 왜냐하면 계가 클수록 주변과 상호작용할 가능성이 더 커지기 때문이다. 더 나아가 계의 온도가 높을수록 결흩어짐이 더 강할 것이다. 왜냐하면 온도가 높을수록 계가 더 많은 열선을 방출할 것이기 때문이다. 이제 결흩어짐 해석 지지자들은 다음과 같이 논증한다. 작은 계들이 결맞음 상태에 있는 이유는, 즉 기본입자를 이용한 이중 슬릿 실험이 작동하는 것은, 계들이 주변으로부터 교란을 당한 가능성이 매우 낮기 때문이다. 그러나 계가 커질수록 교란을 당한 가능성이 커지고, 따라서 결흩어짐이 더 강해진다. 이 논증은 의심의 여지없이 매우 근거 있는 논증이며, 이것이 바로 우리가 일상에서 양자역학적 중첩을 보지 못하는 이유라는 것도 아마 맞는 말일 것이다. '삶'과 '죽음'의 겹침 상태에 있는 고양이가 없는 것은 교란이 있기 때문이다.

그러나 이 논증은 사태가 원리적으로 반드시 그러해야 한다고 말하지 않는다. 오히려 이 논증은 결흩어짐이 실제로 어떤 메커니즘으로 일어나는지 정확히 살펴보고 거시적인 계가 교란을 받아 결맞음을 잃지 않게 하면서 실험을 할 가능성은 없는지 숙고해 보라고 실험물리학자들을 고무시키는 권고로 이해할 수 있다. 이 점에서도 우리의 축구공 분자 간섭 실험은 매우 중요한 한 걸음이다. 실제로 그 실험에서도 분자들은 온도가 섭씨 약 650도였으므로 열선을 방출했다. 다시 말해서 그 분자들은 주변으로부터 고립되지 않았다. 그럼에도 간섭이 일어났고 결맞음이 실제로 관찰되었다. 주변과의 상호작용이 축구공 분자를 교란하지만, 그 교란이 너무 작아서 결흩어짐을 일으키지 않은 것이다. 그러므로 우리는 언젠가 실험이 발전되면 결맞음과 양자역학적 중첩이 커다란 대상에 대해서도 입증되고, 따라서 양자 중첩이 미시 세계에 국한된다는 말을 할 수 없게 될 것이라고 충분히 기대할 수 있다.

지금까지 설명한 입장 외에도 다양한 종류의 입장들과 절충안들과 개량된 대안이나 변형된 입장들이 다수 존재한다. 그러나 우리가 살펴본 입장들은 확고한 특징들을 지닌 이정표들이다. 우리는 중첩을 말 그대로 받아들이는 극단적인 입장인 다수 세계 해석과 중첩의 존재를 전적으로 부인하는 봄의 관점을 살펴보았다. 그 두 입장을 수용하여 중첩이 비록 미시 세계에서는 존재하지만 거시 세계에서는 근본적인 이유에서 존재하지 않거나 현실적으로 결코 관찰될 수 없다고 주장하는 마지막 입장들은 일종의 절충안이다.

그 각각의 입장들에 대해서 나는 왜 그 입장들을 지지하지 않는지, 그리고 왜 그 입장들을 최종적인 해답으로 여기지 않는지 설명했다. 나는 그 입장들이 비생산적이라는 것이, 혹은 오류라는 것이 밝혀지게 될 것이라고 확신한다. 당연히 내가 위험을 자초했다는 것을 알고 있다. 동의하지 않는 입장들을 기술할 때 우리는 불가피하게 그 입장들을 극단화하고 심지어 왜곡하는 경향이 있다. 우리가 마지막으로 살펴볼 이른바 코펜하겐 해석에 반대하는 사람들에게서 나는 늘 그런 문제를 목격했다. 반대자들의 이야기 속에는 흔히 내가 아는 코펜하겐 해석이 등장하지 않는다. 내가 위의 논의에서 똑같은 오류를 범하지 않았기를 진심으로 바란다. 혹시 내가 그런 오류를 범했다면, 나는 가슴을 치며 후회할 것이다.

흔히 '코펜하겐 해석'이라 불리는—혹은 그 해석에 반대하는 사람들에 의해서 '인습적Orthodox' 해석이라 불리는—근본적으로 다른 해석이 있다. 그 해석은 1920년대 말과 1930년대 초에 양자역학의 창시자들 간에 벌어진 활발한 토론에서 발생했다. 그 해석은 주로 덴마크 물리학자 보어가 주장했기 때문에 코펜하겐 해석이라 불리게 되었다. 그 해석에 관한 대부분의 토론은 보어가 이끄는 코펜하겐 대학의 물리학과에서 이루어졌다. 먼저 그 해석을 지지하는 물리학자 보른이나 하이젠베르크를 비롯한 많은 사람들 사이에서도 전혀 다른 세부적인 입장들이 있음을 언급할 필요가 있다. 심지어 자세히 살펴보면 한 물리학자 개인도 그의 생애의 발전 속에서 입장을 바꾸었음을 확인할 수 있다. 그러나 나는 이제 내가 핵심이라고 여기는 사안들을 논할 것이다.

3 코펜하겐 해석

우선 코펜하겐 해석의 기본적인 뼈대를 간단히 살펴보자. 내가 지금 설명할 해석은 본질적으로 보어에게로 거슬러 올라간다. 하지만 한 가지 주의할 점은, 보어 자신이 그의 생애 속에서 여러 차례 입장을 바꾸었다는 것이다. 이어지는 서술에서 나는 주로 보어의 초기 저작들, 특히 1928년 학술지 《네이처》에 실린 논문들과 1935년 《피지컬 리뷰》에 실린 논문들을 기반에 둘 것이다. 내가 어쩔 수 없이 나 자신의 해석을 보어의 입장에 가미하게 되리라는 것은 자명한 일이다. 그러므로 나의 서술 속에서 자신이 생각하는 코펜하겐 해석을 발견할 수 없다고 판단하는 독자들이 있을 수 있다. 나는 그런 독자들에게 양해를 구하며, 그럼에도 나의 서술이 흥미롭기를 바란다.

핵심에 놓여 있는 것은 '자연에 대해서 실제로 이야기될 수 있는 것이 무엇인가'라는 질문이다. 보어와 마찬가지로 우리도 이론의 수학적인 정식화나 그와 관련된 문제들에 관심이 있는 것이 아니라 '우리가 자연관찰에 관해 이야기할 때 실제로 무엇을 하는가' 라는 매우 근본적인 질문에 관심이 있다. 한 가지 중요한 점은, 아마도 우리가 하는 모든 진술이 고전적 개념들의 도움으로 정식화된 진술일 것이라는 사실이다. 이 사실은 일상에서 우리 모두에게 자명하다. 우리를 둘러싼 세계를 관찰할 때, 우리는 그것들의 존재가 의문시되지 않고, 또한 우리가 그것들을 관찰하는지 여부와 무관하게 존재하는 대상들에 대해 이야기한다. 또한 우리가 관찰하는 대상들이 지속적으로 존재한다고 더 이상의 근거 없이 전제한다. 우리가 어제 달을 보고 오늘 달을 본다면, 우리는 달이 어제와 오늘 사이에도 존재했을 것이라고 별다른 고민 없이 자동적으로 생각한다. 실제로 우리는 그 기간 동안에 달을 관찰하지 못했다. 그러나 우리는 달을 수평선 아래에 있을 때만 제외하고 어려움 없이 관찰할 수 있었을 것이다. 어쨌든 우리가 달을 관찰했는지, 관찰하지 않았는지, 혹은 관찰할 수 있었거나 없었는지는 달과 전혀 무관한 일이다. 달은 가만히 제 길을 가고 우리가 무엇을 하는지 신경을 쓰지 않는다. 달을 기술하기 위해 우리는 고전적인 언어를 사용한다. 고전적인 언어는 고전물리학의 언어를 말한다. 그 언어는 기본 개념에서 일상 언어와 일치한다. 그 언어는 대상들의 객관적인 존재를 전제하고 따라서 대상들이 공간과 시간 속에서 거치는 경로를 기술하는 데 아무런 문제가 없다고 전제하며, 우리가 관찰하는 대상이 실제로 관찰되는지 여부와 무관하게 그 경로를 표상하는 데 아무 문제가 없다고 전제한다. 그런데 양자계에서는 바로 그런 전제들이 커다란 문제가 있다. 우리는 이미 이중 슬릿 실험에서 입자가 두 경로 중 어느 것을 택했는지 물으면 문제가 생기는 것을 보았다. 입자가 한 경로를 택했다면, 그 입자는 다른 경로가 열려 있는지 여부를 어떻게 안단 말인가?

그러므로 매우 작은 원자적인 계의 현상들을 기술할 때 우리는 양자가설 때문에 근본적인 문제에 부딪힌다. 이미 배웠듯이 양자가설이란 예를 들어 특정한 진동수의 빛이 오직 양자들로만 등장할 수 있고, 가장 작은 에너지 양자의 크기가 플랑크 작용양자와 진동수의 곱과 같다는 진술이다. 이 양자가설 때문에 원자적인 계는 관찰에 의해 필연적으로 교란 당한다. 왜냐하면 우리는 관찰을 위해 양자들을 이용해야 하기 때문이다. 그 교란을 임의로 줄일 수는 없다. 또한 그 교란을 제어할 수도 없다. 교란 이전에 계가 잘 정의된 속성들을 가지고 있었다 할지라도, 교란 이후에 계의 상태는 더 이상 분명하지 않게 된다. 이는 한 양자역학적 계에 그것이 측정 이전에도 가졌을 속성을 부여하는 것이 근본적으로 불가능하다는 것을 의미한다. 우리가 상호작용 이후의 상태를 측정한다 할지라도, 그로부터 이전의 상태를 추론할 수는 없다. 이 사태를 보는 다른 시각은, 계와 관찰 도구의 상호작용에 의해 그 두 존재자의 속성들이 얽혔으며, 따라서 우리가 어떤 속성이 어디에 속하는지 더 이상 구별해서 말할 수 없다고 보는 것이다.

구체적인 예로 하이젠베르크가 고안한 사고실험인 하이젠베르크 감마 현미경을 분석해 보자. 사고실험은 물리학에서 종종 매우 중요한 역할을 한다. 사고실험을 제안하는 사람은 간단히 한 실험을 제시하고, 알려진 물리학 법칙들을 토대로 그 실험이 어떻게 진행될 것인지 논증한다. 예를 들어 어떤 물리학 이론의 새롭고 예외적인 예측을 최초로 논하고 구체적으로 숙고하기 위해 사고실험을 이용할 수 있다. 하이젠베르크는 자신이 불확정성 관계라 명한 것의 직관적 실례를 제시하고자 했다. 그러나 그가 제시한 사고실험은 또한 측정 자체에 의해 일어나는 측정된 계의 불가피하고 제어할 수 없는 교란을 보여주는 실례이다.

그림 15(하이젠베르크 현미경)에서 기본 개념을 볼 수 있다. 우선 과제는

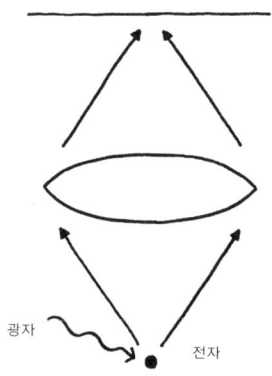

〈그림 15〉 하이젠베르크 현미경. 현미경을 통해 전자의 위치를 측정한다. 이를 위해 전자를 빛으로, 극단적인 경우에는 단 한 개의 광자로 조명한다. 광자는 전자에 부딪혀 산란되고 렌즈를 통과하여 상이 형성되는 영역의 특정 위치에 도달한다. 그 위치는 전자의 위치에 의해 결정된다.

전자의 위치를 측정하는 것이다. 그 측정은 근본적으로 어떻게 이루어질까? 매우 작은 대상이 어디에 있는지 우리는 어떻게 확정할 수 있을까? 당연히 우리는 현미경을 사용한다. 일반적으로 현미경은 우리에게 현미경의 대물렌즈 앞에 있는 작은 대상의 확대된 상을 제공한다. 대상을 보려면 우리는 그 대상을 조명해야 한다. 이는 일상에서뿐만 아니라 현미경에서도 마찬가지이다. 조명한다는 것은 대상에 빛을 비춘다는 뜻이다. 빛은 대상에 의해서 부분적으로 흡수되고, 나머지 부분은 모종의 방식으로 튕겨진다. 즉, 반사된다. 우리는 튕겨진 빛을 직접 눈에 모으거나, 아니면 현미경이나 확대경이나 망원경이나 그 밖에 광학 장치들을 이용해서 모

은다. 이어서 우리의 눈은 대상의 상을 망막에 형성하고, 그 상은 직접 뇌로 전달된다.

그러므로 전자를 보기 위해서는 그것에 빛을 비추어야 한다. 그림에서 우리는 왼쪽에서 들어오는 빛으로 전자를 비춘다. 이어서 우리는 전자로부터 산란된 빛을 렌즈를 이용해서 모으고 영사막으로 유도한다. 영사막에는 우리가 단순한 렌즈를 이용해서 태양의 상을 종이에 만들 때와 동일한 방식으로 상이 생겨난다. 우리는 강한 광선으로 전자를 조명한다. 전자에서 산란된 모든 빛은 렌즈에 의해 모이고 우리는 그림에 있는 영사막에 선명한 점을 얻는다. 우리는 그 점의 위치로부터 전자가 어디에 있는지 알 수 있다. 정확히 말하자면, 전자가 **어디에 있었는지에 대한** 정보를 얻는다고 해야 옳다. 왜냐하면 그렇게 강한 빛을 전자에 비추면, 전자의 위치가 달라지기 때문이다. 우리는 전자가 모든 각각의 광자에 의해 충격을 받는 것을 상상할 수 있다. 그러므로 장치를 개량하여 더 적은 광자들을 사용하는 편이 좋을 것이다. 우리가 사용하는 광자가 더 적을수록 전자의 교란도 적어진다. 이때 한계는 당연히 단 한 개의 광자를 사용하는 것이다.

그 단 한 개의 광자는 어떤 작용을 할까? 명시적으로 강조하지는 않았지만 우리는 앞에서 이미 개별 광자의 전파에 대한 광학적 법칙들이 강력한 빛 파동에 대한 광학적 법칙들과 동일하다는 것을 배웠다(신중하게 말하자면, 매우 강력한 빛 파동에 대해서는 사정이 달라진다. 즉, 광선이 통과하는 매질을 본질적으로 변화시키기 시작하면 사정이 달라진다). 그러므로 우리의 개별 광자는 과거에 강한 광선이 도달한 영사막 상의 위치에서 섬광을 발할 것이

Ⅳ_ 아인슈타인의 베일 ・・・ 207

다. 우리는 그 섬광을 보고 전자가 어디에 있었는지 알게 된다. 우리가 오직 한 개의 광자를 사용했으므로 교란은 가능한 최소이다. 우리는 문제를 거의 해결했다고 말할 것이다. 왜냐하면 개별 광자는 매우 작은 교란을 일으키고, 우리는 분명 그 교란을 모종의 방식으로 보정하여, 말하자면 제거할 수 있기 때문이다. 그런데 정말 그럴까?

곧 보게 되겠지만 문제는 근본적으로 그 교란의 크기를 측정할 수 없다는 데 있다. 그림을 다시 한번 자세히 보면서 다음과 같은 질문을 던져 보자. '광자는 전자에서 산란된 순간부터 영사막에 섬광으로 도달할 때까지 어떤 경로를 거치는가?' 우리는 원리적으로 광자가 매우 다양한 경로를 거치는 것을 상상할 수 있다. 그림에 표시한 것은 두 가지 극단적인 경로이다. 그 두 경로 사이에 모든 가능한 다른 경로들이 놓인다. 그 두 경로 사이의 본질적인 차이는 무엇일까? 한 경로에서는 광자가 매우 작은 각도로 굴절되었고, 다른 경로에서는 큰 각도로 굴절되었다. 이는 교란과 관련해서 중요한 의미를 지닌다. 즉, 광자가 첫 번째 경로를 거칠 경우 광자가 전자에 발휘하는 충격은 작다. 그러므로 전자의 속도는 작게 변하고 따라서 운동량이 작게 변한다. 당연히 그 운동량은 원래 0이었을 수도 있다. 반대로 광자가 다른 경로를 택하여 전자가 큰 충격을 받고 속도와 운동량이 크게 변할 수도 있으며, 이 두 극단 사이에 다양한 가능성들이 있다. 이는 전자가 받는 교란이 실제로 얼마나 큰지 우리가 알지 못한다는 것을 의미한다. 우리는 원리적으로 그것에 대해 말할 수 없다. 훨씬 적은 빛을 모으는 아주 작은 렌즈를 사용한다면, 두 광선 사이의 각도가 최소가 될 것이므로, 전자가 받는 교란의 크기에 대해 말할 수 있을지도 모른다.

그렇게 두 광선이 거의 일치한다면, 모든 광선에 의한 교란과 운동량 변화가 거의 동일할 것이다. 이는 전적으로 타당한 이야기이다. 대신에 우리가 지불하는 댓가는, 전자의 위치를 훨씬 불분명하게 측정하게 된다는 것이다. 모든 현미경의 해상력은 그 현미경에 모아지는 빛의 사각에 의해 결정된다. 사각이 클수록, 즉 더 많은 빛이 모일수록 현미경의 상은 더 선명해지고 해상력이 좋아진다. 바로 이 때문에 우리는 모든 현미경에서 대물렌즈를 관찰하고자 하는 대상에 가능한 한 가까이 접근시키는 것이다.

현미경의 해상력은 사용된 빛의 파장에 의해서도 결정된다. 각각의 빛은 정해진 파장을 가진다. 붉은 빛은 약간 더 긴 파장을, 푸른 빛은 약간 더 짧은 파장을 가진다. 이미 언급했듯이, 가시광선의 파장은 보라색 빛의 10,000분의 4밀리미터에서 붉은색 빛의 10,000분의 7밀리미터 사이이다. 사용된 빛의 파장이 짧을수록 해상력이 더 좋다. 즉, 더 작은 대상을 식별할 수 있다. 이는 우리의 실험과 관련해서, 파장이 짧을수록 전자의 위치를 더 정확하게 관찰할 수 있음을 의미한다. 이제 우리는 파장이 가시광선보다 훨씬 짧은 전자기파들을 생각할 수 있다. 빛은 일종의 전자기파에 불과하니까 말이다. 가장 짧은 파장을 가진 전자기파는 이른바 감마선으로 원자핵들의 핵반응에서 방출된다. 하이젠베르크의 사고실험에서는 전자들의 위치를 가능한 한 정확히 측정하기 위해 감마선이 사용된다. 물론 감마선을 사용하기 때문에 치르는 대가가 있다. 파장이 짧을수록 전자에 전해지는 충격이 커지고 따라서 교란이 더 커진다.

이제 사정을 요약해 보자. 우리가 전자의 위치를 더 정확히 알고자 할수록, 현미경의 사각은 더 커지고 빛의 파장은 더 짧아져야 한다. 그럴수록 전자가 받는 충격은 더 제어할 수 없게 되고, 전자의 속도 변화는 더 불분명해지고, 따라서 전자가 과거에 가졌던 운동량도 더 불분명해진다. 반대로 우리가 교란을, 운동량의 변화를 더 정확히 알수록 전자의 위치는 더 불분명해진다. 왜냐하면 우리는 사각을 매우 작게 만들고 더 큰 파장의 빛을 써야 하기 때문이다.

비록 우리가 교란을 정확히 측정할 수 없다 할지라도, 그 교란은 다양한 값을 가질 수 있고, 일어난 교란은 어쨌든 특정한 값을 가져야 한다고 우리는 말할 수 있을 것이다. 그러므로 입자에게, 즉 우리의 실험에서는 전자에게, 그것이 관찰 이전에 가졌던 잘 정의된 속성들을 부여하는 것은 의미 있는 일일 것이다. 그러나 과연 그럴까? 이제 코펜하겐 해석의 핵심을 이야기할 차례이다. '한 계가 지니는 전혀 측정할 수 없는 속성들에 대해 말하는 것이 도대체 의미가 있을까?' 우리가 해상력이 높은 현미경을 선택하고 따라서 불가피하게 가능한 변이의 폭이 큰 교란을 감수한다면, 우리는 충돌 이전의 전자의 속도를 전혀 알 수 없다.

그러나 여전히, 전자가 잘 정의된 속도를 가지고 있었을 것이고 생각하는 사람들이 있을 수 있다. 그러나 코펜하겐 해석은, 우리가 전혀 알 수 없는 속성들에 대해 이야기하는 것이 무의미하다고 말한다. 그러므로 우리는 전자에게, 순전히 생각뿐일지라도, 측정 이전에 그것이 가졌을 잘 정의된 속도를 부여할 수 없다. 왜냐하면 우리가 생각 속에서 입자에게 부여하는 속성들도, 우리가 어떤 실험을 하는가와 무관하지 않기 때문이다. 따라서 커다란 현미경 렌즈를 사용할 경우에는 입자의 잘 정의된 속도에 대해 말하는 것이 무의미하다. 물론 매우 작은 렌즈를 사용해서(사각을 작게 해서) 실험을 할 수도 있다. 이 경우 우리는 교란을 더 잘 알 수 있다. 즉, 상호작용 이전의 전자의 속도를 더 정확히 측정할 수 있다. 이것은 물론 가능하지만, 또 다른 실험이다. 하나의 전자에 대해서 우리는 두 실험 중 하나를 수행할 수 있고, 어느 실험을 수행할지 결정해야 한다. 그 결정에 의해 두 물리량 중 어느 것을 정확히 측정할 수 있는지가 결정된다. 매우 큰 해상력을 선택하여 전자의 위치를 정확히 측정하든지(그 경우 전자의 속도는 원리적으로 정의 불가능해진다) 아니면 교란을 가능한 한 작게 만들어 속도를 측정한다. 그 경우 우리는 전자가 실제로 어디에 있는지 아는 것을 포기해야 한다. 왜냐하면 이 실험에 사용된 현미경의 해상력은 낮을 수밖에 없기 때문이다. 실험을 선택하지 않는다면 입자에게 잘 정의된 속성을 부여하는 것은 생각 속에서조차 무의미하다.

우리는 지금까지 하이젠베르크의 불확정성 관계를 설명했다. 이제 같은 설명을 수량적으로 다시 한번 해 보자. 하이젠베르크의 불확정성 관계에 따르면, 대상의 위치 불확정성과 운동량 불확정성의 곱은 $h/2\pi$, 즉 플랑크 작용양자를 π(파이)의 두 배로 나눈 값보다 더 작을 수 없다. 이 한계는 매우 특별한 경우에만 도달된다. 흔히 우리는 두 불확정성의 곱이 약 h라고 생각할 수 있다.

하이젠베르크 현미경에 관한 코펜하겐 해석의 핵심적인 주장은, 그 상황에서 문제는 전자의, 혹은 일반적으로 임의의 입자의 위치와 운동량을 측정하는 우리의 능력의 한계가 아니라는 것이다. 이 주장의 의미는 무엇보다도 다음과 같다. 그 입자가 잘 정의된 위치와 운동량을 가지고 있지만 우리가 그것들을 측정할 수 없다는 식으로 말하는 것은 전적으로 오류이다. 코펜하겐 해석은 우리가 원리적으로 알 수 없는 것에 대해 이야기하는 것이 무의미하다고 단언한다. 그러므로 하이젠베르크의 불확정성원리는, 한 입자가 잘 정의된 위치와 잘 정의된 운동량을 동시에 가질 수 없다고 말한다.

매우 중요한 또 다른 점을 지적할 필요가 있다. 그 점은 이미 우리가 언급한 문제, 입자는 우리가 관찰하지 못하는 속성을 실제로 갖지만 다만 우리가 그것을 보지 못하는지, 아니면 그 속성들이 근본적으로 불확정적인지의 문제와 본질적으로 관련된다. 우리는 광자가 전자에서 산란된 후에 그림에 표시된 두 경로 중 하나를 혹은 일반적으로 그 사이에 있는 한 경로를 택한다고 다소 엄밀하지 않게 말했다. 다시 말해서 우리는 실제로 입자가 하나의 특정한 경로를 택한다는 다소 소박한 생각을 한 것이다. 그러나 그 생각은 방금 한 추론에 모순된다. 그 추론에 따르면 우리가 구체적인 실험에서 전혀 측정할 수 없는 속성들을 계에 부여하면 안 된다. 그러므로 광자에게 그것이 전자에서 산란된 후에 영사막에 도달할 때까지 거치는 특정한 경로를 부여해서는 안 된다. 생각할 수 있는 모든 경로가 완벽하게 동등한 권리를 가지기 때문이다.

동등한 권리를 가진다는 것은 무슨 뜻일까? 바로, 광자의 양자 상태가 모든 가능한 경로들의 겹침이라는 뜻이다. 이것은 우리가 이미 이중 슬릿 실험에서 접한 바 있는 중첩의 일종이다. 그때 살펴본 중첩은 두 슬릿 중 하나를 통과하는 가능한 경로들의 중첩이었다. 지금 우리가 다루는 중첩은 정확히 말하면 무한히 많은 서로 다른 경로들의 중첩이다. 유일한 조건은 그 각각의 경로가 렌즈를 통과해야 한다는 것뿐이다. 또한 사정은 약간 더 복잡하다. 광자가 거치는 그 가능한 경로들 각각이 전자에 가해지는 특정한 충격량에 대응하기 때문이다. 그러므로 우리는 전자와 광자의 매우 복잡한 얽힌 상태를 다루는 것이다. 이 얽힌 상태 역시 중첩이다. 이제 우리는 분석 전체에서 매우 중요하고 핵심적인 측면을 다시 지적하게 되었다. 그것은 다름이 아니라, 광자가 전자에서 산란된 후에 택하는 경로와 관련한 속성들이 근본적으로 결정되어 있지 않다는 사실은 중첩을 의미한다는 점이다.

이것은 아무리 강조해도 지나치지 않는 본질적인 사실이다. 우리의 실험에서는 관찰되는 양자역학적 계(전자)와, 관찰 수단(광자)에게 통상적인 물리학적 의미에서 서로 독립적인 존재를 부여하는 것이 불가능하다. 전자와 광자는 서로 매우 강하게 연결되어 있다. 이런 종류의 연결이 바로 슈뢰딩거가 양자역학 논의에 도입한 얽힘이다. 상호작용 이전에 전자와 광자는 서로 독립적으로 존재하면서 나름대로 즐거운 삶을 살았다. 그러나 산란 이후에, 즉 상호작용 이후에 그들은 얽혔다. 전자의 모든 각각의 운동량 변화는 광자의 특정한 운동량 변화와 강하게 맞물린다. 그러므로 상호작용 이후에 전자와 광자는 더 이상 서로 독립적인 존재를 향유하지 못한다. 그들은 더 이상 각자 고유하게 잘 정의된 속성들을 가진 개별 대상이 아니다.

모든 측정과 관찰에서 결국 감각 인상을 거론해야 한다. 관찰은 감각 인상 없이는 있을 수 없기 때문이다. 하이젠베르크 감마 현미경의 경우 감각 인상은 영사막에 나타나는 섬광의 인상이다. 우리는 그 섬광에 대해서로 이야기할 수 있다. 그것은 직접적인 경험이다. 그 밖에 우리가 더 이야기할 수 있는 것은, 실험을 구성하는 요소들이다. 예를 들어 렌즈와 그것이 설치되는 장소, 또는 전자를 산출하기 위해 사용하는 원천, 전자에서 산란되는 광자가 나오는 광원, 그리고 전체를 떠받치는 부분들 등이다. 정확히 말하면 우리는 이 고전적인 대상들에 대해서만 말할 수 있다. 그 외에 모든 것들은 우리의 정신이 구성한 것들이다. 고전적인 대상들로부터 구성하여 늘어놓은 이야기는 결국 우리 정신의 구성물이다. 강조하거니와 양자물리학이 계에 부여하는 상태 — 예를 들어, 광자의 모든 가능한 상태들의 중첩 — 가 하는 역할은 고전적인 관찰들을 연결하는 것뿐이다. 그 고전적인 관찰들은 예를 들어 측정 장치에서 이루어지는 관찰, 혹은 실험 장치의 속성들, 즉 예컨대 전자의 원천의 속성들에 대한 관찰, 전자가 언제 나오는지에 대한 관찰, 그리고 현미경의 속성들에 대한 관찰 그리고 마지막으로 우리가 육안으로 볼 수 있는 섬광의 관찰 같은 고전적인 관찰이다. 결론적으로 양자역학적 상태를 언급하는 유일한 목적은, 실험 장치 전체에 대한 우리의 앎을 토대로 해서 어떤 관찰 결과가 어떤 개연성으로 등장할지 계산할 수 있게 만드는 것이다.

4 거짓된 진실과 심오한 진실

코펜하겐 해석에서 중요한 것은 보어가 도입한 **상보성** 개념이다. 간단히 말해서 상보성은 두 양이 다음과 같은 의미에서 서로 배제한다는 것을 의미한다. 두 양 모두에 대한 정확한 앎이 근본적으로 불가능하다는 의미에서 말이다.

우리가 이미 익숙해진 그런 개념쌍으로는 입자의 위치와 운동량, 혹은 이중 슬릿 실험에서 경로와 간섭무늬 등이 있다. 하이젠베르크 감마현미경의 경우 상보성은 결국 실험적 제약에서 비롯되는 원리적인 귀결이라는 것을 우리는 안다. 문제는, 우리가 상보성으로 서로 연결된 두 양 '위치'와 '운동량'을 측정하기 위해 전혀 다른 두 장치를 필요로 한다는 것에 있다. 위치를 측정하기 위해서는 큰 각도에서 빛을 모으는 매우 해상력이 높은 현미경이 필요하고, 운동량을 측정하기 위해서는 해상력이 매우 낮은 현미경이 필요하다. 높은 해상력과 낮은 해상력을 동시에 지닌 현미경,

즉 큰 각도로 산란된 빛과 작은 각도로 산란된 빛을 동시에 모으는 현미경은 원리적으로 불가능하다. 상보성은 결국 두 양을 관찰하는 데, 다시 말해 우리의 경우 위치와 운동량을 관찰하는 서로를 배제하는 거시적이고 고전적인 장치들이 필요하다는 사실의 귀결이다.

다른 한편으로, 이 책에서 우리가 다루지 않고 있는 양자물리학의 수학적 정식화도 정확히 같은 사태를 간과하지 않는다는 사실을 언급할 필요가 있다. 그 정식화에서는 위치와 운동량이 동시에 잘 정의된 전자의 양자역학적 상태가 수학적으로 아예 불가능하도록 되어 있다. 그러므로 순전히 수학적으로도 잘 정의된 위치와 잘 정의된 운동량을 동시에 가지는 전자는 존재할 수 없다. 이 말은 물론 하이젠베르크와 슈뢰딩거가 도출한 양자역학의 근본 법칙들이 타당한 한에서만 타당하다. 그러나 우리는 이미 양자물리학의 예측들이 얼마나 정확하게 자연과 일치하는지 살펴보았고, 따라서 양자역학의 근본 법칙들이 거짓으로 밝혀질 확률은 매우 낮다고 추측한다.

또 다른 흥미로운 예로 이중 슬릿 실험에서 경로와 간섭무늬의 상보성을 살펴보자. 우리는 이미 여러 차례 그런 장치 속에서 입자가 거치는 길을 알면서 동시에 간섭무늬를 관찰하는 것은 불가능하다는 사실을 확인했다. 그러므로 경로와 간섭무늬는 서로 상보적이다. 이 경우의 상보성 역시 두 개의 상이한 거시적인 장치를 동시에 짓는 것이 불가능하다는 사실의 귀결이다. 경로를 알려면 경로를 측정하는 장치, 예를 들어 각각의 슬릿에 탐지 장치가 필요하다. 반대로 간섭무늬를 볼 수 있으려면, 경로가 원리적으로 알려지지 않는 것, 즉 경로가 전혀 측정되지 않는 것이 본질적인 전제가 된다. 그런데 경로를 측정하면서 동시에 측정하지 않는 장치를 짓는 것은 절대 불가능하다.

특히 흥미로운 것은 얽힌 입자들의 상보성이다. 우리의 이중–이중 슬릿 실험에서 그런 예를 매우 잘 살펴볼 수 있다. 광원의 크기를 조절함으로써 일원입자간섭을, 즉 개별 입자 각각의 간섭을 볼지, 혹은 이원입자간섭을, 우리가 두 입자를 각각의 이중 슬릿 너머에서 동시에 측정할 때의 간섭을 볼지 선택할 수 있었다. 그때 결정적인 기준은 광원의 크기였다. 광원이 작다면 일원입자간섭이 일어나고, 크다면 이원입자간섭이 일어난다. 한 광원이 크면서 동시에 작을 수는 없다. 이와 같이 그 두 종류의 간섭 역시 서로 상보적이다. 일반적으로 우리는 일원입자간섭을 볼지, 혹은 이원입자간섭을 볼지 양자택일해야 한다.

양자물리학에는 이 밖에도 매우 많은 상보성의 실례들이 있다. 모든 각각의 물리적인 개념에 대해서 그것과 상보적으로 연관된 개념이 최소한 한 개 있다는 것이 근본적인 사실인 듯이 보인다. 상보적으로 연관된 것이 반드시 두 개념일 필요는 없다. 다른 다양한 가능성들도 있다. 한 예로 입자의 각운동량을 살펴보자. 본질적으로 각운동량이란, 대상이 얼마나 빠르게 자신의 축을 회전하는지를 나타낸다. 양자물리학에서는 물론 사정이 약간 더 까다롭다. 이미 언급했듯이 기본 입자의 스핀은 각운동량에 대응한다. 이른바 스핀은 각운동량과 유사하다고 이해할 수 있다. 이제 상보성과 관련된 근본적인 진술은 다음과 같다. 특정한 한 회전축에 대한 스핀은, 동일한 평면에 있으면서 그 회전축에 수직으로 놓인 모든 회전축에 대한 스핀과 서로 상보적이다. 그러므로 서로에 대해 수직인 임의의 세 축에 나란한 세 스핀은 서로 상보적이다.

보어는 상보성이 자연에 대한 기술과 관련해서 우리가 지닌 가장 심오한 개념 중 하나라고 믿었다. 그는 상보성 개념을 물리학 이외의 영역에도 적용하려고 했다. 그리하여 그는 한 진술의 '진실성'과 '명료성'은 서로 상보적이라는 멋진 문장을 만들어 내기도 했다. 그는 상보성 개념을 살아 있는 계로 확장하는 시도도 했다. 예를 들어 한 세포나 한 생물의 생명과, 그 생명의 기능에 대한 정확한 앎이 서로 상보적이라고 생각했다. 그것은 우리가 오직 죽은 계의 기능만을(그 계의 세부와 구조와 기능 방식 등을) 정확히 알 수 있음을 함축한다. 오늘날 우리는 그것이 틀린 생각임을 안다. 보어는 때때로 이 문제와 관련해서 자신의 입장을 과도하게 밀어붙였다. 그러나 그를 비난할 수는 없다. 새로운 개념의 타당 영역을 가능한 한 확장하는 시도는 성공적인 학문 방법의 본질적인 한 부분일 것이기 때문이다. 우리는 그런 시도를 통해서만 한 개념의 한계를 알고 새로운 것을 만난다. 깊은 의미에서나 아이러니에서나 비슷한 예를 찾기 힘든 보어의 아름다운 말을 인용하는 것으로 이 절을 마무리하고자 한다. '모든 각각의 진실의 반대는 거짓이지만, 심오한 진실의 반대는 역시 심오한 진실이다.'

5 아인슈타인의 오류

이미 언급했듯이 아인슈타인은 새로운 양자역학과 관련된 심오한 개념적 문제들을 처음부터 간파했다. 특히 그는 우연의 역할을 수긍하지 않았다. 그러므로 아인슈타인이 양자 현상에 대한 더 심층적인 설명을 찾을 수 있다고 생각한 것은 놀라운 일이 아니다. 그가 보어의 입장에 동의할 수 없었다는 것 역시 놀라운 일이 아니다. 그가 특히 수용할 수 없었던 것은 우리에게 알려지지 않았을 뿐 아니라 근본적으로 확정되지 않은 물리적인 양들 — 계와 입자의 속성들 — 이 있다는 입장, 이를테면 이중 슬릿 실험의 경우 우리가 간섭무늬를 볼 수 있다면 상보적인 양인 입자의 경로를 입자의 속성으로 생각조차 해서는 안 된다는 입장이었다.

그리하여 아인슈타인은 그 주장을 근본적으로 뒤엎으려 했다. 그의 목표는 서로 상보적인 두 양을 관찰하는 실험이 가능함을 보이는 것이었다. 그는 추상적인 방식으로 목표에 접근한 것이 아니라 매우 기발한 사고실험들을 이용했다.

 아인슈타인과 보어는 1927년에서 1930년 사이에 열린 다양한 학회들에서 논쟁을 했다. 몇 년 후 보어는 그 논쟁을 자신의 시각에서 정리한 글 〈아인슈타인과의 토론〉을 썼다. 그 글은 1948년에 출간된 훌륭한 논문 모음집 『알베르트 아인슈타인: 철학자-과학자』에 실려 있다. 이 책에 있는 이중 슬릿 실험 도안(그림 3, 40쪽)은 보어가 직접 그려서 그 글에 삽입한 도안들 중 하나이다. 그 도안에서 특히 감탄할 만한 것은 대단한 사실주의적 완성도이다. 보어는 심지어 실험 장치를 결합하는 나사들까지 그렸다. 그것은 분명 단순한 우연이 아니라 보어의 견해를 반영하는 것으로 보인다. 그는 거시적이고 고전적인 장치가 논의의 중심에 놓여야 한다고 믿었다. 우리가 실제로 명확한 진술의 대상으로 삼을 수 있는 것은 오직 그 장치뿐이기 때문이다.

 그 도안과 관련된 보어의 논증은 매우 간단하다. 두 슬릿이 모두 열려 있으면 우리는 간섭무늬를 본다. 반대로 두 슬릿 중 하나를 막으면, 우리는 당연히 경로를 알게 되고 간섭무늬는 나타날 수 없다. 아인슈타인은 보어를 공격하기 위해 실험 장치를 개조했다. 그는 모든 입자들의 경로를 결정할 수 있으면서 간섭무늬도 만드는 장치를 나름대로 제안했다. 그는 입구 슬릿이 고정되지 않도록 만들었다. 입구 슬릿 판을 나머지 부분에 나사로 조이지 않고— 이 대목에서 새삼 나사의 중요성을 확인할 수 있다— 자유롭게 움직일 수 있도록 만들었다(그림 16). 아인슈타인은 항상 단 한 개의 입자가 장치를 통과하도록 제어하면서 개별 입자로 이 실험을 수행할 수 있다고 주장했다. 한 입자를 보내기 전에 입구 슬릿이 흔들리

〈그림 16〉 움직일 수 있는 입구판을 사용한 이중 슬릿 실험. 아인슈타인이 제안함(보어 그림).

지 않도록 만든다. 이어서 입자를 보내고, 영사막의 어느 위치에 입자가 도착하는지 기록한다. 당연한 일이지만 첫 번째 슬릿을 통과한 입자가 항상 다른 두 슬릿도 통과하는 것은 아니다. 하지만 우리는 영사막까지 도달한 입자들만 관찰한다.

관찰 영역에서 입자가 기록되었다면 그 입자는, 아인슈타인의 견해에 따르면, 두 슬릿 중 하나를 거쳤어야 한다. 그러므로 입자가 처음에 전체 장치의 기판에 평행하게 들어왔다면 그 입자는 입구 슬릿에서 위로, 혹은 아래로 굴절되어야 한다. 그러므로 입자의 운동량이 변해야 하며 입구 슬릿 판은 충격을 받고 움직여야 한다. 입자가 위 슬릿을 통과한다면 입구 슬릿 판은 아래로 충격을 받아야 한다. 이때 우리는 첫 번째 입자가 입구 슬릿을 통과하고 영사막에 기록된 후에 입구 슬릿 판이 위로 움직였는지, 혹은 아래로 움직였는지 관찰한다. 우리에게 시간은 충분하다. 입자가 입구 슬릿 판에 가하는 충격은 극도로 작으므로 우리는 입구 슬릿 판이 움직이는 것을 관찰할 때까지 오래 기다려야 할 것이다. 하지만 시간은 충분하다. 마침내 입구 슬릿이 아래로, 혹은 위로 움직였는지 알면, 우리는 입자가 어느 경로를 택했는지 확실히 안다. 우리는 입자가 도달한 영사막 상의 위치를 이미 측정했다. 이어서 입구 슬릿 판을 다시 처음 위치에 흔들리지 않게 놓고 다음 입자로 실험을 반복한다. 이런 방식으로 점차 매우 많은 입자들이 영사막에 도달할 것이고, 아인슈타인에 따르면 영사막에는 점차 간섭무늬가 형성될 것이다. 동시에 우리는 모든 각각의 입자가 어느 경로를 거쳤는지 말해 주는 목록을 가지게 될 것이다.

언뜻 보기에 이 논증은 전적으로 합리적이고 적합해 보인다. 만일 이 논증이 옳다면 보어의 상보성 개념에는 오류가 있을 것이다. 그렇다면 문제의 핵심은 어디에 있는 것일까? 아인슈타인은 이 사고실험에 대해서 무엇을 착각하고 있는 것일까? 일단 실제 실험은 근본적으로 오류일 수 없다는 것을 지적해 두자. 우리는 실험에서 특정한 물리적 장치를 만들고, 자연법칙에 따른 과정을 반영하는 어떤 현상을 관찰한다. 오류일 수 있는 것은 항상 실험에 대한 우리의 해석이다. 우리의 문제 설정에 이미 오류가 있을 수도 있고, 실험을 잘못 분석하거나 어떤 중요한 세부를 간과할 수도 있다. 사고실험에서도 마찬가지다. 모든 단계를 자연법칙에 따라 올바르게 관찰한다면, 옳은 결론에 도달할 수밖에 없다. 다시 말해서 우리는 사고실험에서뿐만 아니라 실제로 수행된 실험에서 사태가 어떠한지에 대한 결론에 도달할 수 있다. 그러나 사고실험에서 얻어질 것으로 보이는 결과를 예측할 때, 만일 우리가 중요한 점들을 간과한다면 잘못된 견해를 가질 수 있다. 즉, 사고실험의 결과가 어떠할지에 대한 우리의 예측은 얼마든지 오류일 수 있다. 아인슈타인에게 비판이 가해질 지점이 바로 여기이다. 그의 사고 과정 중 어딘가에 오류가 있음이 분명하다. 만일 당신에게 스스로 알아내고 싶은 의욕과 시간이 있다면 여기서 잠시 독서를 멈추고 아인슈타인의 오류가 어디에 있는지 스스로 한번 시간을 내서 생각해 보라.

이미 언급했듯이 사고실험을 분석할 때는 실험과 유관한 모든 자연법칙들을 고려해야 한다. 이때 경우에 따라서 우리가 실험에 필요한 자연법칙을 모를 수도 있고 법칙이 전혀 발견되지 않았을 수도 있어서, 기존 지식의 기반에서 오류가 발생할 수도 있다. 그러나 아인슈타인에게 보낸 답변에서 보어가 지적했듯이 아인슈타인이 범한 오류는 그런 종류의 것이 아니다.

아인슈타인이 범한 근본적인 오류는 입구 슬릿이 정확히 중앙에 멈추어 있도록 만들 수 있다고 전제한 데 있다. 곧 설명하겠지만, 그것은 양자역학이 불허하는 두 가지 사태를 요구하는 것이다. 아인슈타인은 입구 슬릿이 멈추어 있으면서, 즉 속도가 0이면서 동시에 정확히 고정된 위치에 있을 수 있다고 전제했다. 이는 위치 불확정성과 운동량 불확정성이 동시에 0일 것을 요구한 것이다. 그러나 하이젠베르크의 불확정성원리가 이야기했듯이 양자역학에 따르면 그것은 근본적으로 불가능하다. 아인슈타인이 범한, 또한 오늘날에도 사람들이 매우 흔히 범하는 오류는 양자역학의 법칙들이 입구 슬릿에도 적용되어야 한다는 것을 간과한 것이다. 그러나 아인슈타인의 오류는 용서될 수 있다. 왜냐하면 입구 슬릿과 입구 슬릿 판, 그리고 판걸이가 고전적인 법칙들의 적용을 허용하는 거시적인 계인 듯이 보이기 때문이다. 이제 보어의 반론을 자세히 살펴보자.

아인슈타인이 제안한 실험의 목표는 입구 슬릿 판이 흔들리는 것을 보고 입자가 위로, 혹은 아래로 굴절되었다는 것을 추론하는 것이다. 이는 자동적으로 애초에 우리의 입구 슬릿 판의 운동량 불확정성이 특정한 한

도를 넘어설 수 없음을 의미한다. 구체적으로 말해서 입구 슬릿 판의 운동량 불확정성은 입자가 위로 굴절될 때 판이 받는 운동량과, 입자가 아래로 굴절될 때 판이 받는 운동량의 차이보다 작아야 한다. 왜냐하면 판의 운동량이 처음부터 이 차이보다 더 불확정적이면 우리는 판의 흔들림으로부터 입자가 굴절된 방향을 추론할 수 없기 때문이다.

이 실험에서 상보성은 어떤 역할을 할까? 늘 그렇듯이 여기에서도 우리는 서로 다른 두 개의 설정 중 하나를, 서로 다른 두 개의 실험 조건 중 하나를 선택할 수 있다. 무엇을 선택할지는, 우리가 입자를 통과시키기 전에 입구 슬릿 판의 운동량 불확정성과 위치 불확정성을 어떤 크기로 유지할 것인가에 달려 있다. 실험자의 자유로운 선택에 따라 판의 위치를 잘 확정할 수 있다. 그러나 그렇게 하면 운동량은 불확정적이게 된다. 먼저 위치가 잘 확정되고 운동량이 불확정적인 경우, 우리는 간섭무늬를 얻지만 개별 입자가 어느 경로를 택했는지 말할 수 없을 것이다. 반대로 운동량 불확정성을 충분히 작게 설정하여 모든 개별 입자들의 경로를 말할 수 있게 하면 간섭무늬는 어떻게 될까? 운동량 불확정성이 작아지면 판의 위치 불확정성은 당연히 커진다. 판의 위치 불확정성은 개별 입자가 장치에 들어오는 위치를 정확히 알지 못한다는 것을 의미한다. 위치 불확정성에 따라서 입구 판의 위치는 훨씬 위일 수도 있고 훨씬 아래일 수도 있다. 그림을 살펴보면, 입구 판이 위로 밀려 있다면 간섭무늬는 아래로 밀려갈 것이다. 마찬가지로 입구 판이 약간 아래로 밀려 있다면 줄들은 위로 올라갈 것이다. 만일 운동량을 충분히 잘 확정할 경우, 위치가 불확정적이게 되므로, 간섭무늬는 사라진다. 이때 간섭무늬가 사라지는 것을 여러 다양한 간섭무늬들이 섞여서 일어나는 일로 생각할 수 있다. 흥미롭게도 보어는 여기에서 정확히 상보성이 성립함을 불확정성원리를 이용해서 양적으로 증명했다. 입자가 택하는 경로를 우리가 정확히 알면 간섭무늬는 완전히 사라진다. 우리가 선명한 간섭무늬를 얻으면, 입자의 경로에 대해서는 아무 말도 할 수 없게 된다.

입자를 통과시키기에 앞서 우리가 입구 슬릿 판을 완전한 정지 상태로 놓는다고 가정하자. 즉, 입구 슬릿 판은 지금 정지해 있다. 그렇다면 하이젠베르크의 불확정성원리에 따라서 우리는 판이 어디에 있는지 말할 수 없고, 간섭무늬를 얻을 수 없을 것이다. 다른 한편 우리가 입구 판의 잘 정의된 위치를 확정할 수도 있다. 예를 들어 입구 판은 지금 용수철의 평형 위치에 있다. 그렇다면 입구 판의 운동량 불확정성은 최대가 된다. 판은 움직일 것이다. 이것은 어떤 대상도 정지해 있으면서 동시에 잘 정의된 위치를 가질 수 없다는 불확정성원리의 귀결이다. 이번에는 운동량 불확정성이 너무 커서, 간섭무늬를 얻지만 입자가 어느 경로를 택했는지 알 수 없다.

여기에서 우리는 상보성의 흥미로운 측면을 또 하나 보게 된다. 지금까지 논의한 두 경우는 모두 극단적인 예였다. 즉, 우리는 상보적인 두 양 중 하나를 확정했다. 그러나 당연히 중간 경우들도 있을 수 있다. 구체적으로 말해서 처음에 운동량 불확정성을 확정하되 엄밀하게 확정하지 않고, 입자가 어느 경로를 택했는지를 입구 판의 흔들림에서 대략 알 수 있을 정도로만 확정할 수 있다. 즉, 우리는 개별 입자가 위 경로를 택했다고 70퍼센트의 확률로 말할 수 있는 상황을 만들 수 있다. 그 상황에서 입자는 30퍼센트의 확률로 아래 경로를 택했을 수도 있다. 다른 입자에 대해서는 확률이 반대일 수도 있다. 이 경우 우리는 선명하지 않고 약간 희미한 간섭무늬를 얻는다. 일반적으로 경로를 조금 알수록 간섭무늬는 더 선명해진다. 반대로 간섭무늬가 희미해질수록 우리는 경로에 대해 더 많이 말할 수 있다. 그러므로 상보성은 예-아니요 상황이 아니다. 두 개념이 서로를 완전히 배제하는 것은 우리가 둘 중 하나를 절대적으로 정확히 알고자 할 때뿐이다. 다시 말해서 상보성은 중간 경우들도 허용한다. 상보성은 우리가 두 양 모두를 약간 아는 경우를 허용한다.

입구 슬릿 판이 기판에 고정되어 있는 원래의 이중 슬릿 실험과 관련해서 이 논의를 어떻게 이해할 수 있을까(그림 3, 40쪽)? 그 실험에서 우리는 분명 간섭무늬를 얻는다. 그렇다면 입자가 판에 전달한 운동량은 어떻게 된 것일까? 입구 슬릿을 통과하는 모든 입자는 두 슬릿 중 어느 것을 통과하느냐에 따라서 위로, 혹은 아래로 굴절되었을 것이다. 그러므로 입자의 운동량은 변한다. 그런데 물리학 전체에서 운동량은 보존된다. 입자의 운동량이 변한다면 그 변화를 보상하기 위해 무언가 다른 것의 운동량이 변해야 한다. 우리가 논의하는 경우에 입자가 가한 충격은, 세계의 나머지 부분과, 즉 실험실과 건물 등과 확고히 결합되어 있다고 상정된 실험 장치 전체로 전달된다. 그러므로 전해진 충격을 측정하는 것도 경로를 결정하는 것도 불가능하다.

그러므로 아인슈타인과의 논쟁에서 보어는 확실히 승리했다. 그러나 그 논쟁은 물리학자들뿐 아니라 다른 많은 사람들도 매료시킨 것이 분명하다. 무언가 기발한 설정을 통해 간섭무늬 외에도 경로 정보를 얻을 수 있다는, 혹은 상보적인 두 변수를 동시에 측정할 수 있다는 주장은 끊임없이 다시 제기되고 있다. 그 주장들은 영구기관, 즉 외적인 에너지 공급 없이 영원히 움직이는 기관을 만들어 냈다는 주장과 같다. 영구운동 기관에 대해서와 마찬가지로 여기에서도 매우 탁월한 주장들이 있다. 그러나 더 자세히 검토해 보면 그 주장들은 유지될 수 없다. 모든 각각의 실험을 세심히 분석해 보면 상보적인 두 양을 동시에 정확히 측정하는 것은 어느 경우에서나 불가능함이 드러난다.

앞의 논쟁과 관련해서 한 가지 점을 더 살펴볼 필요가 있다. 그것은 두 종류의 상보성이 서로 직접적으로 관련되어 있다는 사실이다. 즉, 입자의 경로와 간섭무늬의 상보성이 입구 판의 위치와 운동량의 상보성과 직접적으로 맞물려 있다. 이와 관련해서 때로 우리의 논증이 — 양자역학을 써서 양자역학을 구제한다는(입증한다는) 의미에서 — 순환적이라는 반론이 제기된다. 그러나 그럴 수밖에 없다. 양자역학은 그것의 타당성을 어딘가에 국한시킬 수 없는 포괄적인 이론이다. 양자역학의 타당성을 국한시키는 것은 결정적인 오류이다.

아인슈타인은 곧바로 승복하지 않고 자신의 논증을 재차 개량하여 더 복잡한 사고실험들을 제안했다. 그중 한 실험에서 처음에는 아인슈타인의 생각이 타당한 것처럼 보였다. 그러나 보어는 자신의 상보성을 구제하기 위해 아인슈타인의 일반상대성이론을 동원해 반박했다. 아인슈타인과 보어의 논쟁은 현상을 올바르게 기술하려면 모든 자연법칙들을 고려해야 한다는 것을 보여주기 때문에 매력적이다. 아인슈타인은 자신의 상대성이론이 양자역학에 대한 자신의 반론을 재반박하는 데 이용되는 것을 목격해야 했다.

 그렇다면 상보성의 더 깊은 의미는 무엇일까? 상보성은 무엇을 시사하는가? 우리는 상보적인 두 양을 모두 정확히 알 수는 없다. 더 정확히 말해서, 물리적인 계는 상보적인 두 양을 동시에 정확히 대변하는 정보를 가질 수는 없다. 이 모든 것은 정보의 근본적인 역할을 시사하는 것처럼 보인다. 우리는 이제 그 근본적인 역할을 고찰할 것이다. 또한 지금까지 해 온 것처럼 질적인 고찰에만 머물지 않고 양적인 고찰을 시도할 것이다. 이를 위해서 먼저 매우 단순한 실험 장치인 마흐-첸더 간섭계와 익숙해져야 한다. 그 장치를 통해서 정보와 관련된 사실들을 매우 잘 기술하고 분석할 수 있다.

6 확률 파동

우리는 지금까지 이중 슬릿 실험을 여러 번 언급했다. 양자역학에서 그 실험은 처음에 사고실험으로 도입되었으나 그 후에 매우 다양한 종류의 입자들에 대해서 실제로 수행되었다. 이제 독자도 잘 알겠지만 그 실험에서 결정적인 것은, 우리가 간섭무늬의 '밝은' 줄과 '어두운' 줄을 두 슬릿을 통과한 파동의 겹침으로 매우 쉽게 이해할 수 있다는 것이다. 또한 우리가 알고 있듯이, 사용된 광선이, 그것이 빛이든 전자 광선이든 중성자 광선이든 심지어 우리 실험실에서 다루는 풀러렌이든 상관없이, 개별 입자라는 것을 상기할 경우 수수께끼가 발생한다. 인간의 '건전한 상식'에 따르면 개별 입자는 오직 하나의 경로를 거칠 수 있다. 그러므로 입자는 위 슬릿을 통과하거나 아래 슬릿을 통과해야 한다. 그럼에도 불구하고 양자물리학은 항상 단 하나의 입자만 움직일 정도로 약한 광선을 사용할 경우에도 간섭무늬가 나타난다고 예측하고, 그 예측은 실험을 통해서 관찰된다. 그러므로 우리가 다음과 같은 질문을 던질 때 문제가 생긴다. 예를 들어 위 슬릿을 통과한 개별 입자가 아래 슬릿이 열려 있는지 여부를 도대체 어떻게 아는가? 이 질문에 대한 대답은, 경로를 확정하게 해 주는 실험을 실제로 수행하지 않는 한, 입자의 경로에 대해서는 아무 말도 하지 말아야 한다는 것이다. 그러나 경로 정보가 있으면 간섭무늬는 더 이상 등장하지 않는다.

이중 슬릿 실험은 질적인 논의에 필요한 모든 것을 마치 호두처럼 속에 품고 있지만 양적인 분석을 위해서는 단점을 가지고 있다. 즉, 입자가 관찰 영역의 여러 상이한 위치에 나타날 수 있고, 수학적인 기술은 매우 명확하지만 우리의 설명을 위해서는(특히 정보의 의미를 수학적으로 이해하기 위해서는) 너무 복잡하다. 그러므로 이하에서 우리는 이중 슬릿 실험의 개념적 요소와 문제를 그대로 가지면서 양적인 분석에 적합한 새로운 실험 장치를 논할 것이다. 그것은 이른바 마흐-첸더 간섭계이다.

일반적으로 간섭계는 파동들의 간섭, 즉 겹침(중첩)을 매우 정확하게 측정하는 장치이다. 19세기에 일어난 광학의 커다란 발전 속에서 세기 말경에 다양한 빛 간섭계들이 개발되었다. 그 모든 간섭계들이 지닌 공통점은 빛이 최소한 서로 다른 두 개의 경로를 거친 후에 다시 모여 보강 간섭이나 상쇄 간섭이 일어나도록 만든다는 것이다. 간섭계들은 이미 그 자체로도 흥미로운 탐구 대상이지만, 또한 수많은 응용 분야들이 발견되었다. 그중 가장 중요한 것은 아마도 거의 모든 현대적인 비행기에 빛 간섭 장치가 들어간다는 사실일 것이다. 그 간섭계는 비행기의 움직임을 정확히 측정한다. 측정은 정확한 비행을 위해 필수적이며, 충돌이나 경로 이탈을 예방한다. 비행기에 들어가는 간섭계도 기본 개념에서는 마흐-첸더 간섭계의 확장이다. 이제 마흐-첸더 간섭계를 살펴보자.

마흐-첸더 간섭계는 1896년에 유명한 에른스트 마흐Ernst Mach의 아들이며 프라하에서 활동한 물리학자 루드비히 마흐Ludwig Mach와 취리히에서 활동한 물리학자 루드비히 첸더Ludwig Zehnder에 의해 각기 독자적으로 개발되었기 때문에 그러한 명칭을 얻게 되었다. 그 간섭계의 구조는 그림 17에서 보듯이 간단하게 생각할 수 있다. 먼저 거울이 네 개 필요하다. 그

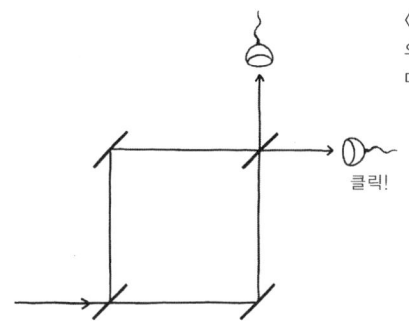

〈그림 17〉 마흐-첸더 간섭계. 들어온 파동은 두 부분 파동으로 분할된다. 부분 파동들은 서로 다른 경로를 거친 후 다시 합쳐진다.

중 거울 두 개는 들어오는 빛을 전부 반사한다. 나머지 두 개는 빛을 절반만 반사한다. 그 거울들은 들어오는 빛의 절반을 통과시키고 절반을 반사하도록 되어 있다. 간섭계의 작동 방식은 매우 간단하다. 아니 너무나 간단해서 도대체 왜 누군가가 더 먼저 그것을 발명하지 못했느냐고 묻게 될 정도다. 기술적인 측면에서 볼 때 그 간섭계는 최소한 50년은 더 일찍 제작될 수 있었을 것이다.

왼쪽에서 광선이 들어와 첫 번째 반투명 거울에서 부분적으로 반사되고 부분적으로 통과된다. 이때 빛의 절반은 위 경로를 택하고 다른 절반

은 아래 경로를 택한다(그림 17). 이제 두 광선은 각각 완벽하게 반사하는 거울을 만나 반사된다. 이어서 두 광선은 두 번째 반투명 거울을 만난다. 이때 그 두 번째 반투명 거울에서 두 파동의 겹침이 일어난다. 이제 두 광선은 각각 두 파동으로 나뉜다. 위 경로를 거친 광선의 절반은 위로 굴절되고 나머지 절반은 오른쪽으로 나아간다. 아래 경로를 거친 광선의 절반은 위로 나아가고 나머지 절반은 오른쪽으로 굴절된다. 두 번째 반투명 거울을 지나 간섭계를 떠나는 두 광선 각각에는 따라서 동일한 부분 파동들이 들어 있다. 즉, 위 경로를 거친 파동과 아래 경로를 거친 파동들이 들어 있다. 자, 이제 그 두 광선은 왼쪽에서 들어온 빛의 절반씩을 가지고 있을까?

지금까지 설명에서 우리는 간섭을 고려하지 않았다. 마지막 거울을 지난 광선 각각은 서로 다른 경로를 거친 두 부분 파동으로 이루어진다. 그러므로 그 두 부분 파동이 서로 보강되는가, 혹은 상쇄되는가가 문제이다. 이 질문에 대답하려면 거울에서 파동에 무슨 일이 일어나는지 정확히 알아야 한다. 반면에 빈 공간에서 일어나는 파동의 전파는 매우 단순한 과정이다. 그리고 간섭계가 잘 조절되어 있으면(간섭계 속의 광선 경로들의 길이가 같으면) 간섭계 내부에서 위 파동과 아래 파동은 동일한 거리를 움직일 것이다. 그러므로 빈 공간 속을 이동하는 과정에서 두 파동은 동일한 영향을 받는다. 마찬가지로 우리는 두 전반사 거울의 영향도 잊어버릴 수 있다. 왜냐하면 그 영향 역시 두 파동이 동일하게 겪는 영향이기 때문이다. 그러나 반투명 거울과 관련해서는 상황이 약간 더 미묘하다. 이제 그 상황을 정확히 설명할 것이다. 그것은 간섭계를 이해하는 데 매우 중요하다.

마지막 반투명 거울에서 나오는 두 광선이 어떻게 만들어지는지 생각해 보자(그림 18). 아래 그림에서 우리는 마지막 거울을 지나 오른쪽으로 나아가는 광선이 어떻게 만들어지는지 알 수 있다. 그림에서 우리는 이해를 돕기 위해 부분 광선 둘을 서로 분리하여 나타냈다. 하지만 실제로 두 부분 광선은 서로 정확히 겹쳐 있다. 주목해야 할 것은, 간섭계의 아래 경로를 거치는 부분 파동이 첫 번째 반투명 거울을 통과하고 두 번째 반투명 거울에서 반사되는 반면에(이미 설명한 대로, 완전히 반사하는 또 다른 거울의 효과는 무시할 수 있다), 위 경로를 거치는 부분 파동은 첫 번째 반투명 거

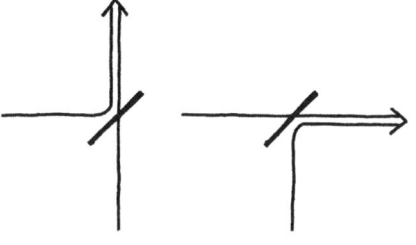

〈그림 18〉 마흐-첸더 간섭계에서 일어나는 중첩. 위로 나아가는 광선과 오른쪽으로 나아가는 광선은 모두 간섭계 속의 두 경로를 거친 부분 파동들의 겹침이다.

울에서 반사되고 두 번째 반투명 거울을 통과한다는 것이다. 그러니까 두 파동은 같은 운명을 다만 다른 순서로 겪는다. 각각의 경로에서 광선은 반투명 거울을 한 번 통과하고 한 번 반사된다. 이때 통과와 반사가 일어나는 순서는 중요치 않으므로 간섭계를 떠나 오른쪽으로 나아가는 두 부분 파동은 완전히 같아야 한다. 한 파동의 마루가 있는 곳에서 다른 파동도 마루를 만들 것이며, 한 파동의 골이 있는 곳에서 다른 파동도 골을 만들 것이다. 그러므로 두 파동은 서로 보강 간섭을 일으킬 것이다. 결론적으로 오른쪽으로 나아가는 파동은 원래 왼쪽에서 들어온 파동의 세기를

그대로 가질 것이다. 왼쪽에서 들어오는 빛이 전부 오른쪽으로 나아가는 것이다.

　이제 위로 나아가는 광선을 만드는 부분 파동들을 살펴보자. 우리는 이 경우에 상황이 근본적으로 다름을 알 수 있다. 간섭계의 아래 경로를 거친 파동은 반투명 거울을 두 번 통과한다. 위 경로를 거친 광선은 두 번 반사된다. 그러므로 두 부분 파동이 마지막에 같아야 할 이유는 전혀 없다. 실제로 자세히 계산해 보면 두 부분 파동은 서로에 대해서 약간 어긋나 한 파동의 마루가 있는 곳에 다른 파동의 골이 있고, 한 파동의 골이 있는 곳에 다른 파동의 마루가 있게 된다. 그 두 파동을 더하면 두 파동은 서로 상쇄된다. 그러므로 위로 나오는 빛은 없다. 즉, 상쇄 간섭이 일어난다. 우리는 이 결론을 앞에서 이미 도출할 수도 있었다. 왼쪽에서 간섭계로 들어온 빛이 모두 오른쪽으로 나아간다는 것을 알고 있었기 때문이다. 빛이 어디에선가 마술처럼 생겨날 수는 없으므로, 위로 나아가는 빛은 있을 수 없다. 그리고 그렇게 되기 위해서는 위로 나아가는 두 부분 파동들이 서로를 상쇄해야 한다.

　양자물리학의 도구로 이 간섭계를 사용하는 경우에 대한 논의에 앞서, 잠시 이 간섭계가 비행기의 관성 센서로 작동하는 방식을 알아보자. 핵심은 이 간섭계가 비행기의 회전을 정확히 알아내는 데 적합하다는 것이다. 개념은 매우 간단하다. 그림 18에서 지(紙)면에 수직으로 놓인 축을 중심으로 간섭계를 회전시킨다고 상상해 보자. 회전은 시계방향으로 이루어진다. 그러면 어떤 일이 일어날까? 빛 파동이 간섭계를 통과하는 데 걸리는 시간 동안에 간섭계는 약간 더 회전할 것이다. 그러므로 간섭계가 약간 더 회전하는 각도만큼 마지막 거울은 약간 아래로 옮겨질 것이다. 이는 간섭계의 위 경로와 아래 경로의 길이가 정확히 일치하지 않게 됨을 의미한다. 위 파동은 아래 파동보다 약간 나중에 거울에 도착할 것이다. 그러므로 오른쪽으로 나아가는 광선을 이루는 두 부분 파동은 더 이상 정확히 같지 않을 것이다. 따라서 두 부분 파동은 더 이상 완벽한 보강 간섭을 일으키지 않는다. 마찬가지로 위로 나아가는 두 부분 광선도 정확히 '골'과 '마루'가 만나도록 완벽하게 서로에 대해 어긋나지 않을 것이다. 따라서 오른쪽으로 나아가는 빛의 세기는 회전이 없을 때보다 약간 약해질 것이고, 위로 나아가는 빛의 세기는 0이 아니라 측정할 수 있는 작은 값이 될 것이다. 이제 그 빛의 세기를 측정하여 간섭계가 얼마나 빨리 회전하는지 추론할 수 있다. 또한 이를 통해 비행기가 날아가는 방향의 변화를 알아낼 수 있다.

실제로 비행기에 장치되는 간섭계가 해야 할 임무는 매우 작은 회전을 가능한 한 정확히 측정하는 것이다. 그러므로 사람들은 마흐-첸더 간섭계 대신에 다른 장치를 제작했다. 그 장치에서 빛은 마흐-첸더 간섭계에서처럼 두 경로로 분리되지만 간섭계를 반 바퀴만 돌고 밖으로 나오는 것이 아니라 닫힌 경로를 여러 바퀴 돌고 밖으로 나온다. 이때 두 부분 광선은 서로 반대 방향으로 돈다. 그렇게 만들기 위해서 사람들은 거울들 사이에서 빛이 자유롭게 움직이도록 내버려 두지 않고 유리 섬유 속에서 움직이도록 만든다. 유리 섬유 속에서 빛은 꺾인 경로로 유도될 수 있다. 또한 유리 섬유를 실타래처럼 감을 수도 있다. 하지만 광선을 둘로 분리한다는 점에서 원리는 마흐-첸더 간섭계와 다르지 않다. 분리된 부분 광선 하나는 오른쪽으로 여러 바퀴 돌고, 다른 하나는 왼쪽으로 여러 바퀴 돈다. 그 후 두 광선이 합쳐져 간섭이 일어난다. 이것이 레이저자이로스코프lasergyroskop의 원리이다. '레이저'라는 명칭은 레이저로 산출한 빛이 사용되기 때문에 붙여졌고, '자이로스코프'라는 명칭은 회전을 측정하는 모든 장치를 일컫는 말이다. 비행기에 있는 자이로스코프 하나 속에는 서로 직각으로 놓인 세 개의 간섭계가 있다. 각각의 간섭계는 마치 감아 놓은 유리섬유처럼 보인다. 그렇게 세 개의 간섭계가 있으므로 모든 방향의 회전을 측정할 수 있다. 이런 방식으로 비행기 조종사는 외부와의 통신 없이도 매 순간 비행기의 회전을 파악할 수 있다. 안개 때문에 아무것도 보이지 않거나 무선이 끊긴 상황에서도 조종사는 비행기가 나아가는 방향을 알 수 있다.

하지만 우리의 주된 관심은 마흐-첸더 간섭계를 공학적으로 응용하는 데 있는 것이 아니라, 양자물리학의 틀 안에서 그 간섭계가 작동하는 방식을 분석하는 데 있다. 첫 번째 단계로, 간섭계 속으로 들어오는 강한 빛이 있다고 가정하자. 우리는 그 광선이 매우 많은 광자들로, 즉 매우 많은 입자들로 이루어졌다고 생각하기로 하자. 이때 특히 흥미로운 점이 하나 있다. 그것은 간섭계로 들어가는 입구에서부터 나오는 출구까지 그 입자들이 어떻게 행동하든 관계없이 결국 마지막에는 단 한 개의 입자도 위로 나아가지 않을 것이라는 점이다(그림 17). 이는 우리가 보았듯이 잘 조절된 간섭계에서는 위로 나아가는 빛이 없기 때문이다. 다시 말해서 모든 각각의 입자는 그것이 중간에 무엇을 하든 상관없이 간섭계를 떠나 위로 나아가는 광선에 들어가서는 안 된다는 것을 '안다'.

그것은 우리가 매우 많은 입자들을 사용하기 때문에 생기는 일이라고 생각하는 사람도 있을 것이다. 실제로 그런 생각이 있었고 지금도 여전히 있다. 수많은 입자 중 절반은 간섭계 속의 위 경로를 거치고 나머지 절반은 아래 경로를 거치면서 중간에서 어떤 식으로든 접촉하여 경로들에 대한 정보를 교환하고 출구에서 오직 오른쪽 경로만 택하기로 합의한다고, 생각하는 이들이 있다. 이 생각은 물론 원리적으로 불가능하지는 않지만, 쉽게 반박할 수 있다. 양자 이론은 광자들이 올바른 최종 광선에 들어가야 한다는 것이 각각의 개별 광자에 대해서도 타당해야 한다고 예측한다. 그 예측은 실험으로 쉽게 검증된다. 매우 약한 빛을 가지고 간섭계 실험을 해 보기만 하면 된다.

빛의 세기를 매우 약하게 만들어서 매 순간 간섭계 속에 한 개의 광자만 있도록 만들 수 있다. 최종 광선들에 광자의 존재를 탐지하는 탐지 장치를 장치하자. 앞에서 언급했듯이 그 장치는 광자를 탐지하면 우리가 쉽게 확인할 수 있는 전기 충격을 발생시킬 것이다. 우리는 매우 쉽게 그 전기 충격을 스피커로 들을 수 있게 만들 수 있다. 그러면 우리는 매번 광자가 탐지될 때마다 '클릭' 소리를 듣게 된다. 이제 우리는 위 최종 광선 속에 놓인 탐지 장치가 광자를 전혀 탐지하지 않는 것을 실험적으로 확인할 수 있다. 오른쪽 광선에 있는 탐지 장치는 간섭계로 들어간 광선 속의 광자와 유실된 광자를 감안했을 때 우리가 기대할 수 있는 개수의 광자를 정확히 탐지할 것이다. 일부 광자는 당연히 유실될 것이다. 그러나 실제 실험에서 그 개수는 기껏해야 전체의 10퍼센트 정도이다. 뿐만 아니라 탐지 장치는 기술적인 이유에서 완벽하지 않아서 모든 각각의 광자에 대해서

'클릭' 소리를 내지 못한다. 탐지 장치의 성능은 제작 방식에 따라 다르며, 오늘날 가장 성능이 좋은 것은 최대 90퍼센트 정도까지 광자에 반응한다. 그러나 이 모든 것을 감안하더라도 간섭계를 통과하는 모든 광자들이 오른쪽으로 나아간다는 사실은 실험적으로 분명히 입증할 수 있을 것이다. 그 사실은 실제 실험에서 광자에 대해서뿐만 아니라 질량 있는 입자들에 대해서도 매우 훌륭하게 입증되었다. 최근에 우리는 축구공 분자를 사용하는 간섭계를(그 간섭계의 구조는 마흐-첸더 간섭계와 약간 다르다) 성공적으로 시험했다. 그 간섭계는 매 순간, 단 한 개의 축구공 분자가 간섭계 속에 있을 만큼 광선의 세기가 약할 때에도 작동한다.

지금 우리의 관심사는 개별 입자의 행동이다. 논의를 단순화하기 위해 우리는 그 입자가 광자인 경우만을 고려하기로 하자. 앞에서 우리는 강한 광선이 간섭계를 통과하는 경우를 분석하면서 빛을 전자기파로 간주할 경우 왜 위 최종 광선에 빛이 없는지 설명했다. 그 이유는 두 경로를 거친 부분 파동들이 상쇄 간섭을 일으키기 때문이다. 즉, 각각의 경로를 전자기 파동들이 거치고, 위 광선에서는 두 파동들이 서로를 상쇄한다. 이는 개별 광자들이 간섭계를 통과하는 경우에도, 위 최종 광선에 광자가 없다는 사실을 상쇄 간섭으로 설명해야 함을 의미한다. 하지만 개별 광자는 도대체 어떤 종류의 파동이란 말인가? 광자들은 탐지 장치의 '클릭' 소리에서 확인할 수 있듯이 입자인가, 아니면 여러 경로로 퍼질 수 있는 파동인가?

여기에서도 이중 슬릿 실험에서와 똑같은 질문이 제기된다. 우리가 광자를 입자로 생각한다면, 한 입자가 간섭계 속의 두 경로 중 하나만을 택한다고 상정하는 것이 합리적일 것이다. 그렇다면 출구에 이른 광자는 간섭계를 떠나 위가 아니라 오른쪽으로 나아가야 한다는 것을 어떻게 알까? 위 최종 광선에 광자가 없는 것은 오직 두 경로가 모두 열려 있을 때이다. 실제 실험에서 간섭계 속의 두 경로 중 하나를 종이로 가리는 방법으로 쉽게 그 사실을 확인할 수 있다. 그렇게 하면 두 최종 광선 모두에 빛이 들어가고, 광자들의 수를 세어 보면 두 광선 각각에 정확히 원래 광자들의 4분의 1이 들어감을 알 수 있다. 그러므로 위 최종 광선과 오른쪽 최종 광선의 세기는 같아진다. 두 광선의 세기의 합은 원래 빛의 세기의 절반이 된다. 이는 쉽게 이해할 수 있는 일이다. 왜냐하면 간섭계 속의 경로를 가린 종이로 전체 빛의 절반을 차단했기 때문이다. 그러므로 나머지 절반만 마지막 반투명 거울에 도달한 것이다. 그 반투명 거울에서 다시 절반의 빛이 오른쪽으로 굴절되고 나머지 절반이 위로 나아간다. 이때 간섭은 일어나지 않는다. 왜냐하면 차단된 광선 경로로 오는 파동이 없기 때문이다. 이 설명은 전자기 파동을 상정하여 쉽게 이해할 수 있는 고전물리학의 틀에서뿐만 아니라 광자를 상정하는 양자물리학의 틀에서도 타당하다.

그러므로 우리가 내릴 수 있는 매우 중요한 결론은 이중 슬릿 실험에서와 마찬가지로 여기에서도 각각의 개별 광자가 두 광선 경로가 모두 열려 있는지 여부를 '안다'는 것이다. 왜냐하면 두 광선 경로가 모두 열려 있을 경우에는 위 최종 광선에서 광자가 전혀 발견되지 않기 때문이다. 양자물리학은 이 현상을 어떻게 설명할까? 우리 앞에 있는 것은 어떤 종류의 파동일까?

양자 파동의 본성에 대한 질문은 이미 매우 일찍 제기되었다. 이미 아인슈타인은 광자와 관련해서 양자 파동을 도깨비 파동이라 언급했다. 그림 19에서 우리는 그 이상한 표현을 납득할 수 있는 이유를 볼 수 있다. 매우 작은 광원이 빛 파동을 방출한다고 가정해 보자. 당연히 빛 파동은 광원에서부터 구형으로 공간 속으로 퍼져 나갈 것이다. 그런데 방출되는 빛의 세기가 매우 약해서 간간이 광자 하나가 방출되는 정도일 수 있다. 우리가 어딘가에 탐지 장치를 설치한다면, 탐지 장치는 매우 드물게 광자를 탐지할 것이다. 파동은 공간 전체로 퍼져 나가는 반면에 광자는 개별 장소에서 측정된다. 그렇다면 광자가 측정된 장소 이외의 공간으로 퍼져 나가던 파동에서는 무슨 일이 일어난 것일까? 그 파동은 어떤 의미를 지닐까? 그 파동은 광자가 존재하지 않는 채로 계속 퍼져 나갈까? 앞에서 언급했듯이 양자물리학에서 우리는 확률 파동을 생각해야 한다. 광원에서 광자 하나가 방출된다면, 이는 구형의 확률 파동이 퍼져 나가는 것과 같다. 특정 장소에서 확률 파동의 세기는 그곳에서 입자를 발견할 확률을 나타낸다. 광원에서부터 거리가 멀어질수록 구는 점점 커지고 따라서 각각의 장소에서 확률 파동의 세기는 작아져야 한다. 구면 전체에 걸쳐서 계산한 확률은 1이 되어야 한다. 왜냐하면 구면 어디에선가 입자를 발견할 수 있어야 하기 때문이다. 입자가 사라질 수는 없는 일이니까 말이다. 그런데 이제 탐지 장치가 '클릭' 소리를 내고 우리가 특정 장소에서 입자를 발견했을 때, 어떤 일이 일어날까? 입자가 특정 장소에서 발견되었다면, 그 입자가 다른 장소에서 등장할 수는 없다. 이는 탐지 장치가 '클릭' 소리를 내는 순간, 즉시 다른 모든 장소에서의 확률이 0이 되어야 한다는 것을 의미한다.

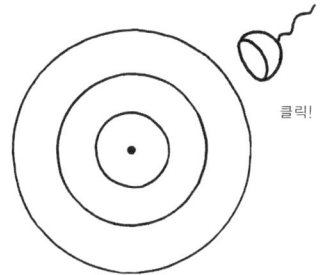

〈그림 19〉 매우 작은 광원이 구형으로 공간 속으로 퍼지는 빛을 방출한다. 탐지 장치가 개별 광자를 탐지한다.

아인슈타인은 이 상황이 매우 큰 규모에서 벌어진다면 문제가 생긴다는 것을 지적했다. 왜냐하면 구면 파동이 매우 큰 공간으로 퍼진다면, 우리가 한 장소에서 광자를 발견하는 순간, 거기에서부터 매우 멀리 떨어진 다른 장소들에서 구면 파동이 갑자기 사라져야 하기 때문이다. 시간의 지체 없이, 말하자면 일순간에 사라져야 하기 때문이다. 상대성이론의 틀 속에서는 어떤 것도 광속보다 빨리 전파될 수 없다는 것을 생각할 때, 아인슈타인이 이 상황을 매우 강하게 비판할 수밖에 없었다는 것은 당연한 일이다. 이 상황에서는 '광자가 탐지되었다'는 정보가 임의로 빠르게 전파되는 것처럼, 파동이 전체 공간에서 순간적으로 붕괴하는 것처럼 보이기 때문이다. 따라서 우리는 파동이 실제로 퍼져 나간다는 소박한 실재론적 견해가 심각한 개념적 문제를 일으킨다는 것을 알 수 있다.

이 문제를 피하는 유일한 길은 확률 파동을 공간 속으로 퍼져 나가는 실재적인 파동으로 보지 않는 것이다. 확률 파동은 광자가 특정 장소에서 발견될 확률을 계산하기 위한 수단이다. 그러므로 확률 파동을 우리가 어떤 식으로든 사태를 직관하기 위해 이용하는, 사유를 위한 보조 수단으로 간주하는 것이 최선이다. 엄밀히 말한다면 우리는 오직 관찰 결과(예를 들어 탐지 장치의 '클릭' 소리)와 그것의 확률에 대해서만 말할 수 있다.

이미 앞에서 논의한 바와 같이, 질량이 있는 입자에 대해서도 우리는 확률 파동, 즉 드 브로이 파동을 언급한다. 사람들은 슈뢰딩거를 따라 그 파동을 그리스어 철자 ψ로 나타내고 파동함수라고 부른다. 1926년 슈뢰딩거는 수학적 방정식 하나를 정립했다. 그 방정식은 앞에서도 언급한 바 있는 슈뢰딩거방정식이다. 그 방정식은 물리학 전체에서 가장 중요한 방정식 중 하나라고 할 수 있다. 모든 필요한 실험적 양들을 안다면 우리는 그 방정식으로부터 파동함수의 행동을 계산할 수 있다. 물질적인 입자의 파동과 관련해서 우리는 물질파를 이야기한다. 물질파는 물리학과 화학의 많은 분야에서 매우 중요하다. 우리는 물질파를 써서, 예를 들어 원자들의 행동과 화학을 이해할 수 있고, 오늘날 트랜지스터와 기타 회로요소들에서, 모든 컴퓨터와 핸드폰과 라디오와 텔레비전 등에서 핵심적인 역할을 하는 반도체의 행동을 기술할 수 있다. 물질파는 매우 광범위한 의미를 가지고 있어서, 슈뢰딩거방정식이 없다면 현대 공업 국가 경제의 많은 부분을 생각할 수 없다고 해도 과장이 아닐 정도이다.

그러므로 우리는 이제 슈뢰딩거의 파동함수를 이용해서 마흐-첸더 간섭계를 분석할 것이다. 또한 우리가 축구공 분자를 사용하는 간섭계를 분석한다고 상정할 것이다. 첫 번째 반투명 거울을 지난 후에 우리가 위 경로와 아래 경로에서 풀러렌 입자를 발견할 확률은 각각 50퍼센트다. 그러므로 이 경우 파동함수 ψ는 두 부분으로 이루어져야 한다. 물리학자들은 그 파동함수를 다음과 같은 형태로 표기한다.

$$\psi = \psi(\text{위 경로}) + \psi(\text{아래 경로})$$

그런데 이 파동함수가 의미하는 것은 다름이 아니라 바로 중첩이다. 확률 파동 ψ의 세기는 특정 장소에서 입자를 발견할 확률을 나타낸다. 이 경우에 위 경로에서 입자를 발견할 확률은 아래 경로에서 발견할 확률과 같아야 한다. 즉, 두 확률이 모두 50퍼센트여야 한다. 수로 나타낸다면 확률이 1/2이어야 한다. 왜냐하면 확률 1은 100퍼센트에 해당하기 때문이다. 다시 말해서 두 부분 ψ(위 경로)와 ψ(아래 경로)의 기여는 같아야 한다. 이제 우리가 위 경로와 아래 경로에 탐지 장치를 설치하면, 두 탐지 장치는 50퍼센트의 확률로 풀러렌을 탐지하여 '클릭' 소리를 낼 것이다. 그런데 이는 우리가 탐지하기 이전에 이미 풀러렌이 해당 경로에 있었다는 것을 의미할까? 그렇게 생각하는 것이 타당해 보인다. 그러나 그렇다고 주장할 근거는 없다. 우리가 확률 해석을 엄밀하게 고수한다면, 위 경로에 탐지 장치를 놓을 경우 '클릭' 소리를 낼 확률이 50퍼센트고, 아래 경로에 놓을 경우 그 확률이 50퍼센트라고 말할 수 있다. 그리고 그 외에는 어떤 진술도 할 수 없다. 그 외에 우리가 구성하는 모든 이야기, 이를테면 발견된 장소에 도달할 때까지 입자가 특정 경로를 거쳤다는 이야기는 상상이다. 두 광선 중 하나에서 입자를 측정했을 때, 그 입자가 이미 광선에 있으면서 탐지 장치까지의 경로를 거쳤다고 생각한다면, 그 생각은 파동함수가 측정 시점까지 중첩이라는, 즉 두 경로에 대응하는 두 부분 파동의 겹침이라는 사실에 대립될 것이다.

그렇다면 마흐-첸더 간섭계 속에 있는 확률 파동의 정체는 무엇일까?

앞서 살펴본 구면 파동과 마찬가지로 확률 파동의 목표는 오직 특정 장소에서 입자를 발견할 확률이 얼마인지 우리에게 말해 주는 것뿐이다. 우리가 예컨대 위 경로에서 입자를 발견하는 순간, 아래 경로에서 입자를 발견할 확률은 0으로 떨어진다. 왜냐하면 우리는 단 한 번만 발견될 수 있는 입자를 단 한 개 가지고 있기 때문이다. 확률 파동이 간섭계 속 경로들을 따라 퍼져 나간다는 소박한 직관은 한 경로에서 입자가 발견됨에 의해서 다른 모든 곳에서 파동함수가 붕괴한다는 생각을 불러일으킬 것이다. 사람들은 이를 확률 함수의 붕괴라고 부르기도 한다. 그러나 이 모든 것은 훌륭한 직관이 아닐 뿐 아니라 어떤 필연성에도 근거를 두고 있지 않다. 이는 측정된 입자가, 우리가 그것을 측정하기 이전에 어디에선가 특정한 경로를 거쳤다고 생각하는 것이 어떤 필연성에도 근거를 두고 있지 않은 것과 마찬가지이다. 다시 말해 확률 파동이 실제로 공간 속으로 퍼져 나간다는 생각은 필수적이지 않다. 왜냐하면 확률 함수의 용도는 확률을 계산하는 것뿐이기 때문이다. 그러므로 파동함수를 공간과 시간 속에 존재하는 어떤 실재적인 것으로 보지 않고 확률을 계산하기 위해 이용하는 수학적 보조 수단으로 보는 것이 훨씬 더 간단하고 깔끔하다. 극단적으로 표현하자면, 우리가 어떤 특정한 실험을 반성할 때, ψ는 저 밖의 세계에 있는 것이 아니라 우리의 머릿속에 있다.

확률 파동 혹은 확률 함수는 실제 파동과 마찬가지로 서로 간섭할 수 있다. 그러나 확률 파동들의 간섭은 오직 사유의 구성물일 뿐이다. 두 번째 반투명 거울을 지난 곳에서 파동함수들의 간섭은, 입자를 오른쪽 최종 광선에서 발견할 확률이 1이 되고 위 최종 광선에서 발견할 확률이 0이 되도록 만들 뿐이다. 이때 우리는 간섭을 앞에서처럼 공간 속을 퍼져 나가는 실제 파동들의 간섭으로 간주하지 않는다. 물론 강한 광선을 간섭계에 통과시키는 경우에는 그런 설명이 허용될 수 있지만 말이다. 대신에 우리는 간섭을 순수하게 추상적인 확률 파동들의 간섭으로 간주한다.

같은 의미에서, 우리가 예로 든 개별 입자를 방출하는 매우 작은 광원에서도(그림 19) 구형 파동함수는 다만 특정 장소에서 입자를 발견할 확률을 나타낼 뿐이다. 파동함수가 실제로 공간 속을 퍼져 나간다고 생각할 필연적인 이유는 없다. 그 생각을 정신적인 구성물로 보는 것으로 충분하다. 우리가 특정 장소에서 입자를 발견하는 순간 구면 파동은 완전히 무의미해진다. 다른 곳에서 입자를 발견할 확률이 0이 되었기 때문이다. 당연한 일이지만, 입자는 오직 하나뿐이다. 확률 파동의 붕괴는 실제 공간에서 일어나는 일이 아니다. 오히려 그것은 매우 단순하고 필연적인 사유이다. 왜냐하면 파동함수는 확률 계산을 위해 우리가 사용하는 보조 수단일 뿐이기 때문이다. 그리고 우리가 관찰을 수행할 때, 즉 관찰 결과를 얻고 정보를 얻을 때 확률은 변한다.

그리하여 우리는 정말 최소한의 해석에 도달했다. 우리는 더 이상 공간 속을 퍼져 나가는 파동도 특정 경로를 거치는 입자도 언급하지 않는다. 우리는 실제로 관찰되는 개별 현상들에 대해서만 이야기할 수 있다. 그런 현상은 예를 들어 우리가 간섭계 입구에서 입자를 관찰하는 것이다. 또 다른 현상은 간섭계 내부나 외부의 특정 경로에서 입자를 관찰하는 것이다. 이 현상들을 결합하기 위해서는 파동함수가 필요하다. 그러나 우리가 그렇게 현상들을 결합할 때, 그 상이한 사건들 사이에서 실제로 무슨 일이 일어나는지 구체적으로 직관할 합리적인 가능성은 없다. 두 사건의 결합은 더 이상의 설명력이 없는 순전히 정신적인 구성이라고 보아야 할 것이다. 다시 말해서, 우리가 두 사건을 결합함으로써 추가적으로 설명할 수 있는 현상은 없다. 우리가 설명할 수 있는 것은 확률 해석을 통해 이미 설명할 수 있었던 것뿐이다.

 최소한 몇 가지 직관적인 그림을 계속해서 사용할 수 있다면 물론 어느 정도 편안함을 느낄 수 있을 것이다. 즉, 입자가 공간과 시간 속의 특정 경로를 거치고, 실제로 퍼져 나가는 파동이 있어서 '저 밖에서' 서로 간섭한다는 등의 직관적인 그림을 그릴 수 있다면 말이다. 그러나 그런 그림은 편안한 느낌을 준다는 것 외에는 아무 의미도 없다. 오히려 그런 그림은 명백한 개념적 문제들을 일으킨다. 간섭계 속의 한 경로를 거치는 입자가 다른 경로가 차단되었는지 여부를 도대체 어떻게 안단 말인가? 혹은 입자가 한 장소에서 발견되자마자 공간 속을 퍼져 나가던 확률 파동이 한 순간에, 시간의 경과 없이 붕괴한다는 것도 문제가 된다.

7 고감도 폭탄 제거

지금까지 살펴본 대로, 우리가 논의해 온 문제들은 개별 입자들을 가지고 마흐-첸더 간섭계를 작동시킬 경우 구체화된다. 그 문제들은 매우 흥미로운 수수께끼로도 표현되었다. 그 수수께끼는 이스라엘의 물리학자 엘리처Avshalom Elitzur와 바이드만Lev Vaidman이 고안했으며 오직 양자물리학에 의해서만 해결된다.

누군가 실험실에 극도로 민감한 폭탄이 든 상자를 숨겨 놓았다고 가정해 보자. 폭탄은 모든 종류의 접촉에 의해서 폭발하도록 되어 있다. 심지어 그 고감도 폭탄은 단 하나의 광자와 부딪혀도 폭발할 정도로 민감하다. 이제 우리가 해결해야 할 과제는 그 폭탄이 상자 안에 있는지 여부를 알아내는 것이다. 가장 간단한 방법은 조심스럽게 상자 안을 들여다보는 것이라고 생각하는 독자가 있을지도 모른다. 그러나 상자 안에 무언가 있는지 알기 위해서는 약간이라도 빛을 비추어야 한다. 매우 조금, 매우 조심스럽게 단 하나의 광자를 비추더라도 조명은 필수적이다. 그러나 우리가 알다시피 폭탄은 극도로 민감해서 그 약한 조명으로도 곧바로 폭발할 것이다. 따라서 폭발을 유발하지 않고 폭탄의 존재 여부를 확인할 가능성은 없는 것처럼 보인다. 그러나 이 장면에서 양자물리학이 해결사로 등장할 수 있다.

엘리처와 바이드만은 간단히 폭탄을 마흐-챈더 간섭계 속의 두 경로 중 하나에 놓으라고 제안한다(그림 20). 우선 단 하나의 광자를 간섭계 속으로 보낸다고 가정하자. 두 최종 광선 각각에는 탐지 장치가 설치된다. 위 광선에 설치된 탐지 장치를 폭탄 탐지 장치라 하고, 다른 탐지 장치를 간섭 탐지 장치라 부르자. 먼저 간섭계 속에 폭탄이 없다고 가정하자. 그러면 앞에서 분석한 대로, 간섭계 속으로 들어간 단 하나의 광사에게는 오직 한 가지 가능성 밖에 없다. 간섭 탐지 장치에서 발견되는 가능성밖에 없다. 그 광자가 폭탄 탐지 장치에서 발견될 확률은 0이다. 왜냐하면 두 부분 경로에 대응하는 파동들은 위 최종 경로에서 서로 상쇄되기 때문이다. 즉, 상쇄 간섭이 일어날 것이기 때문이다.

이제 폭탄이 두 광선 경로 중 하나에 있다고 해 보자. 역시 우리는 단

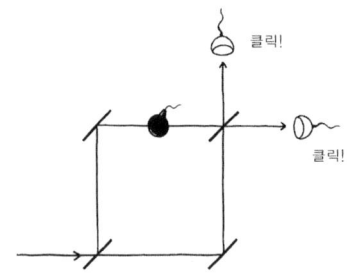

〈그림 20〉 마흐-챈더 간섭계 내부에 있는 고감도 폭탄 탐지. 위 탐지 장치는 폭탄 탐지 장치이고 다른 탐지 장치는 간섭 탐지 장치이다.

하나의 광자를 간섭계 속으로 보낸다. 첫 번째 반투명 거울에서 광자는 50퍼센트의 확률로 폭탄이 있는 경로를 택하고, 50퍼센트의 확률로 폭탄이 없는 경로를 택한다. 만일 광자가 첫 번째 경로를 택한다면 폭탄은 폭발한다. 그런 일은 절반의 확률로—50퍼센트의 확률로—일어날 것이다. 그러나 나머지 절반의 경우에는 폭발이 일어나지 않는다. 광자는 두 번째 반투명 거울에 도달하고, 역시 50:50의 확률로 간섭 탐지 장치를 향하든가 폭탄 탐지 장치를 향할 것이다. 광자가 간섭 탐지 장치를 향하고 그곳에서 탐지된다면 우리는 아무것도 얻지 못한다. 즉, 아무 정보도 얻지 못한다. 광선에 폭탄이 없는 경우에도 어차피 광자는 간섭 탐지 장치에 도달할 것이기 때문이다. 그러므로 만일 간섭 탐지 장치가 '클릭' 소리를 낸다면, 새 광자를 투입하여 실험을 다시 하는 것이 가장 간단한 대책이다.

그러나 두 번째 반투명 거울에서 일어날 수 있는 두 번째 가능성이 있다. 즉, 광자가 폭탄 탐지 장치를 향하고 그곳에서 발견되는 것이다. 그 탐지 장치는 폭탄이 없을 경우에는 절대로 광자를 탐지할 수 없다. 그러므로 우리가 그 탐지 장치에서 광자를 탐지한다면—그것은 25퍼센트의 확률로 일어날 수 있는 일이다—폭발을 일으키지 않고도 분명하게 고감도 폭탄이 있음을 알 수 있다. 정확히 말한다면, 우리가 아는 것은 다만 두 광선 경로 중 하나에 장애물이 있다는 것이다. 하지만 우리는 실험이 철저하고 엄밀하게 이루어져서 폭탄 이외에 다른 장애물은 모두 제거되었다고 생각할 수 있다.

정확한 논의를 위해 간섭계 속의 광자의 상태가 당연히 두 가능성의 겹침이라는 것을 지적할 필요가 있다. '측정'을 통해 비로소, 혹은 '측정되지 않음'을 통해 비로소, 즉 폭탄이 폭발하거나, 폭탄이 폭발하지 않고 입자가 두 탐지 장치 중 하나에서 탐지되었을 때 비로소 우리는 앞에서 한 말을 입증할 수 있다. 이는 광자가 첫 번째 반투명 거울에서 특정 경로를 택했다고 말할 수 있다. 이것 역시 우리가 이미 몇 차례 언급했듯이, 직관을 얼마나 조심스럽게 사용해야 하는지를 보여주는 예이다. 광자가 특정 경로를 택한다는 직관은 구체적인 실험적 결과가 있는 경우에만 의미 있고, 예를 들어 부분 광선에 폭탄이 없는 경우에는 무의미하다. 그 경우에 우리는 간섭계 출구에서 일어나는 간섭을 올바로 설명하기 위해 두 부분 파동을 필요로 한다.

 이 실험은 광자의 파동성과 입자성을 모두 이용하는 매우 흥미로운 예이다. 폭탄이 없을 때 폭탄 탐지 장치가 절대로 광자를 탐지하지 않는다는 것을 설명하려면 파동성과 두 부분 파동의 상쇄 간섭을 이용해야 한다. 다른 한편 우리는 입자성을, 단 하나의 입자가 있고 따라서 탐지 장치나 폭탄이 단 한 번 광자와 만날 수 있다는 사실을 이용해야 한다. 폭탄 탐지 장치가 입자를 탐지한다면, 입자가 폭탄을 폭발시킬 수는 없다. 만일 그렇다면 우리는 두 개의 입자를 탐지한 것이기 때문이다. 폭탄을 폭발시킨 입자 하나와 폭탄 탐지 장치가 '클릭' 소리를 내게 만든 입자 하나를 말이다. 엘리처와 바이드만은 폭탄 문제를 1993년에 사고실험으로 제안했다. 그리고 몇 년 후인 1995년, 그 실험을 당시 아직 인스부르크에 있었던 내 연구진이 실행했다. 당연히 실제 실험에서 진짜 폭탄을 사용하지는 않았다. 폭탄 대신에 또 하나의 탐지 장치를 설치하여, 그 탐지 장치의 '클릭' 소리가 가상적인 폭탄의 폭발을 대신하게 했다. 우리의 실험은 엘리처와 바이드만의 예측을 완벽하게 입증했다.

물론 이 해결책은 약간 비경제적이다. 왜냐하면 50퍼센트의 확률로 폭탄이 터져 버릴 것이기 때문이다. 그러나 당시 우리가 입증할 수 있었듯이, 거울을 몇 개 더 이용하여 장치를 더 복잡하게 만들면 실질적으로 폭탄이 전혀 폭발하지 않도록, 거의 매번 폭탄을 성공적으로 탐지할 수 있도록 만들 수 있다.

이 실험은 오늘날까지 근본적인 양자 현상을 보여주는 흥미로운 실례로 남아 있지만, 실질적인 응용 방법은 개발되지 않았다. 그러나 원리적으로 이 방법을 살아 있는 세포와 같은 극도로 민감한 대상을 탐구하는 데 이용할 수 있을 것이다. 예를 들어 이 방법을 이용해서 검사되는 대상을 어떤 형태의 X선에도 노출시키지 않으면서 X선 검사를 수행할 수 있을 것이다. 이 실험이 언젠가 실질적인 응용에 도달할지 여부는 완전히 열려 있다. 그러나 방법은 매우 간단하기 때문에, 언젠가 그 방법이 공학적으로 응용된다 해도 이상한 일은 아닐 것이다.

8 과거에서 온 빛

아인슈타인의 이중 슬릿 사고실험에서 입구 판이 어떤 속성을 가질지는 실험자의 선택에 달려 있었다. 그렇게 실험자가 선택한 속성에 의해 경로가 관찰될지, 혹은 간섭무늬가 관찰될지가 결정된다. 실험자는 광자를 실험 장치로 보내기 전에 매번 새롭게 결정을 한다. 다시 말해서 매번 입자를 실험 장치로 보내기 전에 장치 속에서 두 상보적인 양들 중 어느 것이 실현될지가 결정된다. 실험자가 입구 판을 정지시키면, 경로를 측정할 수 있다. 실험자가 입구 판을 특정 위치에 고정시키면 간섭무늬를 볼 수 있다. 이는 두 개의(혹은 더 많은) 상보적인 속성들 중 어느 것이 현실이 될지가, 적절한 장치를 선택하고 그 장치의 속성을 결정하여 계의 상태를 확정하는 관찰자에 의해 결정된다는 것을 의미한다. 여기까지는 좋다. 그러나 이제 '경로' 혹은 '간섭무늬'의 결정이 더 늦은 시점에서 이루어질 수도 있는가 하는 질문을 던져 보자. 이와 관련해서 휠러John Archibald

Wheeler가 제안한 뒤늦은 선택 실험Delayed-Choice-Experiment이라는 매우 흥미로운 실험을 살펴보자.

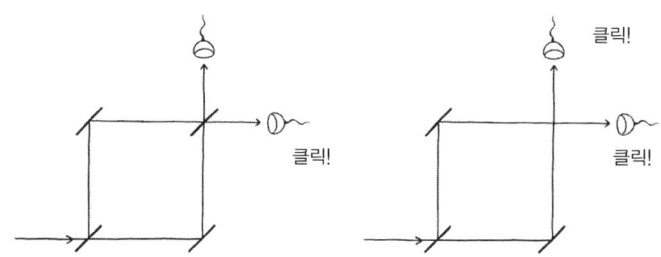

〈그림 21〉 뒤늦은 선택 실험의 한 예. 우리는 최후의 순간에, 즉 광자가 여행을 거의 끝낸 시점에, 두 번째 반투명 거울을 설치할 것인지(왼쪽), 혹은 말 것인지(오른쪽) 결정할 수 있다.

뒤늦은 선택 실험들 중에서 가장 단순한 경우는 마흐–첸더 간섭계를 이용해서 설명할 수 있다(그림 21). 이번에도 우리는 입사되는 파동을 두 부분 파동으로 나누는 반투명 거울과 완전히 반사하는 거울을 동원한다. 그리고 우리는 두 광선이 교차하는 지점에 과거와 마찬가지로 반투명 거울을 설치할지 여부를 선택할 수 있다. 우리가 반투명 거울을 설치하지 않는다면(오른쪽 그림) 광자가 어느 경로를 거쳤는지 두 탐지 장치의 도움으로 알 수 있을 것이다. 그 경우—그리고 오직 그 경우에만—우리는 광자가 **거친**(이미 거친) 경로를 언급해도 좋다. 그림 21의 오른쪽 그림 속의 두 탐지 장치 중 하나가 '클릭' 소리를 내는 것은 파동함수의 붕괴가 일어난다는 것을 의미한다. 즉, 겹친 두 부분 파동 중 하나만 남게 되는 것이다. 이때 매우 중요한 것은, 이 진술이 과거에 대해서도 타당한 주장이라는 것이다. 생각 가능한 모든 측정 결과의 진술에서 우리는 탐지 장치가 '클릭' 소리를 내는 순간에 비로소 파동함수의 붕괴가 일어난다고 생각해도 좋고, 혹은 그 이전에 이미 붕괴가 일어났고 다른 부분 파동만 남아서 그 후에 관찰된 '클릭' 소리가 나게 만들었다고 생각해도 좋다.

다른 한편 우리가 이미 배웠듯이 만일 반투명 거울을 설치한다면(왼쪽 그림) 두 최종 광선 각각이 두 경로를 거친 부분 파동들의 중첩이 된다. 거울의 배치가 완벽하다면—그렇다고 가정하자—광자는 오직 오른쪽 최종 광선으로만 나오고 위 최종 광선으로는 나오지 않을 것이다. 왜냐하면 위 광선에서는 두 부분 파동이 서로 상쇄하기 때문이다. 반투명 거울을 장치했을 때 우리가 광자를 위 탐지 장치가 아니라 오른쪽 탐지 장치에서만 탐지한다는 사실은 간섭의 증거이다. 즉, 우리는 상보적인 두 양인 '경로 정보'와 '간섭' 사이의 선택을 입자가 간섭계를 통과하는 여행을 거의 마친 이후의 시점으로 미룬 것이다. 그리고 우리는 최후의 순간에 그 둘 중 어느 것이 현실이 될지를 결정한 것이다.

휠러는 이 상황을 더 극단적으로 묘사했다. 그에 따르면, 우리가 경로를 측정할 경우, 입자는 두 경로 중 하나를 택했고, 다른 경우에는 두 경로를 모두 택했다. 왜냐하면 간섭은 두 경로가 모두 있어야만 일어날 수 있기 때문이다. 휠러의 말을 들어 보자. '……광자는……오직 한 경로를 택한다, 아니 두 경로를 택한다, 아니 한 경로를 택한다. 이는 얼마나 불합리한 상황인가! 양자 이론은 얼마나 명백하게 모순적인가!' 그러나 보어에 따르면 양자 이론은 전혀 모순적이지 않다. 한 계의 속성을 분석할 때 우리가 고려해야 하는 것은 실험 장치 전체이다. 그리고 실험 장치는 마지막 반투명 거울이 장치되었는지 여부에 따라 질적으로 달라진다. 반투명 거울이 장치되면 우리는 입자가 택한 경로에 대한 정보를 얻지 못한다. 양자물리학에서 흥미로운 것은 바로 이 무지에서 질적으로 새로운 어떤 것이, 즉 두 가능성의 중첩이 비롯된다는 것이다. 그러므로 입자가 두 경로를 모두 거쳤다고 주장하는 것은 옳지 않다. 이 경우에 우리는 입자가 어느 경로를 거쳤는지 모른다 — 또한 그 누구도 모른다.

다시 한번 전체적으로 더 정확히 살펴보자. 광자의 양자역학적 상태는 두 부분 상태의, 광자가 한 경로를 따라 전파되는 상태와 다른 경로를 따라 전파되는 상태의 겹침이다. 간섭계에 두 번째 반투명 거울이 있으면, 우리는 최종 광선 속의 두 부분 파동을 중첩시키는 것이다. 입자를 한 탐지 장치나 다른 탐지 장치에서 발견할 확률은 보강 간섭, 혹은 상쇄 간섭의 직접적인 귀결로 결정된다. 반대로 우리가 반투명 거울을 치워 버리면, 양자역학은 두 탐지 장치 각각이 똑같이 50퍼센트의 확률로 광자를 탐지할 것이라는 예측을 내놓는다. 그러나 어느 장치가 광자를 탐지할 것인지에 대한 정보를 양자역학은 제공하지 않는다. 이 상황에서도 역시 더 이상 환원할 수 없는 순수한 우연이 작용한다. 두 탐지 장치 중 하나가 '클릭' 소리를 낼 때 비로소 우리는 광자가 어느 경로를 택했는지 말할 수 있다. 그 이전에는 광자가 택한 경로가 전혀 결정되어 있지 않다.

한편 반투명 거울이 설치되어 있는 경우에는 광자의 경로에 대해서 아무것도 말할 수 없다. 광자가 한 경로를 택했다는 말도, 다른 경로를 택했다는 말도, 두 경로를 모두 택했다는 말도 할 수 없다. 이 진술들은 모두 근거가 없다. 우리가 지금 직면한 상황은 **근본적인 미결정**, 혹은 근본적이고 원리적인 무지이다. 대신에 확실히 알 수 있는 것이 있다. 우리는 최종 광선에 놓인 두 탐지 장치 중 어느 것이 광자를 탐지하게 될지 확실히 안다.

휠러는 뒤늦은 선택 실험을 더 극단화하여 우주론적인 규모로 확대했다. 물론 그가 제안한 것은 일단 사고실험이다. 그는 원리적으로 우주만큼 큰 마흐–첸더 간섭계를 요구했다. 이와 관련해서 휠러에게 도움이 될 수 있는 매우 흥미로운 한 관찰이 있다. 우리로부터 가장 멀리 떨어진 천문학적 현상 중 하나는 퀘이사이다. 퀘이사$_{quasar}$라는 명칭은 유사$_{quasi}$ 항성$_{stella}$ 천체$_{object}$에서 나왔다. 퀘이사가 무엇인지 우리가 정확히 모른다는 사실은 이미 그 명칭에서 드러난다. 그러나 한 가지 사실만은 확실하다. 퀘이사들은 모두 우리에게서 수십억 광년 멀리 떨어져 있다. 그들은 우리가 관찰할 수 있는 가장 먼 천체에 속한다. 이는 퀘이사가 아주 초기의 우주에 속한 천체라는 것을 의미한다. 퀘이사는 수십억 년 전의 우주에 속한 천체이다. 왜냐하면 퀘이사에서 나온 빛이 우리에게 도달하려면 그만큼의 시간이 필요하기 때문이다.

흥미로운 사실은 인접한 장소에서 두 번 이상 반복해서 관찰되는 퀘이사가 있다는 것이다. 마치 우리가 밝은 별을 두 번 이상 보는 것처럼 말이다. 그런 일이 일어나는 이유는 매우 흥미롭다. 빛은 일반적으로 직선으로 전파되지만, 우주 공간에서 중력의 영향으로 굴절될 수 있다. 퀘이사가 여러 번 보이는 이유는, 빛이 퀘이사에서 우리에게 오는 도중에 매우 큰 은하계 근처를 지나면서 굴절되기 때문이다. 그 굴절은 광선이 어떤 위치에서 은하계 곁을 지나느냐에 따라 여러 방향으로 일어날 수 있다. 우리는 지구상에서 동일한 퀘이사의 빛이 두 개, 혹은 심지어 그 이상의 방향에서 우리에게 도달함을 확인할 수 있다. 사람들은 이 굴절을 중력

렌즈 효과라고 부른다. 이 효과는 원리적으로 아인슈타인의 이론에 의해 이미 예측되었고, 1979년에 처음으로 관찰되었다. 당연히 그 관찰에서 우리가 하늘에서 보는 두 퀘이사가 동일한 천체라는 것을 증명해야 한다. 그 증명은 퀘이사의 스펙트럼을 정확히 측정함으로써 이루어진다. 스펙트럼은 다름이 아니라 우리에게 도달하는 빛 속에 있는 파장들의 정확한 분포이다. 천체의 구성 물질과 구조와 온도와 기타 변수들에 따라서 흔히 발견되는 파장들이 있고 드물게 발견되는 파장들이 있다. 따라서 사람들은 스펙트럼 속의 선들을 이야기하고, 그 선들의 세기는 개별 퀘이사마다 고유하다. 그러므로 우리가 정확히 같은 스펙트럼을 가지면서 서로 약간 떨어져 있는 두 퀘이사를 본다면, 그 두 퀘이사가 동일한 천체라는 것을 확실하게 알 수 있다.

그런 천체가 1979년에 처음 발견된 이래로 오늘날 우리는 동일한 퀘이사가 여러 번 관찰되는 사례를 이미 약 50차례 발견했다. 휠러가 내놓은 과감한 제안은, 퀘이사에서 두 경로를 지나 우리에게 오는 빛을 다시 합쳐 중첩 상태로 만들자는 것이다(그림 22). 그렇게 하면 우리는 상상할 수 있는 최대 규모의 간섭계를 가지게 될 것이다.

그 경우에도 실험자는 빛이 어느 경로를 거쳤는지를 측정할지, 아니면 두 부분 파동의 중첩을 볼지 최후의 순간에 선택할 수 있다. 그리고 그것은 이미 수십억 년 전에 시작된 현상을 뒤늦게 선택하는 것이다. 다시 말해서 실험자는, 빛이 잘 정의된 경로를 택했는지 여부를 현 시점에서 결정할 수 있다. 우리가 반투명 거울을 장치하지 않으면, 빛은 두 탐지 장치 중 하나에 도달할 것이고, 빛이 은하계 왼편을, 혹은 오른편을 지났는지

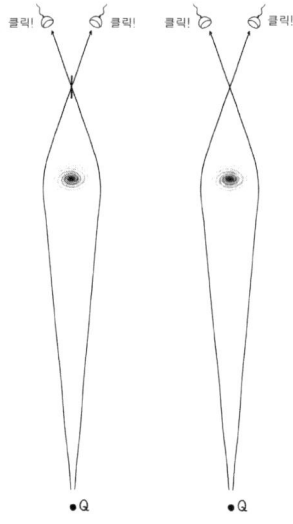

〈그림 22〉 휠러가 제안한 뒤늦은 선택 실험. 퀘이사가 보낸 빛이 은하계를 지나면서 굴절되어 우리에게 두 개의 부분파동으로 도달한다. 반투명 거울을 설치하느냐(왼쪽) 혹은 설치하지 않느냐(오른쪽)에 따라서 두 탐지 장치는 광자가 거친 경로를 측정하든지, 혹은 두 경로를 거친 파동들의 간섭을 측정한다.

알 수 있을 것이다. 다른 한편 반투명 거울을 장치한다면, 우리는 두 경로를 모두 거친 파동을 이야기할 수 있을 것이다. 그러므로 어떤 의미에서 보면, 광자가 잘 정의된 경로를 택했는지 여부에 대한 결정이 광자의 여행이 이미 오래 전에 끝난 다음에 내려진다고 할 수 있다.

이 사태에 대해서 올바르게 이야기하는 방법 역시 보어가 제시했다. 우리는 실험을 실행하기 이전에 입자의 경로에 대해 이야기하면 안 된다. 전체 실험이 완결되기 이전에, 개별 광자가 은하계 왼편을 혹은 오른편을 스쳤다고 생각하는 것은 전적으로 허용될 수 없는 일이다. 직접적인 증거가 전혀 없는 것에 대해 말하는 것은 무의미하다. 보어는 이를 다음과 같이 표현했다. '관찰된 현상이 아닌 한, 어떤 현상도 현상이 아니다.' 관찰이 없는 한, 현상은 없다.

V 정보로서의 세계

"태초에 말씀이 있었다."—요한복음 1장 1절

우리는 지금까지 양자역학의 다양한 근본 현상들을 자세히 보여주는 여러 실험들을 살펴보았다. 우리 세계의 새로운 근본원리들로는 **우연**과 **중첩**과 양자물리학적 **얽힘**이 있었다. 또한 우리는 양자물리학의 진술들을 이른바 건강한 상식과 조화시키려 할 때 문제가 발생한다는 것을 알게 되었다. 이제 우리는 바로 그 문제에 초점을 맞추려 한다. 이는 다음과 같은 파인만의 말을 극복하려는 시도이다. '나는 오늘날 양자역학을 이해하는 사람은 아무도 없다고 자신 있게 말할 수 있다.'

한편으로 우리는 양자 이론의 토대가 되는 근본 개념, 혹은 근본 원리를 필요로 한다. 다른 한편으로 흥미로운 추가 질문이, 사실상 유일한 핵심적인 질문이 곧바로 제기된다. 그것은 양자물리학의 발견들이 우리의 세계관에 대해 가지는 의미에 대한 질문이다. 다음과 같이 달리 표현할 수도 있다. 우리의 일상적인 세계관이, 이른바 '건강한 상식'이 양자물리학의 진술들과 매우 불편한 관계에 놓여 있으므로, 어쩌면 우리의 상식에 무언가 오류가 있을지도 모른다. 혹시 우리의 세계관을 일부 수정해야 할지도 모른다. 그러므로 먼저 첫 번째 질문을 살펴보자. 양자물리학의 토대가 될 수 있는 가장 단순한 근본 원리는 무엇일까? 이 질문에 대한 대답은 두 번째 질문에 대한 대답의 가능성들을 자동적으로 열어 줄 것이다.

1 정말 그렇게 복잡해야 할까?

'양자물리학의 근본 원리는 무엇인가' 라는 질문에 단번에 대답하기 전에 먼저 물리학에서 근본 원리들의 역할을 간단히 살펴보자. 물리학의 발전 과정에서 점차 분명해진 한 가지 사실은, 결국에는 놀랍도록 단순하고 합리적인 소수의 근본 개념들이 있고, 그 위에 물리학 이론 전체가 구성된다는 것이다. 그 근본적인 진술은 언제 어디에서나 타당해야 한다. 그 근본 진술이 반박되는 일은 이론 전체의 붕괴를 의미할 것이다.

아인슈타인의 상대성이론을 예로 들어보자. 엄밀히 말하면 두 개의 상대성이론이 존재한다. 아인슈타인이 먼저 1905년에 내놓은 것은 특수상대성이론이다—같은 해에 그는 양자가설을 이용한 광전효과 설명으로 대중 앞에 등장했다. 두 번째 상대성이론은 그가 약 10년 후에 완성한 일반상대성이론이다. 잘 알려져 있듯이, 특수상대성이론은 움직이는 시계가 멈춰 있는 시계보다 더 느리게 간다는 이상한 예측을 함축한다. 그 예측은 현재까지 여러 번 멋지게 입증되었다. 또한 특수상대성이론은 매우 유명한 물리학 방정식 $E=mc^2$을 함축한다.

특수상대성이론은 단 하나의 근본 원리로 환원시킬 수 있다. 그것은, 자연법칙들이 모든 가속하지 않는 계들에서, 즉 모든 **관성계**들에서 동일하다는 원리이다. 쉬운 예를 들어 보자. 우리 모두는 기차 안에서, 혹은 빠르게 날아가는 비행기 안에서 밖을 내다보지 않는 한 우리가 얼마나 빨리 움직이는지 알 수 없다는 것을 경험한다. 기차가 멈춰 있든 움직이든 상관없이 기차 안에서 물체는 바닥에 수직으로 떨어진다. 마찬가지로 우리는 비행기 안에서 우리가 좋아하는 영화를 집에서처럼 볼 수 있다. 이 현상들의 배후에 있는 물리적인 과정들은 분명 전혀 변함이 없다. 이는 매우 상식적이고 이해하기 쉬운 원리이며 아인슈타인은 그 원리를 토대로 그의 특수상대성이론을 창조했다. 흔히 추가적인 근본 법칙으로 광속이 광원의 속도와 무관하다는 것을 언급하는 경우가 있다. 즉, 우리의 비행기에서 전방으로 쏜 빛은 후방으로 쏜 빛과 정확히 같은 속도로 전파된다. 빛은 비행기의 속도를 추가로 얻지 못한다. 그러나 이 법칙은 첫 번째 원리의 귀결로 간주될 수 있다. 왜냐하면 광속은 간단한 자연 상수들의 함수이기 때문이다.

또한 아인슈타인은 이전까지 물리학자들이 흔히 아무 근거도 없이 받아들였던 다른 전제를 버렸다. 그것은 보편적 시간의 전제, 즉 시간이 지상에서나 고속으로 날아가는 비행기 안에서나 똑같이 흘러간다는 전제이다. 아인슈타인은 이 전제에 절대적으로 필연적인 근거가 없음을 깨달았다. 그의 생각은 원리적으로 다음과 같은 단순한 것이었다. 비행기 안에서 모든 시간 경과가 지상에서보다 더 느리다면, 우리는 그것을 전혀 눈치 채지 못할 것이다. 오직 지상의 시계와 비행기 안의 시계를 비교해야만 그 차이를 알 수 있다. 그리고 서로 다른 장소에서 시간이 흐르는 속도에 차이가 없어야 할 어떤 논리적인 이유도 존재하지 않는다.

움직이는 시계, 이를테면 비행기 속의 시계가 더 느리게 가야 한다는 특수상대성이론의 예측은 현재까지 여러 실험에서 입증되었다. 차이는 물론 매우 작아서 오직 초정밀 원자시계로 측정할 수 있을 정도이다. 대서양 횡단 비행사가 가능한 한 많은 비행을 통해 생명을 연장할 것을 바란다면 그것은 부질없는 꿈이다. 시계는 커다란 중력 속에서도 다르게 간다. 재미있는 것은 움직이는 시계가 더 느리게 간다는 사실이 오늘날 공학적으로 이용된다는 점이다. 광역 위치 파악 시스템GPS을 작동시키기 위해 위성들은 끊임없이 시간 정보가 암호로 들어 있는 고도로 정밀한 신호를 방출한다. 지상에서 수신 장치를 통해 그 정보로부터 우리가 있는 위치를 정확히 파악할 수 있다. 만일 특수상대성이론과 일반상대성이론의 귀결로 발생하는 오차를 위성에서 자동적으로 수정하지 않는다면, 우리가 파악한 위치는 항상 틀릴 것이고, 시스템 전체는 무용지물이 될 것이다.

위에 언급한 근본 원리는 특수상대성이론의 틀 속에서 오직 가속하지 않는 계에 대해서만, 예컨대 일정한 속도로 움직이는 기차에 대해서만 타당하다. 기차가 정거장을 떠나며 가속하거나 속도를 줄이거나 방향을 바꾸면 우리는 밖을 내다보지 않아도 그 사실을 느낀다. 일반상대성이론은 한 걸음 더 나아가 가속도 이론에 포함시킨다. 그 이론의 근본 원리는 물리적인 법칙들이 모든 가속하는 계에서 동일해야 한다는 것이다. 간단한 예로 당신이 작은 방 안에 있다고 해 보자. 밖을 내다보지 않는 한, 당신은 당신을 아래로 누르는 힘이 중력인지, 혹은 방이 우주 공간 속에 있고 가속하는지 알 수 없다. 우리는 누구나 막 출발하는 승강기 속에서 느끼는 가상적인 중력의 느낌을 안다. 우리가 느끼는 힘이 어디에서 오는지 구분할 수 없으므로, 그 힘이 중력인지 혹은 가속에서 비롯되는지 구분할 수 없으므로, 모든 물리적 과정은 그 두 경우에 동일해야 한다.

이 두 근본 원리들에서, 즉 특수상대성이론의 근본 원리와 일반상대성이론의 근본 원리에서 우리는 흥미로운 특성을 발견한다. 결국 중요한 것은 관찰을 통해서 말할 수 있는 것, 혹은 말할 수 없는 것이다. 밖을 내다보지 않는 한 우리는 매우 세밀한 실험을 한다 할지라도 우리가 탄 기차가 얼마나 빠른지 알 수 없다. 마찬가지로 우리가 느끼는 가속이 어떤 본성을 지녔는지 알 수 없다. 이 근본 원리들은 매우 단순하고, 말하자면 합리적이라는 공통점이 있다. 물론 경우에 따라서는 합리성에 대한 우리의 판단이 선입견에 의해 지배될 수도 있다. 이제 양자물리학의 근본 원리를 찾는 시도를 감행해 보자. 이 시도는 양자물리학을 공리화하는 작업―그런 작업이 실제로 존재한다―과 구분되어야 한다. 양자물리학의 공리화 작업에서는 흔히 매우 형식적인 성질을 가진 일련의 공리들, 즉 근본 전제들이 열거된다.

예를 들어 양자물리학적 상태들은 이른바 힐베르트 공간이라는 매우 추상적인 공간 안에서 정의된다는 공리가 있다. 중첩도 중첩 원리로서 공리화에서 핵심적인 지위를 차지한다. 그 공리들은 양자물리학의 수학적 구조를 튼튼한 기반 위에 세우는 역할을 한다. 그러나 그 공리들이 직관적으로 명확하거나 직접적으로 알기 쉬운 것은 전혀 아니다. 결론적으로 말해서 우리가 찾는 것은 공리가 아니다. 우리가 찾는 것은 단순하고 우리가 보기에 합리적이며 가능하다면 관찰 가능한 것과 직접 관련된 근본 진술이다.

물론 우리가 근본 원리를 발견할 수 없는 상황에 직면할 가능성도 얼마든지 있다. 어쩌면 세계는 우리 인간의 정신으로 그런 원리를 발견하기에는 너무 복잡한지도 모른다. 정말이지, 우리가 근본 원리들을 발견할 가능성이 있다는 것은 참으로 경이로운 일이다. 도대체 왜 세계는 우리가 '정신적인 손'을 무릎에 얹고 속수무책으로 바라볼 수밖에 없을 정도로 복잡하지 않고, 단순한 근본 원리들로 파악 가능한 것일까? 세계가 우리에게 너무 복잡하다는 생각은 과거에도 항상 널리 퍼져 있었으며 오늘날에도 많은 사람들에게 받아들여지고 있다. 그러나 어쩌면 이미 일신론적 종교의 발생을 단순한 원리들을 향한 모색으로 해석할 수 있을지도 모른다. 현대적인 자연과학이 유럽에서, 신을 유일한 존재로 이해하는 문화에서, 즉 기독교-유대교 전통에서 발생한 것은 놀라운 일이 아니다.

2 스무고개

어떤 물리량이 관찰될지는 실험장치의 선택에 따라 결정되며, 그 물리량이 실험 이전에도 이미 존재한다는 전제는 필연적이지 않다는 것을 우리는 이미 알고 있다. 물리학자 휠러는 이와 관련해서 매우 아름다운 사고실험을 제안했다. 그 실험이 우리의 직관을 도울 수 있을 것이다.

여러 나라에서 매우 즐겨 하는 놀이 중에 스무고개가 있다. 놀이를 하는 사람들은 술래를 밖으로 내보내고 나머지가 모여 술래가 알아내야 할 개념을 정한다. 술래는 오직 예, 혹은 아니요로 대답할 수 있는 질문만 던질 수 있다. 그는 최대 20개의 질문을 통해 그 개념을 알아내야 한다. 그가 던지는 질문은 방에 남아 있던 사람들이 차례로 돌아가면서 대답한다. 예를 들어 놀이는 이런 식으로 진행된다. '◆그것은 살아 있습니까? −예, ◆날 수 있습니까? −아니요, ◆헤엄칩니까? −예, ◆물고기입니까? −아니요, ◆포유류입니까? −아니요, ◆녹색입니까? −예, ◆악어입니까? −

예.' 마지막 대답으로 놀이는 종결된다. 그러니까 이 놀이는 질문들이 만들어지기 이전에 합의된 개념을 찾는 놀이이다. 다시 말해서 이미 존재하는 어떤 것을 찾는 것이 놀이의 목표이다.

친구들이 모여 저녁 내내 스무고개 놀이를 했다고 상상해 보자. 마침내 방에 남아 있는 사람들은 과거에 전혀 없었던 완전히 새로운 개념을 정한다. 밖에 있다가 들어온 술래는 곧바로 무언가 이상하다는 것을 눈치 챈다. 모두들 실실 웃으며 기대된다는 듯이 그를 바라본다. 벌써 '그것은 살아 있습니까?' 라는 첫 번째 질문에 모든 사람들이 대답할 차례가 된 사람을 주목한다. 그가 '예'라고 대답하자, 모두들 웃는다. 두 번째 질문에는 더 많은 웃음이 터지고, 점점 더 많은 웃음이 방을 가득 채운다. 동시에 질문이 거듭될수록 대답은 더 오랜 시간을 두고 제시된다. 마침내 스무 번째 질문에 대한 대답이 끝나자 커다란 웃음이 터진다.

도대체 무슨 일이 일어난 걸까? 지금까지의 놀이와 달리 사람들은 아무 개념도 정하지 않았던 것이다. 즉, 다음 번 대답이 이번 대답과 모순되지 않아야 한다는 것만이 중요한 규칙이었다. 다시 말해서 대답하는 사람 각자가 지금까지 나온 모든 대답에 일관되는 개념을 최소한 한 개는 머릿속에서 지어내야 했다. 따라서 대답들이 점차 쌓이면서 처음에는 모두 달리 가졌을 것이 분명한 개념들이 점점 하나로 모이고 마침내 한 개념이 생겨났다. 이렇게 관찰이 계속되면서 즉, 질문이 계속되면서 사람들의 머릿속에서 어떤 새로운 것이 형성되었다. 그것은 결국 첫 번째 놀이에서 합의한 악어와 마찬가지로 실재적이었다 — 혹은 비실재적이었다.

휠러는 이 예를 우연히 고안한 것이 아니다. 그는 이미 몇 년 전부터 정보가 물리학에서 특히 양자물리학에서 어떤 역할을 할 수 있는지 연구해 왔다. 그는 이렇게 말했다. '머지않아 우리는 물리학 전체를 정보의 언어로 이해하고 진술하게 될 것이다.'

3 정보와 실재

"자연이 어떻게 되어 있는지 알아내는 것이 물리학의 과제라고 생각하는 것은 오류이다. 물리학의 과제는 오히려 자연에 대해서 우리가 말할 수 있는 것이 무엇인지 알아내는 것이다."

―보어

우리는 일생 동안 정보를 수집하고 적절한 방식으로 그 정보에 대응한다. 정보 수집은 감각 인상이 우리에게 흘러들도록 내버려 둘 때처럼 수동적으로 이루어질 수도 있고, 자연에 대해 구체적인 질문을 제기할 때처럼 능동적인 과정일 수도 있다. 그러나 수동적으로 흘러드는 인상들도 우리에 의해서, 우리가 제기하지 않았거나 기껏해야 암묵적으로 제기한 질문에 대한 대답으로 가공된다. '창 밖에 있는 나무는 녹색이다'라는 인상은 그 나무의 색에 관한 질문에 대한 대답이다. 진화 과정에서 우리는 점점 더 복잡한 정보처리 메커니즘을 발전시켰다. 그리하여 인간의 뇌는, 더 복잡한 정보처리 방법을 가지고 있을지도 모르는 미지의 외계인을 일단 논외로 한다면, 아마도 우주에서 가장 복잡한 계일 것이다. 모든 각각의 생물은 끊임없이 정보를 수집하고, 그 정보에 근거해서 판단을 내리고, 적절하게 행동한다.

그러므로 우리는 실재에(실재가 도대체 무엇이든 간에) 간접적으로 접근할 수밖에 없다. 실재는 항상 우리가 각자의 표상과 경험을 토대로 구성하는 어떤 것(그림, 표상, 관념)이다. 전체는 간단한 일본식 종이집과 유사하다. 그것은 막대와 봉으로 된 기초 골격을 가지고 있다. 우리의 기초적인 관찰들이 바로 그것이다. 그리고 우리는 막대와 봉 사이에 종이로 된 벽을 팽팽히 걸쳐 붙인다. 이제 집의 실재는 주로 그 얇은 종이 벽으로 이루어진다. 그러나 그것은 사실상 안정적인 막대와 봉에 의해 지탱된다. 종이집이 봉들 사이에 걸쳐 있는 것과 마찬가지로 실재는 관찰 결과를 통해 주어진 버팀목 사이에 걸쳐 있다. 참으로 실체적인 것은 관찰 결과들이다. 그런데 관찰 결과는 궁극적으로 무엇을 의미할까? 그것은 다름이 아니라 질문에 대한 대답의 형태로 정식화될 수 있는 **정보**이다.

이미 보았듯이 우리는 양자물리학에서 실험 장치를 통해 자연에 대해 질문을 던질 수 있고(우리에게 행운이 따른다면) 그 질문은 자연에 의해 이런저런 방식으로 대답된다. 앞에서는 가장 간단한 예로 마흐-첸더 간섭계를 살펴보았다. 우리는 입자가 택한 경로를 알고자 할 수도 있다. 그렇다면 마지막 반투명 거울을 치워 버리면 된다. 그리고 어느 탐지 장치가 '클릭' 소리를 내는지 들음으로써 우리가 던진 질문에 대한 대답을 얻을 수 있다. 반대로 간섭을 관찰하고자 할 수도 있다. 그렇다면 반투명 거울을 정확한 위치에 설치한다. 이제 간섭에 의해서 두 탐지 장치 중 하나만 '클릭' 소리를 내고 다른 하나는 상쇄 간섭 때문에 소리를 내지 않을 것이다. 첫 번째 경우에 우리는 입자가 택한 경로에 대해 말하는 방식으로 하나의 그림을 형성한다. 두 번째 경우에 우리는 두 경로를 거친 파동에 대해 말하는 방식으로 하나의 그림을 형성한다. 사실상 그 둘은 모두 그림일 뿐이다. 궁극적으로 우리가 말할 수 있는 것은 개별 사건들, 탐지 장치의 '클릭' 소리뿐이다.

가장 기초적으로 우리는 간단한 선택지를 가지고 있다. 그 선택지는 바이체커가 말한 '근원ur'의 의미에서 '근원선택지Uralternativ'라 할 수 있다. 특정한 탐지 장치가 '클릭' 소리를 냈는가, 아니면 그렇지 않은가? 혹은 두 탐지 장치와 관련해서는, 탐지 장치 A가 소리를 냈는가, 아니면 탐지 장치 B가 소리를 냈는가? 나머지 모든 것은 정신적인 구성이다. 입자가 택한 경로, 그 외에 입자가 겪는다고 여겨지는 모든 운명, 혹은 파동이 퍼져 나가는지 여부 등등, 이 모든 것은 우리가 행하는 행동으로부터, 우리가 제작하는 실험 장치의 속성들로부터, 우리가 관찰하는 탐지 장치의 '클릭' 소리로부터 우리가 구성하는 그림일 뿐이다. 뿐만 아니라 우리는 실험에서 관찰하는 것이 관찰 이전에도 우리가 보는 방식대로 존재했다고 생각할 경우 모순이 발생할 수 있음을 보았다. 예를 들어 입자가 간섭계 속에서 거치는 경로에 대해 말하는 것은 우리가 그 경로를 실제로 측정할 때 비로소 의미 있다. 관찰이 없다면, 측정이 없다면, 우리는 그 어떤 속성도 계에 부여할 수 없다. 아니, 진실은 더 극단적이다. 특정한 관찰 맥락에서 우리가 한 계에 부여한 속성들이 다른 관찰 맥락에서도 존재한다고 무턱대고 전제해서는 안 된다.

그러므로 다시 양자물리학의 근본 원리에 대한 질문에 주목하자. 우리는 분명 관찰 결과에 대한 앎에, 즉 정보에 대한 앎에 핵심적인 역할을 부여해야 한다. 그렇다면 모든 것은 다만 정보일 뿐인가? 심지어 혹시 실재는 존재하지 않는가? 그렇게 단순하게 결론지을 수는 없다. 실재에 직접적으로 접근할 수 없다는 것이 실재가 존재하지 않는다는 것을 의미하는 것은 전혀 아니기 때문이다. 그러나 반대로, 비록 우리로부터 독립적인 실재의 존재를 최소한 시사하는 것들을 발견할 수 있다 할지라도, 실재의 존재를 증명할 수도 없다. 우리가 동일한 상황에서 동일한 관찰을 하는 것은 일단 분명해 보인다. 어느 탐지 장치가 '클릭' 소리를 냈는지에 대해서 다른 관찰자들도 우리 자신과 동일한 결론을 내린다. 다시 말해서 개인은, 개인의 관찰은 중요치 않은 것 같다.

유아론(唯我論)solipsism은 논리적으로는 가능하지만 그 누구도 실제로 취할 수 없는 입장일 것이다. 유아론은 자기 자신의 정신이, 자기 자신의 의식이 세계 속에 유일하게 존재하고 모든 것은 다만 그 의식 속에 존재한다고 생각하는 입장이다. 물론 이 입장을 논리적으로 반박할 수는 없다. 유아론에 대한 가장 강력한 반박은 모든 각각의 개인이 살아가는 모습이다. 특히 물리학자는 유아론자처럼 행동하지 않는다. 비록 일부 물리학자들이 때때로 자신이 유아론자라고 주장하지만 말이다.

우리로부터 독립적인 실재가 있다는 것을 시사하는 두 번째 증거는 아마도 양자역학적 개별 과정들 속의 우연일 것이다. 특히 그 우연이 객관적이라는 사실, 더 깊은 원리에 의해 설명할 수 없고 따라서 우리가 어떤 방식으로도 영향을 미칠 수 없다는 사실은 우리 자신 외부에 어떤 것이 존재함을 시사한다. 그러나 이미 언급했듯이 논리적으로 타당하고 구속력 있는 증명은 이루어질 수 없다.

우리의 근본적인 딜레마는 정보와 실재를 규칙적이고 통용 가능한 방식으로 구분할 수 없다는 것에 있음이 분명하다. 이 상황은 상대성이론의 근본 원리를 연상시킨다. 특수상대성이론에서는 우리의 비행기가 멈춰 있는지 아니면 매우 빠른 속도로 일정하게 날아가고 있는지 구분하는 것이 불가능했다. 일반상대성이론에서는 우리가 지상의 방 안에 있어서 우리의 몸무게를 느끼는지, 아니면 우리가 있는 방이 일정하게 가속하기 때문에 몸무게를 느끼는지 구분하는 것이 불가능했다. 따라서 우리는 그 차이들이 귀결을 가지지 말아야 한다고, 즉 관찰 가능한 차이들을 일으켜서는 안 된다고 결론을 내렸다.

우리는 그와 유사하게 다음과 같은 요구를 내놓을 수 있다.

"자연법칙들은 실재와 정보를 구분하지 않아야 한다."

그것에 대해 아무 정보도 가질 수 없는 실재에 대해 말하는 것은 분명 무의미하다. 우리가 알 수 있는 것이 실재일 수 있는 것의 출발점이다. 지금껏 지배적인 통상적 세계관에서는 정반대이다. 세계가 그것의 속성들을 가지고 '저 밖에' 존재한다고, 세계가 우리와 상관없이 독립적으로 존재한다고 우리 모두는 전제한다. 우리는 세계 속을 돌아다니고 보고 듣고 느끼고, 그렇게 세계에 대한 정보를 수집한다. 고전물리학과 우리의 일상적인 세계관에서는 실재가 일차적이고, 정보는 도출된 것, 이차적인 것이다. 그러나 진실은 정반대인지도 모른다. 우리가 가진 모든 것은 정보이다. 우리의 감각 인상이며, 우리가 제기한 질문에 대한 대답들이다. 실재는 그 다음에 오는 이차적인 것이다. 실재는 우리가 얻은 정보로부터 도출된다.

이렇게 실재와 정보를 구분할 수 없음이 분명하므로 우리의 근본 개념을 더 극단적으로 표현하여 다음과 같이 말할 수 있다.

"정보는 우주의 근원 재료이다."

이 말이 크고 작은 계들에 대해서 무엇을 의미하는지 숙고해 보자. 특히 우리는 그 숙고를 통해 양자 현상에 대한 우리의 이해를 증진시킬 수 있는지 — 그것이 우리의 목표이다 — 살펴볼 것이다.

먼저 커다란 계를 생각해 보자. 간단히 여기 바닥에 깔려 있는 양탄자를 예로 들어도 좋을 것이다. 나는 매우 많은 질문들을 던지고 그에 대한 대답들로 양탄자를 규정할 수 있다. 그것의 재료는 무엇인가? 색깔은 무엇인가? 생산지는 어디인가? 기계로 제작되었는가, 아니면 수제품인가? 얼마나 오래되었는가? 값비싼 물건인가, 아니면 싸구려 중고품인가 등등. 금방 알 수 있듯이, 일상의 거시적인 대상, 육안으로 지각할 수 있는 커다란 대상을 규정하려면 매우 많은 질문들에 대답해야 한다. 엄밀히 말한다면, 각각의 고전적인 대상을 완벽하게 규정하기 위해 필요한 질문의 개수는 엄청나게 많을 것이다. 왜냐하면 양탄자에 있는 각각의 실이 얼마나 긴지, 어떤 방향으로 놓여 있는지, 어떤 색깔인지 등도 말해야 할 것이기 때문이다. 더 나아가 우리는 심지어 실 속에 있는 원자 각각에 대해서, 그것이 어떤 원소인지, 그것이 다른 원자들에 대해서 상대적으로 어떤 위치에 있는지 등을 말해야 할 것이다. 이는 분명 완수될 수 없는 과제이다. 우리는 고전적인 계를 결코 완벽하게 규정할 수 없다. 오히려 반대 방향을 택하는 것이 옳았다. 고전적인 계는 궁극적으로 우리가 가진 감각 인상으로부터 우리가 만든 구성물이다. 그것이 어떤 특정한 성질을 가진 직물이고 바닥에 깔려 있는지 등등을 우리가 안다면, 그것은 양탄자인 것이다. 우리가 그것의 속성을 더 자세히 안다면, 그때 우리는 심지어 그것이 약 20년 전에 아말리에 고모에게 선물로 받은 양탄자라는 사실까지도 상기한다.

이제 생각 속에서 천천히 작은 것으로 옮겨가 보자. 우리는 점점 더 작은 대상을, 점점 더 작은 계를 생각한다. 그러면 계를 완벽하게 규정하기 위해 필요한 무수한 정보는 어떻게 될까? 계가 작아질수록 계를 규정하기 위해 필요한 정보의 양이 작아진다고 보는 것이 분명 합리적이다. 물론 반드시 그래야 하는 것은 아니다. 그러나 반드시 그래야 할 이유는 없다 할지라도, 그것은 합리적인 생각임에 분명하다. 우리의 양탄자를 반으로 자른다고 상상해 보자. 그러면 반으로 자른 양탄자 각각에 대해 거의 틀림없이 전체의 절반의 정보면 충분할 것이다. 그 절반 각각을 다시 반으로 자른다면, 우리는 4분의 1의 정보만 필요로 할 것이고, 그 과정은 얼마든지 계속될 수 있을 것이다. 그 과정에 한계가 있을까? 아니면 이 정보 분할 과정은 임의로 계속될 수 있을까?

얼핏 보기에는 양탄자를 점점 더 작게 자르면서 한계에 도달하지 않는 것이 가능할 것처럼 보인다. 하지만 실제로는 그렇지 않다. 우리는 '정보'가 무엇을 의미하는지 잠깐 숙고해야 한다. 이미 언급했듯이 정보는 다름이 아니라 우리가 제기하는 질문에 대한 대답이다. 이 말은 일단 매우 추상적이고 양적으로 정확히 규정되지 않은 듯이 들린다. 그러므로 우리는 이 말을 더 정확히 규정하려 한다. 스무고개에서처럼 오직 '예' 혹은 '아니요'로 대답할 수 있는 질문으로 논의를 한정시키자. 이는 다양한 가능성들을 제한하는 것이 아니다. 왜냐하면 모든 각각의 복잡한 질문은 그런 예-아니요 질문으로 환원되기 때문이다. 더 간단한 질문은 없다. 다시 말해서, 우리가 이미 언급했듯이 정보의 가장 기초적이고 근본적인 요소는 간단한 예-아니요 선택지이다. 정보 과학에서는 그것을 1비트의 정보로 나타낸다. 1비트의 정보는 두 가지 값, 즉 0이나 1을 가질 수 있다. 통상적으로 0은 '아니요'와 1은 '예'와 동일시된다. 비트를 해석하는 또 다른 방법은 논리적인 진술을 출발점으로 삼는 것일 것이다. 예를 들어 '양탄자에 붉은 얼룩이 있다'라는 진술을 생각해 보자. 우리는 '참' 혹은 '거짓'을 그 진술의 진리값으로 주고, '참'을 1과 '거짓'을 0과 연결시킬 수 있다.

수학적으로 고찰하면 이는 한 진술의 진리값을 수학적으로 표현하려면 0과 1이면 충분하다는 것을 의미한다. 매번 '참'이라고 쓰는 대신에 '1'이라고, '거짓'이라고 쓰는 대신에 '0'이라고 쓸 수 있다. 그렇게 '0'과 '1'만 나오는 표현을 '이진수 표현'이라 부른다.

그러므로 1비트는 질문에 대한 대답인 진술의 진위를 나타내기에 충분하다. 이는 수를 표기하는 데 있어서도 당연히 마찬가지이다. 모든 각각의 수는 0과 1의 열로 표기할 수 있다. 일반적으로 잘 알려져 있고 우리도 언급했듯이, 현대적인 컴퓨터가 처리하는 모든 정보는, 그것이 언어이든 수이든, 비트의 열로 표기된다.

원래 논의로 돌아가 보자. 우리는 매우 많은 진술들로 규정되는 계, 즉 매우 많은 비트의 정보에 대응하는 계에서 출발했다. 거시적이고 고전적인 계의 경우에 우리가 필요로 하는 비트의 개수는, 최소한 그 계를 이루는 원자의 개수와 대등할 것이며, 따라서 결코 완벽하게 도달할 수 없는 천문학적으로 큰 수일 것이다. 이제 다시 계를 절반으로 분할하는 작업을 시작하자. 그러면 우리는 부분 계들을 규정하기 위해 점점 더 적은 비트를 필요로 할 것이다. 그리고 결국 단순하고 명백하고 불가피한 한계에 도달한다. 우리가 단 하나의 비트로 규정할 수 있는 작은 계에 도달할 때, 즉 계가 단 하나의 진술의 진리값만을 가질 때, 계가 질문에 대해 오직 단 하나의 확정적인 대답만을 제공할 수 있을 때, 거기가 한계이다. 그 한계에 도달했을 때 우리는 가장 작은 계를 가지게 된다. 그 계를 우리는 가장 기초적인 계라 부르려 한다. 여기까지는 좋다. 그런데 이것이 어떤 귀결들을 가질까?

다시 생각 속에서 양자들의 세계로 가 보자. 양자는 가장 기초적인 단위이다. 양자는 애당초 물리적인 세계의 가장 기초적인 단위로, 우리 앞에 있는 대상들의 가장 기초적인 단위로 생각되었다. 그러므로 양자와 비트를 직접 동일시하는 것이 무리는 아닐 것이다. 가장 기초적인 양자계는 한 비트의 정보에 대응한다. 마흐-첸더 간섭계를 다시 한번 살펴보면 이 동일시가 유의미하다는 것을 알 수 있다. 단, 이번에는 정보라는 새로운 관점에서 그 간섭계를 살펴보자. 이미 보았듯이 우리는 입자가 간섭계를 통과하는 경로를 알든지(즉, 각각 두 광선 중 하나에 있는 탐지 장치들 중 어느 것이 '클릭' 소리를 내는지 알든지) 아니면 우리가 간섭을 허용한다면, 간섭계를 지난 후에 있는 두 탐지 장치 중 어느 것이 '클릭' 소리를 내는지 확인할 수 있다. 그러나 이 둘을 동시에 할 수는 없다! 우리 앞에 놓인 것은—보어에 따르면—상보적인 두 양이다. 계는 간섭계 속에 있는 두 탐지 장치 중 어느 것이 '클릭' 소리를 낼지에 대한 대답을 보유하든지, 아니면 간섭계를 지난 후에 있는 두 탐지 장치 중 어느 것이 '클릭' 소리를 낼지에 대한 대답을 보유하든지, 둘 중 하나이다. 두 질문에 대한 대답 중 하나가 확정되면, 다른 질문에 대한 대답은 완전히 불확정적이게 된다. 다시 말해서 입자가 간섭계 속에서 어느 경로를 거쳤는지 우리가 확실히 알면, 간섭계를 지난 후에 있는 두 탐지 장치 중 어느 것이 입자를 탐지할지가 완전히 불확정적이게 된다.

그러므로 우리는—이것이 매우 결정적이고 핵심적인 점이다—마흐-첸더 간섭계 속에 있는 입자를 정확히 앞에서 말한 의미에서 가장 기초적인 계로 간주할 수 있을 것이다. 그 입자는 오직 1비트의 정보만 보유할 수 있다. 실험을 설정하는 방식에 따라서, 입자를 처리하는 방식에 따라서, 우리는 그 한 비트의 정보가 간섭계 속의 경로를 확정하는 데 사용될지, 아니면 간섭계를 지난 후에 있는 어느 탐지 장치가 입자를 탐지할지를 확정하는 데 사용될지 결정할 수 있다.

물론 중간 가능성들도 있다. 우리는 경로를 약간만 확정할 수 있다. 위 탐지 장치가 아래 탐지 장치보다 더 자주 입자를 탐지한다고 말할 수 있다. 이 경우에 간섭계를 지난 후에 있는 탐지 장치들 중 어느 것이 입자를 탐지할지 역시 부분적으로 확정된다. 얼핏 보면 이 경우에는, 대응하는 진술들이 부분적으로 참이거나 거짓인 것으로 보인다. 그러나 자세히 분석하면 알 수 있듯이 — 세부적인 논의는 생략한다 — 이 경우에도 앞에서 이야기한 두 관찰량을 조합한 새로운 관찰량을 발견하여 명확한 예–아니요 대답을 하는 것이, 즉 한 비트의 정보만 언급하는 것이 항상 가능하다.

신중한 논의를 위해 한 가지 덧붙일 것이 있다. 물리적인 입자는 당연히 경로 정보와 관련된 속성들 외에도 다른 속성들을 지닌다. 예를 들어 전자는 스핀을 가지고 광자는 편광을 가진다. 그러므로 단 하나의 비트의 정보에 대응하는 기초적인 계에 대해 언급하려면 항상 우리가 제기한 특수한 질문으로 논의를 한정해야 했다. 즉, 예를 들어 경로 정보의 관찰로 논의를 한정해야 했다.

그러므로 양자물리학에 대한 우리의 근본 전제는 다음과 같다.

"가장 기초적인 계는 한 비트의 정보에 대응한다."

독자들은 이 단순한 근본 전제로부터 무언가 흥미로운 것이 귀결될지 의문을 품을 것이다. 잠시 후에 우리는 양자물리학의 가장 중요한 세 가지 속성들, 객관적 우연과 상보성과 양자역학적 얽힘이 이 단순한 근본 전제로부터 자연스럽게 귀결된다는 것을 알게 될 것이다. 곧 알게 되듯이, 여전히 양자역학적 개별 과정에서 우연을 설명할 수는 없다. 그러나 우리는 그 우연을 더 이상 설명할 수 없다는 것을 이해하게 될 것이다. 특히 양자역학적 개별 사건에 대해서는 일반적으로 그것이 왜 일어나는지에 대해 아무 이유가 없는 것을 이해하게 될 것이다.

다시 마흐–첸더 간섭계 속에 있는 우리의 입자를 살펴보자. 우리가 예컨대 입자가 간섭계 속에서 택한 경로를 알았다면, 계가 보유한 단 한 비트의 정보는 이미 사용되었다. 경로를 확정하는 데 그 정보가 사용된 것이다. 그런데 우리의 계는 오직 한 비트의 정보를 가질 수 있으므로, 간섭계를 지난 후에 있는 두 탐지 장치 중 어느 것이 '클릭' 소리를 낼지에 대한 대답이 어떠해야 하는지는 전혀 확정될 수 없다. 그 대답은 완전히 우연적이어야 하며, 그 대답에 대한 어떤 숨은 이유도 있을 수 없다. 왜냐하면 도대체 계를 규정할 정보가 없기 때문이다. 이는 마치 우리의 가련한 양자가 오직 하나의 작은 쪽지만을 가지고 있는 것과 같다. 그 쪽지에는 양자가 간섭계 **속에** 있는 어느 탐지 장치를 작동시킬지 적혀 있거나, 간섭계를 '**지난 후에**' 있는 어느 탐지 장치를 작동시킬지 적혀 있을 수 있다. 그러나 그 쪽지는 둘 다 적을 수 있을 만큼 크지 않다. 이런 의미에서 가련한 우리의 입자는 그것에 대해 아무 지침도 가지지 못한 상황을 맞아야 하며 완전히 우연적으로 행동해야 한다. 다음과 같은 해석도 가능하다. 자연은 모든 질문에 대한 대답을 애당초 확정할 만큼 충분히 풍요롭지 않은 것 같다. 따라서 많은 질문들은 — 또한 깊이 생각해 보면, 과반수 질문들은 — 열려 있을 수밖에 없다.

그렇다면 상보성도 쉽게 이해할 수 있다. 계가 오직 적은 정보만을 가질 수 있으므로, 우리는 오직 하나의 속성을 확정할 수 있다. 오직 하나의 속성만 잘 정의할 수 있다. 그리고 우리는 계를 적절히 준비함으로써 어떤 속성이 잘 정의될지를 결정할 수 있다. 예를 들어 우리는 마흐-첸더 간섭계 속의 입자를 적절히 준비하여, 우리가 경로에 대한 정보를 전혀 얻지 못하도록 만들 수 있다. 그렇다면 우리는 입자가 간섭계를 지난 후에 무엇을 할지에 대한 정보를 분명하게 확정할 수 있다. 반대로 우리는 입자가 간섭계 속에서 어느 경로를 택했는지 확정할 수 있다. 그렇다면 그 후에 입자의 행동은 완전히 불확정적이다. 우리가 잘 정의된 속성에 대응하지 않는 질문을 계에게 던질 때, 그 속성은 우리가 질문을 던지기 이전에는 존재하지 않는다. 앞에서 이미 언급했듯이, 서로 다른 질문을 던진다는 것은 서로 다른 고전적인 측정 장치를 선택하는 것이라고 할 수 있다. 이때 서로 배제하는 상보적인 질문들은 서로 다른 측정 장치에 대응한다. 바로 이것이 정확히 보어의 시각이다. 상보적인 측정량이 서로 배제하는 고전적인 실험 장치에 대응한다고 그는 분명히 말했다. 또한 우리가 알고 있듯이, 기초적인 계가 보유할 수 있는 정보량의 한계 때문에 그 실험적인 질문들 중 하나에 대해서만 대답이 확정될 수 있다. 그러므로 기초적인 계가 오직 한정된 양의 정보만 보유할 수 있다는 사실은 상보성이 존재한다는 사실의 다른 표현이고, 따라서 상보적인 양들이 서로 배제하는 고전적인 실험 장치에 대응한다는 사실의 다른 표현임이 분명하다.

마지막으로 양자역학적인 얽힘도 쉽게 설명할 수 있다. 논의를 단순화하기 위해 두 개의 기초적인 계, 예를 들어 두 개의 광자만 고찰하자. 이 경우 우리는 다수의 기초적인 계가 얼마나 많은 정보를 보유할 수 있는지 따져 보아야 한다. 가장 자연스러운 가능성을 즉, 기초적인 계들의 수와 그것들에 대응하는 비트의 수가 같을 가능성을 생각해 보자.

"N개의 기초적인 계들은 N비트의 정보에 대응한다."

그렇다면 우리가 예로 든 두 개의 광자는 — 우리가 광자의 편광을 측정한다고 해 보자—2비트의 정보를 가진다. 그 2비트의 정보를 사용하는 가장 간단한 가능성은 우리가 각각의 개별 광자에 대해서 정확히 하나의 속성을 확정하는 것일 것이다. 예를 들어 우리는 각각의 광자의 편광을 확정할 수 있다. 그렇게 하면 우리는 원리적으로 정확히, 각각의 계가 잘 정의된 속성을 보유하는 고전적인 상황에 도달할 것이다.

하지만 우리는 훨씬 더 흥미로운 것도 할 수 있다. 우리는 2비트의 정보를, 두 광자의 편광 측정 결과가 서로에 대해 상대적으로 어떠한지를 확정하는 데 사용할 수 있다. 두 비트 중 하나는 예를 들어 다음 문장의 진리값일 수 있다. '두 편광을 z방향에 나란히 측정하면, 두 편광은 서로에 대해 평행하다.' 이때 z방향은 임의의 방향이다. 두 번째 비트는 다음 문장의 진리값일 수 있다. '두 편광을 x방향에 나란히 측정하면, 두 편광은 같다.' 이때 x방향은 z방향에 수직이다. 그렇다면 이 경우에 '참'과 '거짓'의 서로 다른 조합이 4개 존재한다. 즉, 참-참, 참-거짓, 거짓-참, 거짓-거짓이 있다. 이 조합 각각은 정확히 규정된 얽힌 상태에 대응한다. 이는 실제로 우리가 양자물리학에서 배운 것과 일치한다. 두 광자의 편광에 대해서는 4개의 서로 다른 얽힌 상태들이 있다. 우리는 그 상태들을 벨의 명명에 따라 '벨 상태'라 부르기도 한다.

지금까지의 이야기에서 직접 귀결되는 것은, 얽힌 계의 개별 구성원에 대한 측정 결과는 완전히 우연적이라는 것이다. 우리는 두 비트의 정보를 이미 두 입자가 측정될 경우 서로에 대해 어떻게 행동하는지를 정의하기 위해 사용했다. 그 행동은 아주 정확하게 확정되었다. 우리가 한 입자의 우연적인 편광을 얻으면, 우리는 그 측정에 의해 다른 입자가 어떤 상태로 투사되는지 확실하게 안다. 이는 또한 우리의 예에서 선택된 x와 z방향에 대해서만 타당한 것이 아니라, 임의의 방향 각각에 대해 일반적으로 타당하다.

그런데 여기에서 우리에게 중요한 것은, 두 비트의 정보가 이미 사용되었기 때문에 개별 계가 더 이상 아무 정보도 보유할 수 없다는 것이다. 그러므로 얽힌 계의 개별 구성원에 대한 측정 결과는 완전히 우연적이어야 하고, 그 측정 결과를 설명할 수 있는 숨은 이유는 없다. 따라서 우리는 숨은 변수들이 있을 수 없는 간단한 이유를 발견했다. 여기에서도 우연은 한 양자계가 보유할 수 있는, 혹은 우리의 예에서는 두 양자계가 함께 보유할 수 있는 정보가 제한되어 있기 때문에 생기는 귀결이다. 계들에 대한 두 관찰 즉, 두 측정이 서로 얼마나 멀리 떨어져 있는지는 사태에 전혀 영향을 미치지 않는다. 측정들의 상대적인 공간-시간적 배치는 일반적으로 완전히 무차별적이다. 어떤 측정이 먼저 일어나고 어떤 측정이 나중에 일어나는지 등은 중요치 않다. 그러나 계의 전체 정보는 관찰 결과들의 상호관계를 확정한다. 개별 관찰 결과가 완전히 우연적이기 때문에—이는 정보의 양이 제한되어 있기 때문이다—상대성이론과의 대립도 없다. 왜냐하면 측정에 의해 전달될 수 있는 정보가 없기 때문이다.

4 베일 너머—가능성의 세계

 우주의 기초 개념을 정보와 동일시하는 우리의 입장은 세계가 양자화되어 나타나는 것과 어떤 관계가 있을까? 양자화는 원래 플랑크와 아인슈타인이 도입한 개념으로 빛이 오직 특정한 에너지량의 배수로만 등장한다는 것을 의미했다. 중간 단계의 에너지량을 지닌 빛은 등장하지 않는다. 세계는 말하자면 다수의 뭉치로 묶여 있는 듯이 나타나고, 임의의 세밀한 분할을 거부한다. 우리는 이제 양자화를 오직 실험적으로 입증된 사실로만 받아들이는 대신에, 그것이 우리의 근본 전제에서 비롯되는 단순한 귀결이라고 주장하려 한다.

 우리가 관찰하는 각각의 계가 단지 논리적 진술의 대변자라면, 우리는 매우 특이한 상황에 도달한다. 오직 소수의 진술들만 가용하다면, 그것들은 오직 '하나의 진술', '두 개의 진술', '세 개의 진술' 등일 수 있고, 예를 들어 '1.7개의 진술'일 수 없다. 우리는 무언가에 대해 1.7개의 진술을 한다는 것이 무슨 의미인지 전혀 알지 못한다. 한 가지 간단한 예를 들어보자. 내가 '눈이 내린다'고 말하고, 동시에 '날씨가 춥다'라고 말한다면, 그것은 벌써 두 개의 진술이다. 이때 '날씨가 약간 춥다'라고 부분적인 진술을 할 수 있다고 생각하는 사람도 있을 것이다. 그러나 그 진술은 명백한 예-아니요 진술이고, 이를테면 '날씨가 춥다'라는 진술의 70퍼센트가 아니다.

우리가 자연에게 오직 셀 수 있는 개수의 질문을 던질 수 있고, 각각의 질문에 대해 오직 '예'와 '아니요' 중 하나를 대답으로 얻을 수 있다는 단순한 이유 때문에 더 세밀한 분할은 불가능하다. 우리는 자연에게 한 개 반의 질문을 던질 수 없다! 이는 우리의 세계 경험에, 말하자면 어떤 작은 입자가 있어야 함을 의미한다. 그러므로 충분히 적은 정보를 보유한 계들은 자동적으로 일종의 양자 구조를 가진다는 결론이 나온다. 그런 종류의 입자성은 원리적으로 불가피하다. 그것은 불가피할 뿐 아니라, 말할 수 있는 모든 것의 필연적인 구조이다. **그렇다면 양자물리학은, 세계가 우리의 진술들의 대변자라는 사실의 귀결일 것이다**─그 진술들이 필연적으로 셀 수 있는 개수로 등장한다는 사실의 귀결일 것이다. 휠러처럼 '왜 양자인가?', 혹은 '왜 세계는 양자화되어 있는가?'라고 묻는다면, 우리의 간단한 대답은 다음과 같다. '세계에 대한 정보가 양자화되어 있기 때문이다.' 진술들은 셀 수 있다. 우리는 양자물리학의 이론적 개념 속에서 양자 상태들을 셀 수 있는 것과 동일하게 진술들을 셀 수 있다.

많은 사람들이 우주에 있는 다른 문명들이 우리와 같은 방식으로 자연을 기술할 것인가에 대해 토론한다. 나는 인간이 우주에 있는 유일하게 지적인 생물일 가능성은 극도로 낮다고 판단한다. 하지만 나는 이미 다음과 같은 논증만으로도 다른 지적인 생물들의 자연 기술이 본질상 우리의 그것과 크게 다를 수 없다고 주장할 수 있다고 생각한다. 모든 생물은 생존해야 한다. 모든 생물은 끊임없이 결정해야 한다. 모든 결정은 정보에 근거해서 이루어져야 한다. 그리고 그 정보는 궁극적으로 다름이 아니라 질문에 대한 '예-아니요 대답'이다. 모든 것은 논리적 진술로, 비트로 표현될 수 있다. 이것은 정보를 수집하고 그 정보에 근거해서 행동을 최적화하는 모든 계의 보편적인 속성일 가능성이 매우 높다. 우리는 세계의 양자화가 정보의 양자화의 귀결이라는 것을 알게 되었다. 정보의 양자화는 모든 것이 예-아니요 판단으로 표현되어야 하기 때문에 불가피하다.

이런 이유 때문에 다른 문명들도 본질상 우리의 양자물리학과 동등한 방식으로 세계에 대해 말하고 기술해야 한다고 나는 확신한다. 물론 그들의 자연 기술이 수학적으로 우리의 그것과 동일해야 하는 것은 아니다. 우리 자신도 양자역학의 수학적 정식화를 다양하게 가지고 있지 않은가? 양자역학의 수학적 정식화들 중에는 예를 들어, 우리가 언급한 하이젠베르크와 슈뢰딩거의 정식화 외에 매우 중요한 파인만의 정식화도 있다. 그러나 이 모든 자연 기술들은 궁극적으로 동등하다. 마찬가지로 나는 다른 문명들의 양자물리학적 자연 기술이 우리의 그것과 동등하다고 믿는다. 그들 중 어떤 문명이 그 기술을 이미 발견했는지는 전혀 다른 문제이다. 그것은 당연히 그 문명의 자연과학적, 공학적 발전 상태에 달려 있다. 그러나 어떤 다른 문명이, 이른 시기에 정보의 중요성을 깨닫고 그 귀결들을 충분히 근본적으로 숙고한다면, 심지어 순수하게 원리적인 탐구를 통해 '상보성'이나 '우연' 같은 양자물리학의 근본 진술들에 도달할 가능성은 충분히 있다.

흥미롭게도 우리는 지금 '기초적인 계가 도대체 무엇인가'라는 질문을 의식적으로 던지지 않고 있다. 대신에 우리는 궁극적으로 정보에 대해서만 이야기하고 있다. 우리에게 기초적인 계는 다름이 아니라 정보가 관계하는 바로 그것이다. 기초적인 계는 그 정보의 대변자이며, 우리가 스스로에게 가용한 정보를 토대로 구성하는 개념이다.

이것은 순수한 실용적 관점 이상이다 — 우리는 오직 정보의 도움으로 세계에 대해 무언가 진술할 수 있으므로, 이것은 또한 원리적 관점이다. 사물의 본성을 묻는 것은 전적으로 명백하게 무의미하다. 왜냐하면 그런 본성이 존재한다 할지라도, 그런 본성은 항상 모든 경험의 저편에 있기 때문이다. 자연에 대한 질문을 통해 자연에 더 가까이 갈 수 있다고 생각하는 사람도 있을 것이다. 그러나 그 입장은 항상, 말할 수 있는 것으로부터 우리가 실재로서 표상하는 것으로의 도약이 항상 자의적인 측면을 가진다는 문제를, 직접적인 경험으로 접근할 수 없는 속성들과 양들과 계들과 대상들 등등을 상정한다는 문제를 안고 있다. 그 실례로 다시 한번 마흐-첸더 간섭계를 살펴볼 수 있다. 간섭계 내부의 두 경로 중 하나에서 입자를 측정하면, 우리는 그 입자가 바로 그 경로를 택했다고 말할 수 있다. 그러나 엄밀히 말하면 그것은 우리의 상상이다. 그것을 필연적으로 받아들일 필요는 없다. 관찰된 사건만을 이야기하는 것이 더 간단하고 더 오해의 소지가 적지 않을까? 우리는 이를테면, 입자가 처음에 있었고 나중에 측정되었다는 것을 안다. 그 입자가 실제로 이동했다고 생각하는 것도 우리의 자연 이해에서 필연적이지 않다. 반대로 간섭계 속에 탐지 장치를 설치하지 않는다면, 당연히 경로에 대해 말할 수 없다. 그 경우에 경로를 언급하는 것은, 많은 자연종교들의 입장처럼 무의미하고 불필요할 것이다. 번개를 설명하기 위해 자의적인 설명을 즉, 번개신의 존재를 고안하는 자연종교의 입장처럼 말이다. 번개신이 존재한다는 것은 옳은 말일 수밖에 없다. 왜냐하면 우리는 그 번개신을 창조한 번개를 두 눈으로 보기 때문이다.

그러므로 우리의 견해에 따르면 정보, 혹은 앎이 우주의 근본 재료이다. 우리는 다음과 같은 질문을 제기할 수 있다. 누구의 앎인가? 누가 정보를 보유해야 하는가? 우리의 입장이 완벽한 유아론으로 귀착하는 것은 아닌가? 세계 속에 단 하나의 의식만이, 즉 나 자신의 의식만이 존재하고, 모든 것은 그것의 앎의 틀 속에서, 그 의식의 틀 속에서 움직인다는 견해로 귀착하는 것은 아닌가? 많은 사람들은 코펜하겐 해석이 완전히 주관주의적인 해석이라고 비판한다. 그 비판에 따르면, 코펜하겐 해석에서 세계는 오직 관찰자의 의식 속에만 존재한다. 유아론을 반박하기 위해서는 오직 실천이성의 동기를 댈 수밖에 없다. 많은 다른 철학적 입장들과 마찬가지로 유아론도 순수하게 논리적으로는 반박되지 않는다. 우리 모두가 실천적인 삶 속에서 마치 다른 의식적인 존재들이(다른 사람들) 있는 듯이 행동한다는 것을 의심할 수는 없다. 사람은 다른 사람들과 함께 '있다' — 그렇지 않다면, 사람은 전혀 없다. 이런 의미에서 사람은 이미 '분유(分有)된' 존재를 꾸려 나가고 있다.

중요한 점 내지는 중요한 문제 하나가 남아 있다. 정보가 우주의 근원 재료라면, 그 정보는 왜 자의적이지 않은가? 왜 서로 다른 관찰자들이 서로 다른 정보를 가지지 않을까? 우리의 실험들 중 하나를 생각한다면, 사람들은 실제로 어느 탐지 장치가 '클릭' 소리를 냈는지에 대해 동의한다. 한편으로 그것은 오직 하나의 의식만이, 즉 나 자신의 의식만 존재하고 다른 모든 것은 그 의식 속의 표상에 불과하기 때문일 수도 있다. 다른 한편으로, 서로 다른 관찰자들 간에 성립하는 일치가 세계가 존재한다는 것을 의미할 수도 있다. 우리가 그 안에서 소유하는 정보가 모종의 방식으로 관찰자로부터 독립적인 그런 세계가 존재한다는 것을 말이다.

그러나 어떤 방식으로 정보가 관찰자로부터 독립적일까? 아마도 가장 강력한 실례는 양자역학적 개별 과정에서 볼 수 있을 것이다. 예를 들어 한 탐지 장치가 완전히 우연적으로 입자를 탐지하고, 다른 탐지 장치는 탐지하지 않는 상황에서 말이다. 이 경우에 모든 관찰자들은 어느 탐지 장치가 '클릭' 소리를 냈는지에 대해 일치된 견해를 가질 것이다. 이렇게 개별 사건이 관찰자의 영향을 받지 않는다는 것과 그 사건에 대한 관찰자들의 의견 일치는 아마도 우리로부터 독립적인 세계가 존재한다는 것을 가장 강력하게 시사할 것이다.

그런데 실재의 속성들은 무엇일까? 도대체 실재의 속성들이 존재할까? 우리가 실재에 대해 도대체 무엇을 알 수 있을까? 정보가 근본적인 역할을 한다는 것을 우리가 이미 아는 상황에서 이 질문들의 의미는 무엇일까? 나는 다음과 같은 과감한 제안을 하려 한다.

"실재와 정보는 동일하다."

지금까지 외견상 완전히 다른 듯이 설명된 그 두 개념을 동일한 동전의 양면으로 보아야 한다고 나는 제안한다. 우리가 아인슈타인의 상대성이론에서 공간과 시간이 동일한 동전의 양면이라는 것을 배운 것과 근본적으로 유사한 방식으로 말이다.

나의 제안은, 어떤 자연 법칙이나 자연 기술도 실재와 정보를 구분하지 않아야 한다는 우리의 전제 때문에 실재와 정보를 동일한 것으로 보아야 한다는 것이다. 그러므로 우리는 실재와 정보를 둘 다 포괄하는 새로운 개념을 만들어야 한다. 그런 개념이 존재하지 않을 뿐 아니라, 그런 개념을 생각하는 것도 분명히 어렵다는 사실에서 이미 우리는 그런 개념과 관련된 개념적 문제들이 얼마나 까다로운지 알 수 있다. 우리가 앞에서 했던, **'정보는 우주의 근원 재료이다'** 라는 진술은 이제 실재와 정보를 포괄하는 공통 개념을 염두에 두면서 이해할 수 있다.

자연과학의 역사에서 누차 일어난 특징적인 사건은, 외견상 극복할 수 없는 커다란 대립들이 갑자기 해소되고 서로 관련이 없었던 사태들이 종합되는 것이었다. 그 유명한 실례가 천상의 현상들과 지상의 현상들을 동일한 것으로 기술하는 데 성공한 뉴턴이다. 뉴턴 이전에는 천체의 운동에 대해서는 지상의 사과가 바닥에 떨어질 때 따르는 규칙과는 다른 법칙이 성립해야 한다는 믿음이 자명하게 받아들여졌다. 뉴턴은 그 둘이 정확히 동일한 자연법칙들을 통해 기술된다는 것을 보여주었다.

또 다른 통합의 역사로 19세기에 맥스웰에 의해 이루어진 전기와 자기의 통합을 이야기할 수 있다. 그는 전기와 자기가 동일한 동전의 양면이라는 것을 증명할 수 있었다. 생물학에서도 그런 통합의 사례들을 볼 수 있다. 생물학의 역사에서 있었던 가장 큰 통합은 아마도, 모든 생물이 동일한 유전 및 자연선택 원리에 따라 발생했고 따라서 발생 과정에서 볼 때 이미 친족성을 지닌다는 것을 보인 다윈의 통합일 것이다. 다윈의 주장은 백 년 후 DNA 발견에 의해, 즉 모든 생물이 공통된 유전 암호를 가진다는 것이 입증됨에 따라 결정적인 지지를 얻었다.

동일한 방식으로 우리는 정보와 실재의 구별을 거두어야 함이 분명하다. 실재에 대한 정보 없이 실재를 언급하는 것은 명백하게 무의미하다. 또한 정보를 실재에 관련시키지 않으면서 정보를 언급하는 것은 무의미하다. 그러므로 우리가 질문을 통해 사물의 핵에 도달하는 것은 영원히 불가능할 것이다. 오히려 반대로, '정보로부터 독립적인 그런 핵이 정말로 존재하는가?'라는 의심을 타당하게 품을 수 있다. 그런 핵은 원리적으로 보여질 수 없으므로, 그런 핵의 존재를 가정하는 것은 아마도 불필요할 것이다.

만일 당신이 이 책의 마지막 부분에서 곳에 따라 불확실한 영역을 여행하고 있고 여러 개별적인 사안들을 정확히 이해하지 못했다는 느낌을 받았다면, 나는 저자인 나 자신도 비슷한 느낌을 받는다는 고백으로 당신을 위로하겠다. 우리는 많은 것이 아직 불분명하고 몇 가지 매우 중요한 질문이 아직 대답을 기다리고 있는 영역에 발을 들여놓기 시작했다. 실재와 정보를 포괄하는 개념의 본성에 대한 질문 즉, 앎의 본질에 대한 질문도 그런 질문들 중 하나이다. 이 모든 것 위에 특히 세계에서 우리가 하는 역할에 대한 질문이 있다. 양자물리학에서 그 역할은 분명 고전물리학에서 우리가 인정하는 역할을 훨씬 능가할 것이다. 그 역할이 정확히 무엇인지는 지금까지 논의된 질문들에 대한 대답에 달려 있을 것이다. 이제 나는 양자물리학을 통해서 또한 당연히 철학을 통해서 새로운 통찰과 심지어 혁명적인 깨달음에 도달하는 희망을 품어 본다.

드 브로이의 학위논문을 심사할 때 아인슈타인은, 그가 거대한 베일의 한 자락을 들췄다고 말했다. 그가 말한 것은 아마도 실재하는 실재를 가리는 거대한 베일이었을 것이다. 그러나 우리는 그 '실재하는 실재'가 최소한 양자역학의 세계에서는 결코 도달되지 않는다는 것을 알게 되었다. 그러므로 아인슈타인의 베일 뒤에 숨어 있는 것은 스무고개 놀이의 질문들에 대한 '예-아니요 대답' 이상이 아니라고 보는 것이 합당하다. 베일 뒤에는 우리 모두가 각자 개별 인간으로 살아가면서 던지고 부분적으로 (적어도 우리가 생각하기에는) 대답하는 스무 개, 혹은 천 개, 혹은 무수히 많은 질문들에 대한 '예-아니요 대답'이 있을 뿐이다.

비트겐슈타인은 그의 유명한 『논리 철학 논고』를 다음과 같은 문장으로 시작한다.

1.1. 세계는 경우인 것 전부이다.

우리는 이 시각이 너무 편협하다는 것을 알았다. 양자역학에서 우리는 경우인 것에 대해 진술할 수 있을 뿐 아니라, 경우일 수 있는 것에 대해서도 진술할 수 있다. 양자역학적 상태는 물론 미래에 대한 예측을 위해 필수적인 거시적인 장치들과(그 장치들을 통한) 관찰들에 대한 기술이다. 그러나 미래에 대한 그 예측들은 **'경우일 수 있는 것 전부'**에 대한 기술이다. 그 진술들도 세계의 일부라는 것은 자명한 일이다.

그러므로 세계는 비트겐슈타인이 생각한 것 이상이다.

세계는 경우인 것 그리고 경우일 수 있는 것 전부이다.

역자후기

실험과 철학

이 책의 저자인 안톤 차일링거는 물리학자라면 누구나 알 만한 거장에 속한다. 특히 오스트리아에서는 이를테면 국민 과학자라 할 수 있다. 그가 차지한 빈 대학의 물리학 교수직은 볼츠만, 슈뢰딩거 등이 앉았던 자리이다. 그 정도 대가의 글을 번역할 기회를 얻는다면 누구라도 한편으로 설레고, 또 한편으로 부담스러울 것이다. 나는 그 설렘과 부담이 뿌듯한 성취감으로 탈바꿈하길 기대하며 번역에 착수했다. 과연 성공적인 탈바꿈이 일어났는가에 대한 판단은 우선 독자의 몫일 것이다.

이 책의 제목에는 아인슈타인이 나오지만, 실제로 다뤄지는 것은 아인슈타인이 몹시 우려했던 새로운 세계관이다. 세계관이라니 자못 거창하지 않은가. 그런데 차일링거는 일차적으로 실험물리학자이다. 그러므로 언뜻 생각하면, 그의 주된 활동은 세계관이나 철학 따위와 거리가 멀 것처럼 느껴진다. 오히려 실험실에서 나사를 조이고 컴퓨터를 돌리고 데이

터를 출력하고 파워포인트로 보고서를 작성하여 연구비를 주는 각종 재단과 위원회에서 강연을 하는 차일링거가 더 쉽게 상상된다. 심지어 이 땅에 길든 나의 상상력은 월화수목금금금의 투철함으로 실험실에서 밤을 새며 컵라면을 먹는 차일링거의 제자들까지 떠올리려 한다.

그러나 이 책은 우리가 물리학 실험에 대해 갖고 있는 이미지를 크게 바꿀 것을 요구한다. 실험물리학자인 저자에 따르면, 실험은 자연에 대한 질문하기이며, 그에 대한 자연의 대답은 '정보, 즉 실재'이다. '정보, 즉 실재'라는 표현을 보면, 웬만한 지식인은 강렬한 철학의 냄새를 맡을 테고, 따라서 취향에 따라 당장 책을 덮어 버리는 사람도 꽤 있을 것이다. 하물며 차일링거는 궁극적인 실재를 가린 천을 의미하는 '아인슈타인의 베일' 너머에는 예—아니요 대답들, 즉 가장 단순한 정보들이 있다는 과감한 주장을 서슴지 않는다. 이 정도면, 진실을 가린 베일을 걷으면 너 자신이 보일 것이라는 철학자 헤겔의 고담준론에 조금도 뒤지지 않는다. 통상 우리는 실험과 철학이 원자와 은하계만큼 차원이 다르다고 생각한다. 그런데 이게 어찌된 일인가? 양자물리학 분야에서 세계 최고의 실적과 권위를 자랑하는 실험가의 입에서 무의미와 의미의 경계를 아슬아슬하게 넘나드는 형이상학적 발언이 나오다니.

그래서 이 책은 쉽지 않다. 평범한 영혼의 보폭으로는 따라가기 힘들다. 더구나 이 책이 다루는 구체적인 내용은 그 어렵다는 양자역학, 더 정확히 말해서 '양자역학의 철학'이다. 저자는 책의 서두에서, '오늘날 양자역학을 이해하는 사람은 아무도 없다'는 파인만의 말을 반박하는 것이 이 책의 목표라고—즉, 적어도 차일링거 자신은 이해했다고—당당하게 밝힌다. 아주 많은 사람들이 양자역학에 관심을 갖고 있지만, 그 이론이 우리에게 근본적인 세계관의 변화를 요구한다는 것을 아는 사람, 더 나아가 구체적으로 어떤 변화를 요구하는가를 아는 사람은 의외로 드문 것 같다. 파인만을 위시한 많은 과학자들은 이 세계관의 문제를 제쳐둔 채 계산에만 몰두하고, 숱한 철학적 입장들을 읽는 동안 무감각이라는 면역력을 터득한 철학자들은 양자역학이 제기한 이 세계관의 문제를 경시하거나 제대로 다룰 능력이 없는 것 같다. 다들 21세기 인류답게 양자역학의 응용에서 비롯된 온갖 기술의 혜택을 잘 누리며 살지만, 그건 전혀 별개의 문제다.

나는 양자역학에 대한 관심과 논의가 아직 진지하고 생산적인 단계로 발전하지 못했다고 평가할 수밖에 없다. 과학 교과서처럼 확실한 정설이 있으면 좋겠는데, 아쉽게도 사정이 그렇지 않다. 차일링거도 말하지만, 양자역학에 대한 해석은 여전히 천차만별이다. 거의 저자의 인간성에 대한 신뢰에만 의지해서 글의 진실성을 믿어야 할 판이다. 그래서 나는 대가인 차일링거의 책이 무척 반가웠다. 물론 좀 비합리적인 태도였는지도 모르겠다. 하지만 이제 번역을 마친 지금, 개인적으로 나는 이 책을 양자역학에 관한 논의의 토대로 삼기로 했다. 그리고 나와 똑같은 판단을 내리는 독자들이 많기를 기대한다.

이 책의 가장 큰 차별성은 실험물리학자의 글이라는 점에 있다고 나는 생각한다. 나는 특히 이 점 때문에 이 책을 특별히 신뢰한다. 차일링거가 내놓은 가장 중요한 주장이라 할 수 있는 '정보, 즉 실재'는 철저히 실험에 바탕을 둔 주장이다. 적어도 차일링거는 그렇다고 확신하고 있고, 나

역시 어느 정도 그렇다고 인정한다. 그래서 이 책은 어렵다. 또한 그 어려운 이야기를 이렇게 간결한 언어로 펼친 차일링거가, 실험과 철학을 한 몸에 구현한 그 거장이, 허접한 크로스오버꾼들이 설치는 이 땅에 사는 나는 몹시 부럽다. 즐겁고 흥겨운 독서는 거의 불가능할 것이다. 진지한 독자의 보람찬 책 읽기를 기원한다.

2006년 12월, 살구골에서

전대호

찾 · 아 · 보 · 기

각운동량 (스핀 참조) 87, 89, 217
간섭무늬 49, 51, 52, 53, 63~67, 118, 119, 1847, 193, 216, 219
간섭탐지 장치 248, 249
강체 27
개별 사건 55, 56, 59, 272
거시적인 계 123, 126
게를라흐, 발터 Gerlach, Walter 47
결맞음 198
결흩어짐 125, 127, 129, 195, 198~200
결흩어짐 해석 200
겹침 164, 165, 185, 189, 190, 195, 200, 230
경로 정보 77~81, 227, 230, 254, 280
고양이 역설 123~
고전물리학 25, 31, 40, 54, 55, 58, 87, 108, 121
광자 22, 23, 31, 48, 50~53, 58, 113, 114, 117~120, 122, 124, 125, 127~129, 146, 147, 149~152, 159, 160, 164, 184, 185, 205, 207
국소적 실재론 101, 102, 107, 110, 112, 113, 115, 117
그랑지에, 필립 Grangier, Philippe 120
그린버거, 다니엘 M. Greenberger, Daniel M. 6, 103, 107, 109
GHZ-상태 109

글래드스톤, 윌리엄 에버트 (경) 46
기라르디, 지안카를로 Girardi, Giancarlo 196
기생, 니콜라 Gisin, Nicolas 116
나노 튜브 37, 38
논리 철학 논고 293
뉴턴 40, 45, 47, 291
다수 세계 해석 191~195, 201
다윈, 찰스 Darwin, Charles 292
대수학 174
도깨비 파동 194, 239
뒤늦은 선택 실험 253, 256, 258
드 브로이 파장 130~132
드 브로이 Broglie, Louis de 120, 122, 131, 171
라우흐, 헬무트 Rauch, Helmut 84
란다우어, 롤프 Landauer, Rolf 162
레오나르도 다빈치 38
레이저 28, 33, 129, 160, 185, 236
레이저자이로스코프 235
로젠, 나탄 Rosen, Nathan 84
루벤스, 하인리히 Rubens, Heinrich 19, 21, 25
리미니, 알베르트 Rimini, Alberto 196
마이트너, 리제 Meitner, Lise 25
마흐, 루드비히 Mach, Ludwig 231
마흐, 에른스트 Mach, Ernst 231

마흐-첸더 간섭계 228, 230, 231, 233, 235, 236, 238
맥스웰, 제임스 클러크 Maxwell, James Clerk 46, 47, 291
머민, 데이비드 Mermin, David 110
무질, 로베르트 Musil, Robert 159
물결 파동 18, 43
물리학 실험 179
물리학 이론 179, 181, 206, 262
믈리네크, 유르겐 Mlynek, Jürgen 122
바이드만, 레프 Vaidman, Lev 247, 248, 250, 251
바이체커, 칼 프리드리히 폰 Weizsäcker, Carl Friedrich von 272
바인푸르터, 하랄트 Weinfurter, Harald 160
반도체 27, 28, 185, 242
발렌틴, 칼 Valentin, Karl 104
버냄, 길버트 Vernam, Gilbert 145, 150
베네트, 찰스 Bennett, Charles 146, 155
베버, 툴리오 Weber, Tullio 196
벨 부등식 115
벨 상태 283
벨 정리 95
벨, 존 Bell, John 94
보강 간섭 44, 198, 230, 233, 235, 255
보른, 막스 Born, Max 185, 202
보어, 닐스 Bohr, Niels 40, 48, 49, 52, 59, 75, 111, 133, 201~203, 215, 218~220, 222, 223, 225, 227, 254, 258, 270, 279, 282
복제 154, 158
본제, 울리히 Bonse, Ulrich 84
봄, 데이비드 Bohm, David 86, 87, 89, 99,

109, 111, 147, 193~195, 201
부메스터, 디르크 Bouwmeester, Dirk 160
브래서드, 줄 Brassard, Jules 146
브레츠커, 비외른 Brezger, Björn 34
비국소성 56, 112
비트겐슈타인, 루드비히 Wittgenstein, Ludwig 60, 293, 294
빌렌도르프의 비너스 149, 150
빛 에테르 46
빛의 속도(광속) 22, 47, 68, 111, 115, 116, 121, 122, 159, 160, 175, 176, 177, 180, 194, 241, 263
빛의 파동이론 45
상대성이론 (일반상대성이론, 특수상대성이론) 23, 25, 68, 116, 121, 152, 160, 179, 182, 227, 228, 241, 262~265, 274, 284, 291
상보성 75, 76, 215~218, 222, 224~228, 280~282, 288
상보적 변수 227
상쇄 간섭 44, 198, 230, 234, 238, 248, 250, 255, 271
상태의 환원 190
상호작용 29, 30, 32, 41, 71, 125, 199, 200, 205, 211, 213
소인수분해 167, 168
쇼어, 피터 Shor, Peter 167, 168
순간이동 (양자 순간이동 참조) 13, 140, 154~161
숨은 변수 56, 96, 97, 101, 284
슈뢰딩거방정식 132, 133, 185, 242
슈뢰딩거, 에르빈 Schrödinger, Erwin 26, 86, 91, 97, 122~124, 184, 185, 197, 213, 216, 242

슈뢰딩거의 고양이 123, 189, 198, 199
슈마허, 벤 Schumacher, Ben 164
슈테른, 오토 Stern, Otto 88
슈테른-게를라흐 실험 88
슈테른-게를라흐 자석 94, 99, 100, 114
스몰리, 리처드 Smalley, Richard 36, 37
스태프, 헨리 Stapp, Henry 95
스펙트럼 18, 19, 22, 257
스핀 87~91, 94, 96, 99~102, 109, 110, 112, 114, 115, 117, 147, 217, 218, 280
시공 연속체 182
시몬, 크리스토프 Simon, Christoph 146
실재 19, 110, 111, 172, 179, 185, 191, 271, 273~275, 288, 290~293
쌍둥이 입자 64, 71, 79, 81
아른트, 마르쿠스 Arndt, Markus 33
아스페, 알랭 Aspect, Alain 115, 120
아이블, 만프레드 Eibl, Manfred 160
아인슈타인, 알베르트 14, 23, 25, 48, 52, 59, 64, 84, 86, 92, 111, 116, 120, 121, 169, 171, 175, 176, 178~180, 182, 188, 194, 219~224, 227, 228, 239, 240, 241, 252, 257, 262, 263, 285, 291, 293
EPR(아인슈타인, 포돌스키, 로젠) 84, 85
아인슈타인-포돌스키-로젠 역설 86
암호(학) 140~151, 161, 168, 264
양자 14, 22
양자 간섭 35, 120, 123, 124, 126, 127, 130
양자가설 22, 24, 205, 262
양자암호 140, 146~150, 161
양자컴퓨터 13, 140, 161, 164~168
양자통신 140

얽힌 광자들 146, 147, 149, 150, 151, 159
얽힘 81, 86, 91, 95, 101, 107, 111~117, 156~160, 164, 165, 171, 213, 261, 280, 282
에버레트, 휴 Everett, Hugh 191
에커트, 아르투어 Ekert, Artur 146
엘리처, 압샬롬 Elitzur, Avshalom 247, 248, 250, 251
연속변수 85
열선(열복사) 127, 128, 199, 200
영, 토머스 Young, Thomas 40
옌네바인, 토마스 Jennewein, Thomas 146
오캄의 면도날 192, 194
온도 15~19, 126, 127, 130, 199, 200, 257
바이스, 그레고어 Weihs, Gregor 146
와인랜드, 데이비드 Wineland, David 117
왓슨, 제임스 Watson, James 97
왼손, 클라우스 Jönsson, Claus 122
욜리, 필립 폰 Jolly, Philipp von 20
우연열 145, 148, 150
우터스, 윌리엄 Wooters, William 155
우텐탈러, 슈테판 Uttenthaler, Stefan 34
운동량 불확정성 69, 72, 134, 211, 223~225
원인-결과 원리 103
위치 불확정성 70, 72, 134, 211, 223, 224
유아론 273, 289
이원입자간섭 217
이중 슬릿 실험 40, 49, 54, 58, 71, 77, 81, 86, 117, 118, 122, 127, 164, 184, 185, 189, 190, 193, 194, 198~200, 212, 215~217, 219, 220, 226, 229, 230, 238, 239
이중-이중 슬릿 실험 77, 117, 217
이진법 표기 166

인습적 해석 201
일원입자간섭 217
자발적 환원 이론 197
자연 기술 187, 189, 218, 287, 291
자연 상수 22, 25, 180, 263
전자 23, 27, 31, 52, 122, 131~134, 186, 206~214, 216, 229, 280
전자기 파동(전자기파) 20, 47, 114, 209, 238, 239
전자의 자기모멘트 186, 187
정보 53, 56, 57, 59, 111, 129, 162, 165, 228, 269, 272~278, 280, 283, 285~292
정보 전달 51, 111, 140, 160, 161
정보처리 270
조자, 리처드 Josza, Richard 155
중력렌즈 효과 256
중성자 84, 122, 229
중성자 간섭계 84, 85
중첩 44, 117, 123~126, 164~167, 171, 185, 187, 189, 193, 193, 195~201, 212~214, 233, 243, 254, 255, 257, 261, 265
중첩 원리 265
지멘스, 베르너 폰 Siemens, Werner von 14
진동수 18, 22, 23, 47, 134, 205
질량-에너지 등가성 182
첸더, 루드비히 Zehnder, Ludwig 231
축구공 분자(풀러렌) 35, 37, 38, 120, 126~131, 189, 190, 200, 229, 238, 242, 243
측정 결과 34, 74, 77, 87, 91, 94, 98, 101, 102, 110, 112, 151, 152, 160, 253, 283, 284
측정 문제 190

카르날, 올리비어 Carnal, Olivier 122
카이사르, 율리우스 Caesar, Julius 142
컬, 로버트 Curl, Robert 36, 37
코페르니쿠스, 니콜라스 Kopernikus, Nikolas 95
코펜하겐 해석 201, 203, 210~212, 215, 289
쿨바움, 페르디난트 Kurlbaum, Ferdinand 19
퀘이사 256~258
큐비트 164~166
크레포, 클로드 Crepeau, Claude 155
크로토, 해럴드 Kroto, Harold 36
크릭, 프랜시스 Crick, Francis 97
클로저, 존 Clauser, John 115
키르히호프, 구스타프 로베르트 Kirchhoff, Gustav Robert 19
탄소 35~37
테일러, 지오프리 인그램 (경) Taylor, Sir Geoffrey Ingram 51
트라이머, 볼프강 Treimer, Wolfgang 84
파동성 120, 122, 250
파동역학 26, 86, 97, 184
파동함수 132, 133, 184, 185, 242, 243~245, 253
파셴, 프리드리히 Paschen, Friedrich 19
파울리 배타원리 134
파울리, 볼프강 Pauli, Wolfgang 96, 97
파인만, 리처드 Feynman, Richard 28, 261, 287
파장 18
패러데이, 마이클 Faraday, Michael 46, 136

펄, 필립 Pearle, Philip 197
페레스, 아셔 Peres, Asher 155
편광 113, 114, 116, 146~148, 150, 151, 160, 164, 280, 283, 284
포돌스키, 보리스 Podolsky, Boris 84
풀러, 벅민스터 Fuller, Buckminster 38
프란츠 요세프 황제 33
프리드먼, 스튜어트 Freedman, Stuart 115
플랑크 작용양자 22, 25, 89, 131, 180, 205, 211
플랑크, 막스 Planck, Max 9, 20, 21, 23~25, 31, 45, 48, 118, 188, 285
피츠만, 헤르베르트 Pietschmann, Herbert 6
하이젠베르크 감마현미경 205, 214, 215
하이젠베르크 불확정성원리 13, 67, 69, 70, 72, 73, 85, 134, 155, 212, 223, 225
하이젠베르크, 베르너 Heisenberg, Werner 26
하커밀러, 루치아 Hackermüller, Lucia 33
해상력 209~211, 215
해석 수준 182
행렬역학 26
헤르츠, 하인리히 Hertz, Heinrich 20
헬름홀츠, 헤르만 폰 Helmholtz, Herman von 23
현대물리학 37
호르네, 미카엘 A. Horne, Michael A. 63, 84, 103, 107, 109
확률 파동 193, 240~246
확률 함수 133, 185, 244
확률 해석 185, 186, 191, 243, 246
휠러, 존 아치볼드 Wheeler, John Archibald 252, 254, 256~258, 267, 268, 286
흑체복사 17, 19, 20, 21, 23, 24, 45, 188
힐베르트 공간 265

승·산·에·서·만·든·책·들

물리

How the nature behaves

아인슈타인의 우주 〈GREAT DISCOVERIES〉
미치오 카쿠 지음 | 고중숙 옮김 | 328쪽 | 15,000원

양밀도 높은 과학적 개념을 일상의 언어로 풀어내는 카쿠는 인간 아인슈타인과 그의 유산을 수식 한 줄 없이 체계적으로 설명한다. 가장 최근의 끈이론에도 살아남아 있는 그의 사상을 통해 최첨단 물리학을 이해할 수 있는 친절한 안내서 역할도 할 것이다.

퀀트: 물리와 금융에 관한 회고
이매뉴얼 더만 지음 | 권루시안 옮김 | 472쪽 | 18,000원

'금융가의 리처드 파인만'으로 손꼽히는 금융가의 전설적인 더만! 그가 말하는 이공계생들의 금융계 진출과 성공을 향한 도전을 책으로 읽는다. 금융공학과 퀀트의 세계에 대한 다채롭고 흥미로운 회고.

과학의 새로운 언어, 정보
한스 크리스천 폰 베이어 지음 | 전대호 옮김 | 352쪽 | 18,000원

양자역학이 보여주는 '반직관적인' 세계관과 새로운 정보 개념의 소개. 눈에 보이는 것이 세상의 전부가 아님을 입증해 주는 '양자역학'의 세계와, 현대 생활에서 점점 더 중요시되는 '정보'에 대해 친근하게 설명해 준다. IT산업에 밑바탕이 되는 개념들도 다룬다.

엘러건트 유니버스
브라이언 그린 지음 | 박병철 옮김 | 592쪽 | 20,000원

초끈이론과 숨겨진 차원, 그리고 궁극의 이론을 향한 탐구 여행. 초끈이론의 권위자 브라이언 그린은 핵심을 비껴가지 않고도 가장 명쾌한 방법을 택한다.
〈KBS TV 책을 말하다〉와 〈동아일보〉 〈조선일보〉 〈한겨레〉 선정 '2002년 올해의 책'

우주의 구조

브라이언 그린 지음 | 박병철 옮김 | 747쪽 | 28,000원

'엘러건트 유니버스'에 이어 최첨단 물리를 맛보고 싶은 독자들을 위한 브라이언 그린의 역작! 새로운 각도에서 우주의 본질에 관한 이해를 도모할 수 있을 것이다.

〈KBS TV 책을 말하다〉 테마북 선정, 제46회 한국출판문화상(번역부문, 한국일보사), 아·태 이론물리센터 선정 '2005년 올해의 과학도서 10권'

파인만의 물리학 강의 I

**리처드 파인만 강의 | 로버트 레이턴, 매슈 샌즈 엮음 |
박병철 옮김 | 736쪽 | 양장 38,000원
반양장 18,000원, 16,000원(I-I, I-II로 분권)**

40년 동안 한 번도 절판되지 않았던, 전 세계 이공계생들의 필독서, 파인만의 빨간 책.

2006년 중3, 고1 대상 권장 도서 선정(서울시 교육청)

파인만의 물리학 강의 II

**리처드 파인만 강의 | 로버트 레이턴, 매슈 샌즈 엮음 |
김인부, 박병철 외 6명 옮김 | 800쪽 | 40,000원**

파인만의 물리학 강의에 이어 우리나라에 처음 소개되는 파인만 물리학 강의의 완역본. 주로 전자기학과 물성에 관한 내용을 담고 있다.

파인만의 물리학 길라잡이: 강의록에 딸린 문제 풀이

**리처드 파인만, 마이클 고틀리브, 랠프 레이턴 지음 | 박병철 옮김 |
304쪽 | 15,000원**

파인만의 강의에 매료되었던 마이클 고틀리브와 랠프 레이턴이 강의록에 누락된 네 차례의 강의와 음성 녹음, 그리고 사진 등을 찾아 복원하는 데 성공하여 탄생한 책으로, 기존의 전설적인 강의록을 보충하기에 부족함이 없는 참고서이다.

파인만의 여섯 가지 물리 이야기

리처드 파인만 강의 | 박병철 옮김 | 246쪽 |
양장 13,000원 | 반양장 9,800원

파인만의 강의록 중 일반인도 이해할 만한 '쉬운' 여섯 개 장을 선별하여 묶은 책. 미국 랜덤하우스 선정 20세기 100대 비소설 가운데 물리학 책으로 유일하게 선정된 현대과학의 고전.
간행물윤리위원회 선정 '청소년 권장 도서'

파인만의 또 다른 물리 이야기

리처드 파인만 강의 | 박병철 옮김 | 238쪽 |
양장 13,000원 | 반양장 9,800원

파인만의 강의록 중 상대성이론에 관한 '쉽지만은 않은' 여섯 개 장을 선별하여 묶은 책. 블랙홀과 웜홀, 원자 에너지, 휘어진 공간 등 현대물리학의 분수령이 된 상대성이론을 군더더기 없는 접근 방식으로 흥미롭게 다룬다.

일반인을 위한 파인만의 QED 강의

리처드 파인만 강의 | 박병철 옮김 | 224쪽 | 9,800원

가장 복잡한 물리학 이론인 양자전기역학을 가장 평범한 일상의 언어로 풀어낸 나흘간의 여행. 최고의 물리학자 리처드 파인만이 복잡한 수식 하나 없이 설명해 간다.

발견하는 즐거움

리처드 파인만 지음 | 승영조, 김희봉 옮김 | 320쪽 | 9,800원

인간이 만든 이론 가운데 가장 정확한 이론이라는 '양자전기역학(QED)'의 완성자로 평가받는 파인만. 그에게서 듣는 앎에 대한 열정.
문화관광부 선정 '우수학술도서', 간행물윤리위원회 선정 '청소년을 위한 좋은 책'

천재: 리처드 파인만의 삶과 과학
제임스 글릭 지음 | 황혁기 옮김 | 792쪽 | 28,000원

'카오스'의 저자 제임스 글릭이 쓴, 천재 과학자 리처드 파인만의 전기. 과학자라면, 특히 과학을 공부하는 학생이라면 꼭 읽어야 하는 책.
과학기술부 인증 '우수과학도서', 아·태 이론물리센터 선정 '2006년 올해의 과학도서 10권'

볼츠만의 원자
데이비드 린들리 지음 | 이덕환 옮김 | 340쪽 | 15,000원

19세기 과학과 불화했던 비운의 천재, 루드비히 볼츠만의 생애. 그리고 그가 남긴 과학이론의 발자취.
간행물윤리위원회 선정 '청소년 권장 도서'

스트레인지 뷰티: 머리 겔만과 20세기 물리학의 혁명
조지 존슨 지음 | 고중숙 옮김 | 608쪽 | 20,000원

20여 년에 걸쳐 입자 물리학을 지배했던, 탁월하면서도 고뇌를 벗어나지 못했던 한 인간에 대한 다차원적인 조명. 노벨물리학상을 받은 머리 겔만의 삶과 학문.
교보문고 선정 '2004 올해의 책'

시데레우스 눈치우스: 갈릴레오의 천문노트
갈릴레오 갈릴레이 지음 | 장헌영 옮김 | 208쪽 | 9,500원

스스로 만든 망원경을 통해 달을 관찰하고, 그 내용을 바탕으로 당대의 천문학적 믿음을 뒤엎었던 갈릴레오. 시대를 넘어선 갈릴레오의 뛰어난 통찰력과 날카로운 지성을 느낄 수 있다.

수학

An invention of the human mind

불완전성: 쿠르트 괴델의 증명과 역설
레베카 골드스타인 지음 | 고중숙 옮김 | 352쪽 | 15,000원

쿠르트 괴델은 아리스토텔레스 이후 가장 위대한 논리학자였으며 만년의 아인슈타인에게는 가장 가까운 지적 동료이기도 했다. 골드스타인은 소설가로서의 기교와 과학철학자로서의 통찰을 결합하여 괴델의 정리와 그 현란한 귀결들을 이해하기 쉽도록 펼쳐 보였다. 괴팍스럽고도 처절한 천재의 삶과 업적에 대해 바쳐진 새롭고도 중요한 찬양이다.

소수의 음악: 수학 최고의 신비를 찾아서
마커스 드 사토이 지음 | 고중숙 옮김 | 560쪽 | 20,000원

수소수, 수가 연주하는 가장 아름다운 음악! 이 책은 세계 최고의 수학자들이 혼돈 속에서 질서를 찾고 소수의 음악을 듣기 위해 기울인 힘겨운 노력에 대한 매혹적인 서술이다. 19세기 이후부터 현대 정수론의 모든 것을 다루는 일반인을 위한 '리만 가설', 최고의 안내서이다.

2007 과학기술부 인증 '우수과학도서', 아·태 이론물리센터 선정 '2007년 올해의 과학도서 10권'

리만 가설: 베른하르트 리만과 소수의 비밀
존 더비셔 지음 | 박병철 옮김 | 560쪽 | 20,000원

수학의 역사와 구체적인 수학적 기술을 적절하게 배합시켜 '리만 가설'을 향한 인류의 도전사를 흥미진진하게 보여 준다. 일반 독자들도 명실 공히 최고 수준이라 할 수 있는 난제를 해결하는 지적 성취감을 느낄 수 있을 것이다.

2007 대한민국학술원 기초학문육성 '우수학술도서' 선정

뷰티풀 마인드
실비아 네이사 지음 | 신현용, 승영조, 이종인 옮김 | 757쪽 | 18,000원

존 내쉬의 영화 같았던 삶. 그의 삶 속에서 진정한 승리는 정신분열증을 극복하고 노벨상을 수상한 것이 아니라, 아내 앨리샤와의 사랑이 끝까지 살아남아 성장할 수 있었다는 점이다.

간행물윤리위원회 선정 '우수도서, 영화〈뷰티풀마인드〉는 오스카상 4개 부문 수상

영재들을 위한 365일 수학 여행

시오니 파파스 지음 | 김홍규 옮김 | 304쪽 | 15,000원

재미있는 수학 문제와 수수께끼를 일기 쓰듯이 하루에 한 문제씩 풀어가면서 논리적인 사고력과 문제해결능력을 키우고 수학언어에 친숙해지도록 하는 책. 더불어 수학사의 유익한 에피소드도 읽을 수 있다.

우리 수학자 모두는 약간 미친 겁니다

폴 호프만 지음 | 신현용 옮김 | 376쪽 | 12,000원

83년간 살면서 하루 19시간씩 수학문제만 풀었고, 485명의 수학자들과 함께, 1,475편의 수학논문을 써낸 20세기 최고의 전설적인 수학자 폴 에어디쉬의 전기.
한국출판인회의 선정 '이달의 책', 론-풀랑 과학도서 저술상 수상

무한의 신비

애머 악첼 지음 | 신현용, 승영조 옮김 | 304쪽 | 12,000원

고대부터 현대에 이르기까지 수학자들이 이루어 낸 무한에 대한 도전과 좌절. 무한의 개념을 연구하다 정신병원에서 쓸쓸히 생을 마쳐야 했던 칸토어와, 피타고라스에서 괴델에 이르는 '무한'의 역사.

유추를 통한 수학탐구

P. M. 에르든예프, 한인기 공저 | 272쪽 | 18,000원

유추는 개념과 개념을, 생각과 생각을 연결하는 징검다리와 같다. 이 책을 통해 우리는 '내 힘으로' 수학하는 기쁨을 얻게 된다.

문제해결의 이론과 실제

한인기, 꼴랴긴 Yu. M. 공저 | 208쪽 | 15,000원

입시 위주의 수학교육에 지친 수학교사들에게는 '수학 문제해결의 가치'를 다시금 일깨워 주고, 수학 논술을 준비하는 중등학생들에게는 진정한 문제해결력을 길러 줄 수 있는 수학 탐구서.

안개 속의 고릴라

다이앤 포시 지음 | 최재천, 남현영 옮김 | 520쪽 | 20,000원

고세 명의 여성 영장류 학자(다이앤 포시, 제인 구달, 비루케 갈디카스) 중 가장 열정적인 삶을 산 다이앤 포시. 이 책은 '산중의 제왕' 산악고릴라를 구하기 위해 투쟁하고 그 과정에서 목숨까지 버려야 했던 다이앤 포시가 우림지대에서 13년간 연구한 고릴라의 삶을 서술한 보고서이다. 영장류 야외 장기 생태 연구 분야의 값어치를 매길 수 없이 귀한 고전. 한국출판인회의 '이달의 책' 선정(2007년 10월)

인류 시대 이후의 미래 동물 이야기

두걸 딕슨 지음 | 데스먼드 모리스 서문 | 이한음 옮김 | 240쪽 | 15,000원

고인류 시대가 끝난 후의 지구는 어떻게 진화할까? 다윈도 예측하지 못한 신기한 미래 동물의 진화를 기후별, 지역별로 소개하여 우리의 상상력을 흥미롭게 자극한다. 책장을 넘기며 그림을 보는 것만으로도 이 책이 우리의 상상력을 얼마나 흥미롭게 자극하는지 느낄 수 있을 것이다. 나아가 이 책은 단순히 호기심을 부추기는 데 그치지 않고, 진화 원리를 바탕으로 타당하고 예상 가능한 상상의 동물들을 제시하기에 설득력을 갖는다.

타이슨이 연주하는 우주 교향곡 1, 2권
닐 디그래스 타이슨 지음 | 박병철 옮김 | 각권 10,000원

모두가 궁금해 하는 우주의 수수께끼를 명쾌하게 풀어내는 책! 10여 년간 미국 월간지 〈유니버스〉에 '우주'라는 제목으로 기고한 칼럼을 두 권으로 묶었다. 우주에 관한 다양한 주제를 골고루 배합하여 쉽고 재치있게 설명해 준다.

Imagining Numbers: Particularly the Square Root of Minus Fifteen
베리 마주르 지음 | 박병철 옮김

수학자들은 허수라는 상상하기 어려운 대상을 어떻게 수학에 도입하게 되었을까? 음수의 제곱근인 허수의 수용과정을 추적하면서 수학에 친숙하지 않은 독자들을 수학적 상상력의 세계로 안내한다.

The Road to Reality: A Complete Guide to the Laws of the Universe
로저 펜로즈 지음 | 박병철 옮김

지금껏 출간된 책들 중 우주를 수학적으로 가장 완전하게 서술한 책. 수학과 물리적 세계 사이에 존재하는 우아한 연관관계를 복잡한 수학을 피해 가지 않으면서 정공법으로 설명한다. 우주의 실체를 이해하려는 독자들에게 놀라운 지적 보상을 제공한다.

Not Even Wrong: The Failure of String Theory and the Continuing Challenge to Unify the Laws of Physics
Peter Woit 지음 | 박병철 옮김

초끈이론은 탄생한 지 20년이 지난 지금까지도 아무런 실험적 증거를 내놓지 못하고 있다. 그 이유는 무엇일까? 입자물리학을 지배하고 있는 초끈이론을 논박하면서 그 반대진영에 있는 루프양자이론, 트위스트이론 등을 소개한다.

아인슈타인의 베일: 양자물리학의 새로운 세계

1판 1쇄 펴냄 2007년 1월 18일
1판 2쇄 펴냄 2008년 1월 7일

| 지은이 | 안톤 차일링거
| 옮긴이 | 전대호
| 펴낸이 | 황승기

| 편집 | 박종훈, 황승기
| 마케팅 | 송선경
| 디자인 | 소울커뮤니케이션

| 펴낸곳 | 도서출판 승산
| 등록날짜 | 1998년 4월 2일
| 주소 | 서울특별시 강남구 역삼동 723번지 혜성빌딩 402호
| 전화번호 | 02-568-6111
| 팩시밀리 | 02-568-6118
| 이메일 | books@seungsan.com
| 웹사이트 | www.seungsan.com

ISBN 978-89-88907-95-5 03420

- 승산 북카페는 온라인 독서토론을 위한 공간입니다. '이 책의 포럼 veil.seungsan.com' 으로 오시면 이 책에 대해 자유롭게 의견 나누실 수 있습니다.
- 도서출판 승산은 좋은 책을 만들기 위해 언제나 독자의 소리에 귀를 기울이고 있습니다.